Gestaltung von Fahrzeuggetrieben

Konstruktionsbücher

Herausgeber Professor Dr.-Ing. K. Kollmann, Karlsruhe

15

Gestaltung von Fahrzeuggetrieben

Von

Dr.-Ing. Hans Reichenbächer

Osnabrück

Mit 164 Abbildungen im Text und auf 4 Tafeln

Springer-Verlag Berlin Heidelberg GmbH

ISBN 978-3-642-99851-5 ISBN 978-3-642-99850-8 (eBook)
DOI 10.1007/978-3-642-99850-8

Ursprünglich erschienen bei Springer-Verlag OHG., in Berlin/Göttingen/Heidelberg 1955
Softcover reprint of the hardcover 1st edition 1955

Vorwort.

Über Fahrzeuggetriebe zu schreiben in einer Zeit, in der in kurzen Abständen neue Getriebekonstruktionen auf dem Markt erscheinen, hat den Nachteil, daß die Darstellung der ausgeführten Getriebe zwangsweise lückenhaft sein muß. Andererseits braucht der Getriebegestalter gerade jetzt einen Überblick über die im Fahrzeug bewährten Getriebe und vor allem eine Methodik, nach der er entscheiden kann, ob unter den vorhandenen Konstruktionen die für seinen Zweck geeignete ist, ob er aus bekannten Elementen eine geänderte Komposition schaffen, ob und wie er neue Wege suchen soll.

Den Werken der Getriebe- und Automobilindustrie, die mich durch Hergabe von Bildern und Zeichnungen und mit ihrem Rat unterstützten, bin ich zu großem Dank verpflichtet, ebenso den Herren Professoren Dr.-Ing. Cornelius, Dr.-Ing. Kollmann und Dr.-Ing. Niemann.

Osnabrück, im Januar 1955.

H. Reichenbächer.

Inhaltsverzeichnis.

1. Umfang der Darstellung.

Am Umfang des Bandes gemessen, erscheint der Titel recht anspruchsvoll, wenn man den Begriff „Fahrzeuggetriebe" im umfassenden Sinne nimmt. Dem Sprachgebrauch entsprechend sind hier jedoch nur die Hauptgetriebe, die „Kennungswandler", der Landfahrzeuge mit Verbrennungsmotorenantrieb gemeint, also die Getriebe, die das Motorenmoment den Fahrerfordernissen entsprechend oder der Willkür des Fahrers gemäß umwandeln.

Aber auch zu dieser eingeengten Begriffsbestimmung müssen noch Einschränkungen gemacht werden. Die elektrische Kraftübertragung, die in den meisten schweren Schienenfahrzeugen und in einigen Omnibussen angewandt wird, ist nicht behandelt. Ferner werden die bisher nicht in Serien gebauten Drehmomentenwandler — Schaltwerksgetriebe und hydrostatische Getriebe — nicht dargestellt.

Von wenigen Ausnahmen abgesehen, benutzt der deutsche Getriebebau Getriebe mit feststehenden Lagern und mechanischen Kupplungen, der ausländische, vornehmlich der amerikanische, verwendet in steigendem Maße Umlaufgetriebe, Strömungskupplungen und Strömungswandler. Bei dieser Sachlage sah ich es als wesentlichste Aufgabe des vorliegenden Bandes an, zu zeigen, welche Bauelemente sich bewährt haben und welche Wirkungen ein Wechsel der Elemente und die Auslegung des Getriebes auf die Fahrleistungen (Höchstgeschwindigkeit in der Ebene, Steigfähigkeit und Beschleunigungsvermögen) und auf die Fahreigenschaften (Bequemlichkeit und Sicherheit der Bedienung) hat. Die Berechnung der Bauelemente (Gehäuse, Wellen, Kupplungen und Lager) ist in den bekannten Handbüchern des Ingenieurs und einigen Bänden der „Konstruktionsbücher" und anderen ausführlich dargestellt. Ich bin lediglich auf die Zahnradberechnung eingegangen, weil es bei der Vielzahl der empfohlenen Rechenverfahren zweckmäßig schien, den derzeitigen Stand der Forschung darzustellen, und die damit zusammenhängende Bemessung der Wellen aus Durchbiegung und Beanspruchung.

Da Fahrzeuggetriebe in Serien gebaut werden, ist ein Rechenaufwand zur Verbesserung der Eigenschaften oder zur Senkung des Bauaufwandes stets lohnend. Der Getriebegestalter sollte daher umständliche und zeitraubende Rechnungen nicht scheuen und nicht zu einfachen Näherungslösungen greifen, wenn unsre Kenntnis der Zusammenhänge eine genauere Rechnung ermöglicht. Als Rechenbeispiele sind ein Viertakt- und ein Zweitakt-Ottomotor benutzt. Da es nur auf die Rechnung und nicht auf das Ergebnis ankommt, wird der Leser das kaum als Nachteil ansehen.

Aus der großen Zahl der ausgeführten und möglichen Kombinationen mußte eine Auswahl getroffen werden. Aus dieser Auswahl bitte ich kein Werturteil herauszulesen. Die Auswahl der Elemente und der Kombinationen drückt nicht einmal eine Meinung des Verfassers darüber aus, in welcher Richtung sich der Getriebebau entwickelt. Zur Zeit sind wir anscheinend von einer „Standardlösung" des Fahrzeuggetriebes weit entfernt. Ob diese Standardlösung aus heute gebräuchlichen Elementen bestehen wird, ob sie sich auf neue Gedanken gründet, oder ob sie auf alte, zur Zeit als überholt angesehene Erfindungen zurückgreift, darüber wage ich nichts auszusagen, ebensowenig, ob es überhaupt eine Standardlösung gibt.

2. Grundformen der Getriebe.

Zieht man von der Motorenleistung die Leistung der Nebenantriebe (Lüfter, Öl- und Wasserpumpe, Lichtmaschine) und die Verluste in der Reibungskupplung ab, verbleibt am Getriebeeingang A — Abb. 1 und alle folgenden —, eine Motorenleistung $L_A = M_A \omega_A$. Am Getriebeausgang B ist die um die Getriebeverluste geringere Leistung $L_B = \eta_g L_A$ verfügbar. Die Winkelgeschwindigkeit ω_A wird im Getriebe zu ω_B gewandelt, wobei das Übersetzungsverhältnis i nach den Normvorschriften das Verhältnis der Drehzahlen in Kraftflußrichtung ist, also $i = n_A/n_B = \omega_A/\omega_B$. Die Drehmomentenwandlung ist dann in den ohne Schlupf arbeitenden Zahnradgetrieben $M_B/M_A = \eta_g\, i$. ω_B wird in der festen Hinterachsübersetzung i_F, die in das Ausgleichsgetriebe eingebaut ist, in $\omega_R = \omega_B/i_F$ gewandelt. Mit dem „wirksamen Halbmesser des Treibrades“ r ergibt sich dann die Fahrgeschwindigkeit des Wagens $v = r\omega_R$ in m/s und $V = 3{,}6\, v$ in km/h.

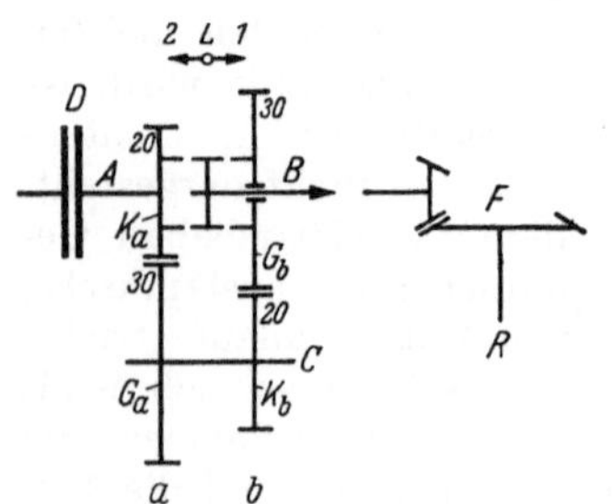

Abb. 1. Getriebe mit fluchtender Antriebswelle A und Abtriebswelle B.

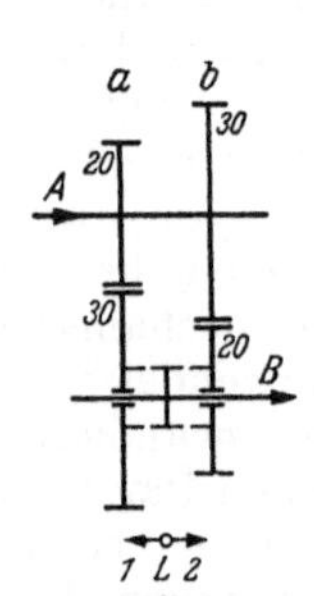

Abb. 2. Getriebe mit nicht fluchtenden Wellen.

Die zwischen B und dem Radumfang entstehenden Verluste sind im Wirkungsgrad η_h zusammengefaßt, so daß sich die am Radumfang verfügbare Zugkraft P_R errechnet aus

$$L_R = P_R v = \eta_g \eta_h L_A \quad [\text{mkg/s}], \quad (1)$$

$$v = \frac{r\,\omega_A}{i\, i_F} \quad [\text{m/s}]. \quad (2)$$

η_h wird auf dem Rollenprüfstand gemessen und liegt zur Zeit zwischen 0,87 und 0,93. Mit der Getriebeübersetzung i und dem Getriebewirkungsgrad η_g wollen wir uns an Hand der Abb. 1 und 2 beschäftigen, die außerdem die Darstellung einiger Symbole für die Getriebeelemente zeigen.

Auf der Abtriebswelle der Kupplung D ist das Kleinrad K der Gruppe a aufgekeilt. Es kämmt mit dem Großrad G_a, das auf der Zwischenwelle C aufgekeilt ist, ebenso wie K_b, das mit dem nicht verkeilten Rad G_b kämmt. Zwischen K_a und G_b läuft eine Klauenkupplung aufgekeilt, aber in Achsrichtung verschiebbar auf der Getriebeabtriebswelle. Für die Übersetzungen gelten

$$i_a = n_A/n_C = n_{Ka}/n_{Ga} = Z_{Ga}/Z_{Ka} = 30/20\,,$$

$$i_b = n_C/n_{Gb} = n_{Kb}/n_{Gb} = Z_{Gb}/Z_{Kb} = 30/20\,.$$

Wird die Klauenkupplung aus der Leerlaufstellung L nach rechts geschoben, läuft die Abtriebswelle B mit n_{Gb} um; Gang I ist eingeschaltet mit der Übersetzung

$$i_{\text{I}} = i_a\, i_b = n_A/n_{Gb} = n_A/n_B = 9/4\,.$$

Bei Stellung der Klauenkupplung auf Gang II ist $n_B = n_A$, also

$$i_{\text{II}} = n_A/n_B = 1\,.$$

Diese Anordnung mit fluchtender An- und Abtriebswelle und einem „direkten Gang" wird bei fast allen Straßenfahrzeugen mit der Anordnung: Motor vorn — Treibräder hinten verwandt. Bei den Straßenfahrzeugen mit „Motor vorn — Treibräder vorn" oder „Motor hinten — Treibräder hinten" wird das Hauptgetriebe mit dem Ausgleichgetriebe zu einem „Triebsatz" zusammengebaut. Im Triebsatz benutzt man oft die Form Abb. 2. Bei Schienenfahrzeugen findet man beide Arten der Getriebe. Bei dem Getriebe Abb. 2 ist

$$i_{\mathrm{I}} = 3/2 \quad \text{und} \quad i_{\mathrm{II}} = 2/3\,.$$

Schalten wir nun dem Getriebe Abb. 1 eine Hinterachsübersetzung $i_F = 4$ nach und dem Getriebe Abb. 2 ein $i_F = 6$, so ist die Übersetzung vom Motor auf die Hinterachse für Getriebe

$$\text{Abb. 1: } i_{\mathrm{I}}\, i_F = 9/4 \cdot 4 = 9 \quad \text{und} \quad i_{\mathrm{II}}\, i_F = 1 \cdot 4 = 4\,,$$

$$\text{Abb. 2: } i_{\mathrm{I}}\, i_F = 3/2 \cdot 6 = 9 \quad \text{und} \quad i_{\mathrm{II}}\, i_F = 2/3 \cdot 6 = 4\,.$$

Demnach ist die Drehzahlübersetzung Motor-Hinterachse bei beiden Getrieben gleich. Wenn im folgenden stets mit einem Getriebe mit direktem Gang nach Abb. 1 gerechnet wird, macht die Umrechnung der Gangübersetzungen auf ein Getriebe nach Abb. 2 keine Schwierigkeit. Man entnimmt der Hinterachsübersetzung einen beliebigen Faktor und multipliziert mit ihm die nach der unter 3. folgenden Betrachtung als richtig erkannten Gangübersetzungen.

Weiter ergibt sich aus dem Vergleich, daß man nicht deswegen einen Gang als Schnell-, Spar- oder Schongang bezeichnen kann, weil die Motordrehzahl im Hauptgetriebe ins Schnelle übersetzt wird. Mit dem maßgebenden Kriterium werden wir uns später beschäftigen.

In dem Getriebewirkungsgrad η_g ist jedoch ein Unterschied bei den Anordnungen Abb. 1 und 2, den der Getriebegestalter nicht vernachlässigen sollte. Beim Getriebe Abb. 2 wird in beiden Gängen die Leistung über *ein* Zahnradpaar geleitet. Bei der Anordnung Abb. 1 geht die Leistung im ersten Gang über zwei Radpaare, im zweiten „direkten" Gang werden die Zahnräder nicht zur Leistungsübertragung gebraucht. Man rechnet mit folgenden Werten

Zahlentafel 1. *Getriebewirkungsgrade* η_g.

bei nicht fluchtendem Durchtrieb, in allen Gängen	0,955
bei fluchtendem Durchtrieb, in allen Gängen außer dem direkten	0,94
im direkten Gang bei mitlaufender Zwischenwelle	0,97
im direkten Gang bei stillstehender Zwischenwelle	0,985

Es gibt noch eine Anzahl andrer Faktoren, die den Getriebewirkungsgrad beeinflussen; ich empfehle jedoch, die obigen Werte zu benutzen, solange nicht genaue Messungen für ein Getriebe der *gleichen* Bauart vorliegen. Der Fehler, der in der rohen Unterteilung der Zahlentafel 1 und in dem Konstantsetzen der Wirkungsgrade über den ganzen Momenten- und Drehzahlbereich liegt, beeinflußt das Ergebnis unsrer Rechnung nicht sehr.

3. Wahl der Getriebestufen.

3.1 Übersetzung des größten Fahrganges.

Der nach Gl. (1) bestimmten am Treibradumfang verfügbaren Leistung L_B stellt man die Fahrwiderstandsleistung L_E gegenüber. Unter den vielen möglichen Fahrbetriebszuständen wird einer bevorzugt betrachtet, nämlich

der Fahrwiderstand P_E auf ebener Betonstraße ohne Beschleunigung.

Auf diesen Betriebszustand beziehen sich die Angaben über die Höchstgeschwindigkeit und den Brennstoffverbrauch. Die Ermittlung dieses Fahrwiderstandes P_E aus Rechnung und Versuch ist für alle Fahrzeugarten vielfach beschrieben. Er wird dargestellt

$$P_E = a_1 + a_3 v^2 \quad [\mathrm{kg}],$$

seltener in der allgemeineren Form

$$P_E = a_1 + a_2 v + a_3 v^2 \quad [\mathrm{kg}]. \tag{3}$$

In Abb. 3 ist die Fahrwiderstandsleistung $P_E v = L_E$ und die verfügbare Motorenleistung $P_R v = L_R$ in drei Getriebeauslegungen eingezeichnet. Punkt 1 ist die Motorendauerleistung, Punkt 2 ist die Kurzleistung nach der Begriffsbestimmung der DIN-Norm.

Der V-Maßstab ist durch die L_E-Kurve festgelegt. Der Abszissenmaßstab für die Motorendrehzahlen der L_R-Kurven wird gesucht.

Bei einem Personenkraftwagen, für den Abb. 3 gilt, wird der Getriebegestalter folgende Überlegungen anstellen:

Bei der dünn ausgezogenen L_R-Linie muß die Prospektangabe lauten:

Höchstgeschwindigkeit . . . . 117 km/h
Höchste Dauergeschwindigkeit (Autobahngeschwindigkeit) . . . . 110 km/h

bei der stark ausgezogenen L_R-Linie:

Höchstgeschwindigkeit = Autobahngeschwindigkeit . . . . 120 km/h

Bei der stark ausgezogenen L_R-Kurve, für die der n_A-Maßstab gilt, ist bei 120 km/h noch eine Leistungsreserve vorhanden. Diese ist nötig, damit die Höchstgeschwindigkeit überhaupt erreicht werden kann. Sie soll nicht zu knapp bemessen werden (nicht unter 3%), da in der Fertigung auch schlechtere Motoren anfallen können, als der, dessen Leistungsdiagramm dem Getriebegestalter vorliegt. Es ist peinlich, wenn Testfahrten der Fachzeitschriften oder Prüfungen der Automobilverbände feststellen, daß die Herstellerangabe über die Höchstgeschwindigkeit „zu optimistisch" war.

Beim Vergleich der beiden ausgezogenen L_R-Linien ist zu beachten, daß durch Verkleinerung des n_A-Maßstabes

die Überschußleistung $L_R - L_E$ wächst, d. h. das Steig- und Beschleunigungsvermögen (die *Geschmeidigkeit*),

daß aber die (dauernd und kurzzeitig) erreichbare Höchstgeschwindigkeit fällt,

daß die Motorendrehzahl steigt und damit zumeist das Motorengeräusch und der Brennstoffverbrauch.

Das größere Beschleunigungsvermögen ist für hohe Reisegeschwindigkeiten wichtiger als die höhere Endgeschwindigkeit. Trotzdem tut der Getriebegestalter gut daran, den größten Fahrgang so auszulegen, daß die höchste Endgeschwindigkeit erreicht wird, die der Motor zuläßt. Trotz aller sachlich begründeten Gegenvorstellungen sieht der Käufer zunächst auf die Prospektangabe über die Höchstgeschwindigkeit. Die Mehrzahl der deutschen Käufer will schnell fahren oder wenigstens schnell fahren können. Auch die frühere Beschränkung der Höchstgeschwindigkeit auf 80 km/h auf den deutschen Autobahnen konnte nichts daran ändern, daß die Automobilwerke Höchstgeschwindigkeiten von 140 km/h und mehr mit Erfolg anpriesen.

In dem Beispiel Abb. 3 ist die Auslegung naheliegend. Die Dauerleistung des Motors ist zugleich die Höchstleistung; die kurzzeitig zulässige Drehzahl liegt nur wenig höher auf dem fallenden Teil der Leistungskurve. Wählt man die stark ausgezogene Leistungskurve für den größten Fahrgang, hat man bei einer Prospektangabe „120 km/h Höchstgeschwindigkeit auf der Autobahn" bei dem steilen Verlauf der L_E-Linie ausreichende Sicherheit. — Bei wesentlich anderer Lage der Punkte 1 und 2 empfiehlt es sich, für die Auslegung des größten Fahrganges auch die später behandelten Steigfähigkeits- und Beschleunigungsschaubilder heranzuziehen.

Hat man sich für eine Auslegung entschlossen, kann man auch den Abszissenmaßstab für die Motorendrehzahl n_A Abb. 3 einschreiben. Wegen des Wertes, den eine große Käuferschicht der Höchstgeschwindigkeit beimißt, wird man als größten Fahrgang den Gang mit dem besten Getriebewirkungsgrad, also den direkten Gang wählen. Mit $i = 1$ und bekanntem r findet man aus Gl. (2) die Hinterachsübersetzung i_F des Ausgleichsgetriebes, mit dem wir uns im übrigen hier nicht beschäftigen wollen.

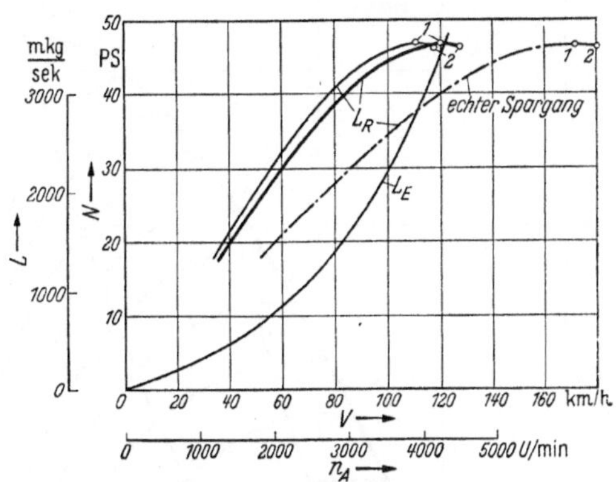

Abb. 3. Leistungsschaubild, Zustand am Treibradumfang. Viertakt-Ottomotor 52 PS.

Bei einem Getriebe nach Abb. 2 besteht für eine Stufe mit $i = 1$ kein Grund. Üblich ist für die beiden größten Fahrgänge eine Stufenwahl nach Abb. 2, bei der das Zahnradpaar a die gleichen Abmessungen erhält wie bei Abb. 1; das Zahnradpaar b übersetzt die Motorendrehzahl ins Schnelle, ohne daß deswegen dieser Gang die Charakteristik eines Schnellganges bekäme.

3.2 Der Schnellgang.

Um einen echten Schnell-, Schon- oder Spargang handelt es sich dann, wenn zur Senkung der Motorendrehzahl und des Brennstoffverbrauchs eine Getriebestufe eingebaut wird, deren Übersetzung niedriger ist, als für die Höchstgeschwindigkeit auf ebener Betonstraße erforderlich. Die strichpunktierte Linie in Abb. 3 zeigt einen solchen Spargang. Während bei den beiden anderen Auslegungen ein Mehr an Höchstgeschwindigkeit mit einem Weniger an Geschmeidigkeit erkauft wird, ist der echte Spargang dadurch gekennzeichnet, daß sowohl in der Geschmeidigkeit als auch in der Höchstgeschwindigkeit auf Bestwerte verzichtet wird. In Abb. 4 sind der größte Fahrgang und der Spargang in das Leistungsschaubild mit Brennstoffverbrauchszahlen eingezeichnet. Die Darstellung ist etwas geändert. Um leichter zeichnen zu können, ist hier das Motorenleistungsschaubild unverändert gelassen, und die Linien der Fahrwiderstandsleistung sind durch Wechsel der Abszissenmaßstäbe entsprechend der Getriebeübersetzung umgezeichnet. Außerdem stellt das Schaubild den Zustand an der Motorenkupplung dar; die inneren Triebwerksverluste sind also nicht durch Abzug von der Motorenleistung, sondern durch Zuschlag zur Fahrwiderstandsleistung berücksichtigt.

Der Kraftstoffnormverbrauch wird bei $^2/_3$ der Höchstgeschwindigkeit, jedoch höchstens bei 80 km/h, auf ebener Autobahn gemessen. Diesem Zustand entspricht Punkt B. Der tatsächliche Verbrauch ist 7 Liter in der Stunde oder 8,8 Liter auf

100 km. Der vorgeschriebene Sicherheitszuschlag ist 10%. Die Prospektangabe muß daher lauten „Kraftstoffnormverbrauch 9,7 l je 100 km". — Durch Einschalten eines Sparganges z. B. mit der Übersetzung $i = 0{,}7$ sinkt die Motorendrehzahl von 2850 auf 2000 U/min. Infolge der Zwischenschaltung von zwei Zahnradpaaren steigt die erforderliche Motorenleistung von 20,7 auf 21,4 PS. Der Brennstoffverbrauch fällt auf 6,5 l/h (Punkt B') gleich 8,1 l/100 km, der Kraftstoffnormverbrauch auf 9,0 l/100 km, also um etwa 7%.

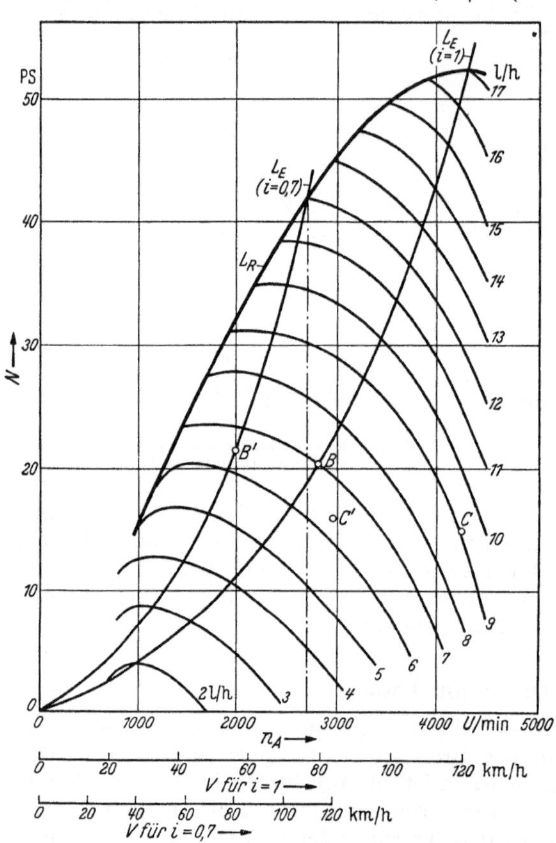

Abb. 4. Leistungsschaubild, Zustand am Getriebeeingang, mit Brennstoffverbrauch in Liter je Stunde. Direkter Gang und Spargang mit der Übersetzung 1:1,43.

Bei Fahrt im Gefälle wird der Gewinn noch größer, beispielsweise bei einem Leistungsbedarf von 15 bzw. 15,5 PS bei 120 km/h, Punkte C und C'. Hier sinkt der Brennstoffverbrauch von 9 auf 6,3 l/h, also um 30%. — Weiter wird durch den Spargang das Ausfahren des Wagens im Gefälle auf höhere Geschwindigkeiten möglich, theoretisch in unserem Beispiel auf $120 : 0{,}7 = 170$ km/h.

Die Autobahngeschwindigkeit fällt, wie Abb. 3 und 4 zeigt, auf etwa 110 km/h. Doch nicht diese Tatsache, noch der zusätzliche Bauaufwand machen den Spargang unbeliebt, sondern der Verlust an Geschmeidigkeit. Beim Fahren im direkten Gang, Punkt B, stehen zum Beschleunigen und für Steigungen $43 - 21 = 22$ PS zur Verfügung, die der Fahrer durch Vollgasgeben sofort einsetzen kann. Beim Spargang, Punkt B', sind es nur 10 PS, also knapp die Hälfte. Die Wirkung auf Steigfähigkeit und Beschleunigungsvermögen sieht man genauer, wenn man den Spargang in Abb. 6 und 7 einzeichnet.

Will der Fahrer aus dem Spargang kräftig — etwa zum Überholen — beschleunigen, muß er zunächst in den direkten Gang zurückschalten. Das ist mit einem, gerade in diesem Augenblick besonders unerwünschten, Zeitverlust verbunden, sofern es nicht selbsttätig durchgeführt wird. Es ist daher einleuchtend, daß sich der Schnellgang nur in Verbindung mit einer Schaltautomatik durchgesetzt hat. Bei dem weit verbreiteten Warner-Schnellgang, den wir uns noch genauer ansehen werden, tritt der Fahrer zum Überholen lediglich den Gashebel über die Vollgasstellung durch, der Schnellgang wird dadurch selbsttätig ausgeschaltet und das Fahrzeug wird zwar nicht sofort, aber in Sekundenbruchteilen — diese Zeit braucht der Motor, um seine Drehzahl unter Vollgas zu erhöhen — beschleunigt.

3.3 Der kleinste Gang.

In der folgenden Darstellung betrachten wir wieder die Zustände am Treibradumfang und zeichnen zunächst das Leistungsdiagramm Abb. 3 in ein Zugkraft-Schaubild 5 um.

Aus der stark ausgezogenen L_R-Linie Abb. 3 wird die am Treibradumfang im direkten Gang verfügbare Zugkraft P_{Rd} aus Gl. (1) errechnet. Die Kurve der Zugkraft über der Fahrzeuggeschwindigkeit entspricht dem Motorenvollgasmoment über der -drehzahl mit veränderten Maßstäben.

Außer den schon erwähnten Punkten 1 und 2 — Dauer- und Kurzleistung — interessieren den Getriebegestalter die Punkte

3 höchstes Vollgasmoment,

4 niedrigste Vollgasdrehzahl,

5 sichere Leerlaufdrehzahl (Strömungsgetriebe s. u.).

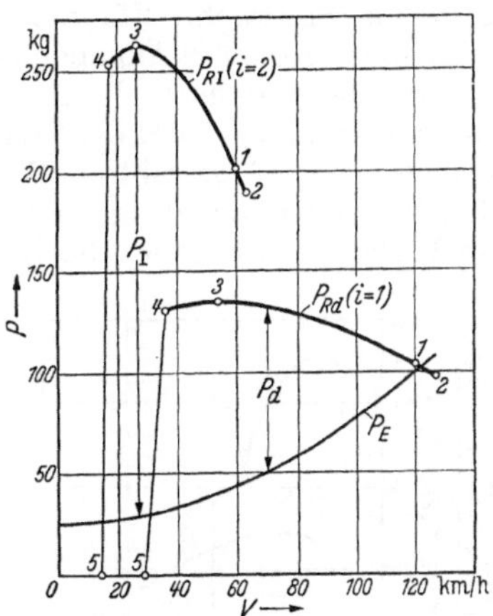

Abb. 5. Zugkraftschaubild, für den direkten Gang umgezeichnet, aus Abb. 3 stark ausgezogene Kurve.

In Abb. 5 ist ein weiterer Gang mit $i = 2$ eingezeichnet. Die Abszissen sind im Maßstab $1/i$ verkürzt, die Ordinaten im Maßstab $k\,i$ verlängert. k berücksichtigt den Wirkungsgradunterschied zwischen den Gängen nach Zahlentafel 1. Hier ist $1/i = 0{,}5$ und $ki = 0{,}94/0{,}97 \cdot 2$ gesetzt.

Der Ordinatenabstand der P_R-Linien von der P_E-Linie ist die Überschußzugkraft $P = P_R - P_E$, für den ersten Gang $P_{\text{I}} = P_{R\text{I}} - P_E$, für den direkten $P_d = P_{Rd} - P_E$ usw. Abb. 6 zeigt die Überschußzugkräfte bei einem Vierganggetriebe[1].

3.31 Geschmeidigkeit.

Die Überschußzugkräfte stehen für Steigungen und zur Beschleunigung zur Verfügung. Sie bestimmen den zweiten Faktor der „Fahreigenschaften" — der erste ist die Höchstgeschwindigkeit auf ebener Betonstraße —, nämlich die „Geschmeidigkeit" oder „Elastizität". Die Geschmeidigkeit stellt man für zwei ausgewählte Betriebszustände dar:

1. unter der Annahme, daß die Überschußzugkraft zur Bewältigung von Steigungen benutzt wird, ohne daß der Wagen beschleunigt zu werden braucht,

2. unter der Annahme, daß die Überschußzugkraft nur zum Beschleunigen auf ebener Betonstraße ausgenutzt wird.

Man stellt also die Geschmeidigkeit in zwei „Geschmeidigkeitsschaubildern" — Abb. 6 und 7 — dar. Näheres über die Darstellung des Beschleunigungsvermögens unter 3.53.

---

[1] In Abb. 6 und 7 sind in den ersten drei Gängen die Zugkraftlinien nur bis zur Dauerleistung ausgezeichnet. Es scheint zunächst richtiger, im Steigfähigkeitsschaubild 6, dem Beharrungszustände zugrunde liegen, bis zu den Punkten 1 zu zeichnen, und bei der Darstellung des Beschleunigungsvermögens in Abb. 7 auch die Punkte 2 zu berücksichtigen. Da sich der Motorenlärm um so unangenehmer bemerkbar macht, je geringer die Fahrgeschwindigkeit, ist es beim Gebrauchswagen nicht üblich, in den kleinen Gängen den Motor über die Dauerleistung auszufahren. Ich habe daher auch in Abb. 7 die Punkte 2 fortgelassen. — Die Ansichten darüber, ob die Gangbegrenzungen am Tachometer bei den Punkten 1 oder 2 anzubringen sind, gehen auseinander. — Beim Rennwagen, der nach dem Motorendrehzahlmesser gefahren wird, gelten andere Gesichtspunkte.

3.32 Steigfähigkeit

Bei der Annahme 1 gilt für den Zusammenhang zwischen der Überschußzugkraft P, dem Wagengewicht G und dem Steigungswinkel α

$$P = G \sin\alpha \text{ (Steigung ohne Beschleunigung) [kg]}. \qquad (4)$$

Es ist üblich, für G das Leergewicht in kg des fahrfertigen Wagens nach Normvorschrift zuzüglich einer Nutzlast einzusetzen, die bei Lastwagen der vom Hersteller angegebenen Nutzlast und bei Personenwagen einem Gewicht von 60 kg je Person entspricht. Für Schienenfahrzeuge gelten die Vorschriften der Bundesbahn oder besondere Angaben des Bestellers.

Man kann danach die Aussage von Abb. 6 unmittelbar zur Bestimmung des Steigungswinkels α und der Steigung s in % benutzen, wobei $s = 100 \cdot \operatorname{tg}\alpha$ [%]. Für den als Beispiel gewählten Wagen von 1220 kg Leergewicht + 240 kg Nutzlast gilt der außen angetragene Ordinatenmaßstab. Danach ist die durch Punkt 3 des I. Ganges bestimmte höchste Steigfähigkeit 33%. Bei Besetzung mit nur zwei Personen, also einem Wagengewicht von $G = 1340$ kg, erhöht sich die Steigfähigkeit auf 37%.

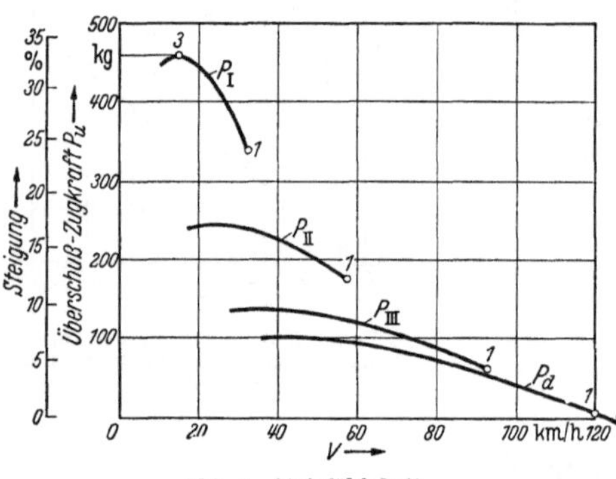

Abb. 6. Steigfähigkeit.

Der steilste Alpenpaß ist die Turracher Höhe in Österreich mit 32%. Allerdings führt sie in Höhen, in denen die Luft bereits dünner und die Motorenleistung daher niedriger wird. Ob man die Auslegung dieses Getriebes mit dem Prädikat „voll ausreichend" oder „gerade noch ausreichend" bezeichnen soll, ist eine Ermessensfrage. Der eine wird der Auffassung sein, daß es genügt, wenn sein Wagen mit Fahrer noch die Steilstrecke des Nürburgringes mit 27% nimmt, ein anderer wird verlangen, daß auf dem früher berüchtigten Katschberg mit 29% Steigung mit der höchstzulässigen Belastung gefahren werden kann, ein dritter wird den Standpunkt vertreten, daß man die Ansprüche an der Motorenstärke ausrichten sollte. — Man wird sagen dürfen, daß zur Zeit eine Steigfähigkeit von 30% für knapp ausreichend und eine solche von 36% als allen Ansprüchen genügend angesehen wird.

3.33 Beschleunigungsvermögen

Nach der zweiten Annahme dient P nur zum Beschleunigen der umlaufenden Teile und des Fahrzeuges in der Ebene. Zur Ermittlung des Beschleunigungsvermögens ist für Getriebe ohne Schlupf, reine Zahngetriebe, eine für unsre Zwecke abgewandelte Berechnungsweise nach [7] verwandt. Die Rechnungsart für die mit Strömungskupplungen und -wandlern, also mit Schlupf arbeitenden Getriebe ist später dargestellt.

Zu beschleunigen sind (Bezeichnungen Abb. 1):

die Masse des Wagens $M = G/g$ — vgl. die vorstehenden Bemerkungen zu G,

die mit Hinterachsdrehzahl umlaufenden Massen der Räder, Achsen und des Ausgleichsgetriebes mit dem polaren Trägheitsmoment J_R,

die mit Getriebeausgangsdrehzahl umlaufenden Massen des Ausgleichgetriebes, Hauptgetriebes und der Gelenkwelle mit dem polaren Trägheitsmoment J_B, die mit Getriebeeingangsdrehzahl umlaufenden Teile von Motor, Schwungrad, Kupplung und Hauptgetriebe mit dem polaren Trägheitsmoment J_A. Hierbei sind die Trägheitsmomente der nicht mit ω_A umlaufenden, mit dem Getriebeeingang aber in fester Verbindung stehenden Zahnräder auf den Getriebeeingang umzurechnen, z. B. das Trägheitsmoment J_C der Räder G_a und K_b in $J'_C = J_C\, i_a^2$ usw.

Die Leistung zum Beschleunigen der *umlaufenden Massen* ist

$$L_1 = \sum J\,\omega \frac{d\omega}{dt} = J_R\,\omega_R \frac{d\omega_R}{dt} + J_B\,\omega_B \frac{d\omega_B}{dt} + J_A\,\omega_A \frac{d\omega_A}{dt},$$

$$\omega_B = i_F\,\omega_R; \quad \omega_A = i\,i_F\,\omega_R; \quad v = r\,\omega_R,$$

$$L_1 = \frac{v}{r^2}\frac{dv}{dt}(J_R + J_B i_F^2 + J_A i^2 i_F^2) = P_1 v.$$

Zum Beschleunigen des *Fahrzeuges längs der Fahrbahn* wird die Kraft P_2 gebraucht.

$$P_2 = M\frac{dv}{dt}.$$

Um zu vergleichbaren Zahlen bei verschiedenen Fahrzeugen zu kommen, ist die Form gewählt

$$P = P_1 + P_2 = \varphi\, M\frac{dv}{dt} \text{ (Beschleunigung ohne Steigung)} \quad [\text{kg}]$$

$$\varphi = b_1 + b_2 i^2$$

$$b_1 = 1 + \frac{J_R + J_B i_F^2}{r^2 M}$$

$$b_2 = \frac{J_A i_F^2}{r^2 M}$$

$$P = \frac{\varphi}{b_1 + b_2}(b_1 + b_2)\, M\frac{dv}{dt} = \varphi'(b_1 + b_2)\, M\frac{dv}{dt} \quad [\text{kg}] \tag{5}$$

$$b = \frac{dv}{dt} = \frac{P}{\varphi'(b_1 + b_2)\, M} \quad [\text{m/s}^2].$$

Mit welchen Werten etwa zu rechnen ist, sei an Hand einer Zahlentafel aus [7] für einige ältere Bauarten erklärt. Inzwischen sind die umlaufenden Massen geringer, die Drehzahlen aber höher geworden.

Zahlentafel 2. *Trägheitsmomente (cm kg s²) der Triebwerksteile und Räder einiger Fahrzeuge.*

Fahrzeugmuster	Kennwerte				Trägheitsmomente (cm kg s²)					
	Gewicht in kg	Hubraum in l	Wirksamer Raddurchmesser in m	Treibachsuntersetzung	Motortrieb	Schwungrad	Kupplung	Getriebe und Kardanwelle	Ausgleichgetriebe	4 Räder
DKW . . .	520	0,584	0,630	1 : 6,1	0,500	1,00	0,520	—	0,56	32,4
BMW . . .	550	0,743	0,656	1 : 5,35	0,100	0,52	0,435	0,026	0,10	19,6
Hanomag .	740	1,100	0,656	1 : 5,9	0,400	7,50	0,430	0,040	0,60	26,0
Wanderer .	1300	1,560	0,680	1 : 5,7	0,447	3,04	0,090	0,050	0,60	52,0
Adler . .	1300 (Fahrgestell)	1,930	0,684	1 : 5,7	0,818	4,48	1,390	0,050	0,70	66,8
BüssingNAG	4800	9,350	1,0528	1 : 7,43	5,000	28,50	12,70	0,080	0,90	571,4

Der Anteil „Getriebe und Kardanwelle" ist nicht, wie wir es brauchten, in einen mit ω_A und ω_B umlaufenden Teil getrennt. Für unseren Zweck mag es genügen, wenn wir den J_A zuzuschlagenden Teil bei J_B einsetzen, zumal der Wert $J_B\, i_F^2$ das Ergebnis kaum beeinflußt. Aus Zahlentafel 2 errechnen wir für die Getriebeauslegung in der gleichen Reihenfolge der Wagen.

Zahlentafel 3.

	G kg	M kgs²/m	r m	i_F	I_R cm kg s²	I_B cm kg s²	I_A cm kg s²	b_1	b_2	$\sqrt{\frac{b_1}{b_2}}$
1.	640	65,3	0,315	6,1	32,96	—	2,020	1,051	0,116	3,0
2.	670	68,3	0,328	5,35	19,7	0,026	1,055	1,035	0,050	4,5
3.	860	87,7	0,328	5,9	26,6	0,040	8,330	1,030	0,315	1,8
4.	1540	157	0,340	5,7	52,6	0,050	3,577	1,030	0,064	4,0
5.	1540	157	0,342	5,7	67,5	0,050	6,688	1,038	0,118	2,9
6.	11000	1122	0,5264	7,43	572,3	0,080	46,2	1,018	0,082	3,5

Für den als Beispiel in Abb. 6 benutzten Personenkraftwagen sei

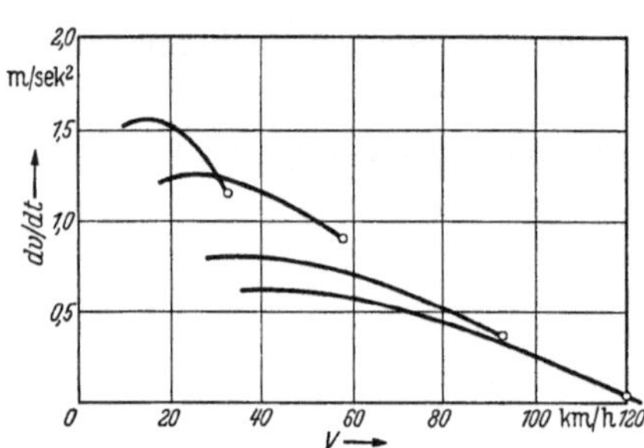

Abb. 7. Beschleunigungsvermögen.

$$b_1 = 1{,}03\,, \qquad b_2 = 0{,}07\,,$$

$$i_{\mathrm{I}} = \frac{120}{33} = 3{,}64\,, \qquad \varphi'_{\mathrm{I}} = 1{,}78\,,$$

$$i_{\mathrm{II}} = \frac{120}{58} = 2{,}07\,, \qquad \varphi'_{\mathrm{II}} = 1{,}21\,,$$

$$i_{\mathrm{III}} = \frac{120}{93} = 1{,}29\,, \qquad \varphi'_{\mathrm{III}} = 1{,}05\,,$$

$$i_{\mathrm{IV}} = 1\,, \qquad \varphi'_{\mathrm{IV}} = 1\,.$$

Nach Gl. (5)

$$\frac{dv}{dt} = \frac{P \cdot 9{,}81}{\varphi' \cdot 1{,}10 \cdot 1460} = \frac{P}{164\,\varphi'}$$

können wir nun die P-Werte aus Abb. 6 in das Schaubild 7 des Beschleunigungsvermögens umrechnen.

Aus dem Vergleich von Abb. 6 und 7 sieht man, daß der Zuwachs an Beschleunigungsvermögen im ersten Gang sehr viel kleiner ist, als die Zunahme der Überschußzugkraft erwarten läßt. Da bei den hohen Übersetzungen $P_R \gg P_E$, kann man hier $P_R = P$ setzen und erhält das Maximum an Beschleunigungsvermögen für $i_{\mathrm{I}} = \sqrt{b_1/b_2}$. Wie Zahlentafel 3 erkennen läßt, liegt dieser Wert wenig über oder, besonders bei Lastwagen, unter der Übersetzung, die der erste Gang haben muß, um dem Wagen die nötige Steigfähigkeit zu geben. Man legt daher allgemein den ersten Gang der Straßenfahrzeuge nicht nach dem Beschleunigungsvermögen, sondern nach der Steigfähigkeit aus.

Anders liegen die Verhältnisse bei Schienenfahrzeugen mit ihren großen längs der Fahrbahn zu beschleunigenden Massen. Bei diesen nutzt man im ersten Gang das volle Reibungsgewicht der Treibachsen aus, setzt also die Zugkraft — nicht Überschußzugkraft —

$$P_{RI} = \mu\, G_T\,. \tag{6}$$

Zu berücksichtigen ist ferner, daß die von der Anfahrkupplung aufzunehmende und in Wärme umgesetzte Arbeit um so größer ist, je kleiner die Übersetzung des ersten Ganges ist. Man pflegt jedoch nicht die kleinste Getriebeübersetzung nach der Kupplung auszurichten, sondern die Kupplung nach den Erfordernissen des ersten Ganges.

Zusammenfassend läßt sich also für die Auslegung der kleinsten Übersetzung sagen:

a) bei Straßenfahrzeugen legt man auf Steigfähigkeit aus, am besten nach dem Steigfähigkeitsschaubild,

b) bei Schienenfahrzeugen gilt Gl. (6) mit $\mu = 0,1$,

c) bei geländegängigen Fahrzeugen gilt ebenfalls Gl. (6), jedoch mit $\mu = 0,9$ — Höchstwert für neue Luftbereifung — oder $\mu = 1$ — Losbrechmoment der vereisten Ketten.

3.4 Der Rückwärtsgang.

Zuweilen bemißt man die Übersetzung des ersten Ganges knapp — sei es, um beim Dreiganggetriebe den Sprung zwischen erstem und drittem Gang nicht zu groß werden zu lassen, sei es, um das Beschleunigungsvermögen zu verbessern, oder sei es, um eine einfachere Räderanordnung im Getriebe verwenden zu können (zahnradarme Getriebe) — und benutzt den Rückwärtsgang für die größte Übersetzung. Dieser ist dann der „Notgang" für außergewöhnliche Steigungsverhältnisse.

Ist der erste Gang ausreichend hoch übersetzt, genügt es, wenn im Rückwärtsgang die steilste zulässige Garagenausfahrt von 20% Steigung mit kaltem Motor bewältigt werden kann. Andererseits besteht selten ein Bedürfnis, mit dem Rückwärtsgang bestimmte Geschwindigkeiten zu erreichen. Der Konstrukteur ist daher bei der Auslegung ziemlich ungebunden.

3.5 Der Zwischengang.

Ist die Übersetzung des kleinsten und größten Fahrganges gewählt, bleibt die Bestimmung des Zwischenganges oder der Zwischengänge.

3.51 Geometrische Stufung.

Die „klassische Lösung" ist die Abstufung der Übersetzungen nach einer geometrischen Reihe, also

$$i_I/i_{II} = i_{II}/i_{III} = i_{III}/i_{IV} \text{ usw.}$$

Nehmen wir an, nach den obigen Überlegungen hätten wir die größte und kleinste Übersetzung der Fahrgänge mit 4 und 1 bestimmt, ergeben sich die Übersetzungen bei geometrischer Stufung nach Zahlentafel 4.

Zahlentafel 4. *Auslegung der Zwischengänge nach einer geometrischen Reihe.*

Dreiganggetriebe	Vierganggetriebe
$i_I = 4$	$i_I = 4$
$i_{II} = 2$	$i_{II} = 2,52$
$i_{III} = 1$	$i_{III} = 1,59$
	$i_{IV} = 1$

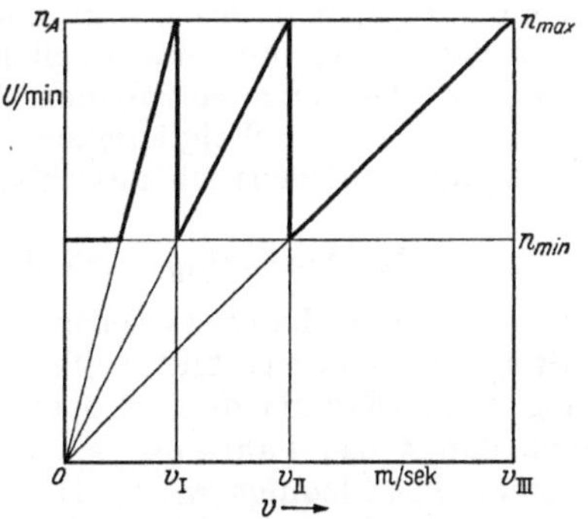

Abb. 8. Motorendrehzahl über Fahrgeschwindigkeit bei konstantem Stufensprung (Abstufung nach einer geometrischen Reihe).

Für diese Auslegung sprechen zwei Überlegungen.

1. Der Motorendrehzahlsprung — das Verhältnis der größten zur kleinsten Drehzahl — ist in allen Gängen gleich und gleichzeitig der kleinstmögliche, wie Abb. 8 zeigt. Das ist von Bedeutung bei geringer *Drehzahlgeschmeidigkeit*, d. h.

kleinem Verhältnis der größten zur kleinsten Vollgasdrehzahl — Punkte 1 und 4 in Abb. 5 —, bei großem *Getriebesprung* — Getriebesprung gleich dem Verhältnis der größten zur kleinsten Übersetzung — und kleiner Gangzahl, also großem Stufensprung.

In den meisten Fällen ist der *Stufensprung* — das Verhältnis der Übersetzung eines Ganges zu der des folgenden — kleiner als die Drehzahlgeschmeidigkeit des Motors. Bei dem in Abb. 3 bis 7 als Beispiel benutzten Motor könnte man fast mit einem Zweiganggetriebe auskommen, ohne n_4 zu unterschreiten. Bei dem Vierganggetriebe kann man daher in großen Geschwindigkeitsbereichen zwischen drei Gängen wählen, wie Abb. 6 und 7 zeigen. Hier liegt also zur Wahl der geometrischen Übersetzungsabstufung kein Grund vor.

2. Die schraffierte Fläche im Zugkraftdiagramm ist am größten, wie es Abb. 9 unter der Annahme eines von der Drehzahl unabhängigen Motorendrehmomentes zeigt, und wie sich auch rechnerisch leicht nachweisen läßt. Der einleuchtend scheinende Schluß, daß der gleiche Stufensprung, also die geometrische Reihe, für Steig- und Beschleunigungsvermögen am günstigsten sei, hält einer Prüfung nicht stand.

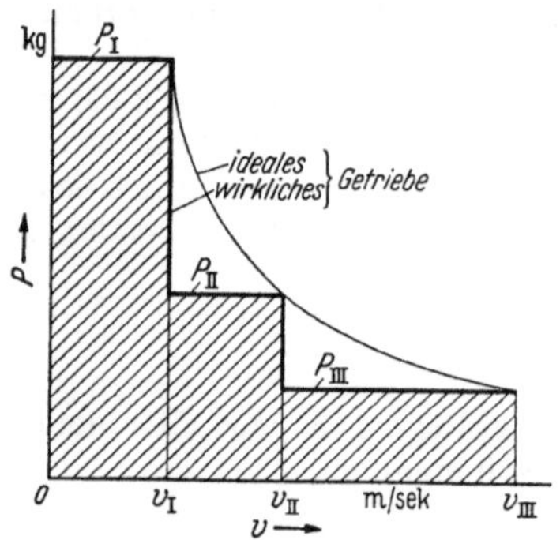

Abb. 9. Zugkraftschaubild bei konstantem Motorenmoment und konstantem Stufensprung.

3.52 Auslegung nach den Geschmeidigkeitsschaubildern.

Zuweilen wird in Ausschreibungs- und Abnahmebedingungen für Schienenfahrzeuge verlangt, daß bestimmte Steigungen mit bestimmten Belastungen bei bestimmten Geschwindigkeiten gefahren werden. Für die so definierten Punkte sind dann Leistung *und* Übersetzung festgelegt. Ebenso läßt sich für eine bestimmte Bergstrecke das beste Getriebe aus Abb. 6 und 7 errechnen. Auch geben diese Darstellungen einen guten Anhalt für die Zahl der Zwischengänge. Je näher die Steigfähigkeits- und Beschleunigungslinien des ersten und letzten Ganges beieinander liegen, desto geringer der Zwang und die Möglichkeit, mit dem Getriebe nachzuhelfen, also mehrere Zwischengänge einzubauen. Für die Wahl der Übersetzung läßt sich jedoch weder aus dem Steigfähigkeitsschaubild noch aus der Darstellung des Beschleunigungsvermögens ein ausschlaggebender Hinweis gewinnen.

3.53 Auslegung nach dem Beschleunigungsvermögen.

Den Zusammenhang zwischen Stufenübersetzung und Steigfähigkeit klärt das Steigfähigkeitsschaubild vollkommen. Das Schaubild des Beschleunigungsvermögens läßt dagegen die wichtigste Frage offen: Wie muß man die Übersetzungen wählen, damit das Fahrzeug — etwa von null auf Endgeschwindigkeit — am kräftigsten beschleunigt wird? Der Getriebegestalter sollte die praktische Bedeutung dieser Frage nicht unterschätzen. An einer Großstadt-Straßenkreuzung ist Halt, rotes Licht. In mehreren Reihen nebeneinander stehen die Kraftwagen. Beim Wechsel auf grünes Licht spurtet das Rudel — wehe dem verspäteten Fußgänger! — Jeder sucht nach vorn zu kommen, einmal ist es bequem, auf der freien Straße zu fahren, zum anderen will man zeigen, was man aus seinem Wagen herausholen kann. Der Wagen, der sich nach vorn schiebt und die Spitze auch halten kann, erregt den Stolz seines Besitzers und den Neid der anderen. — Aber auch wenn man eine solche „Spekulation auf die Käuferpsyche" nicht gelten lassen will, wird man dem Beschleunigungsvermögen unter den Fahreigenschaften die erste Rolle zuerkennen müssen, da es neben der Straßenlage und vor der Höchstgeschwindigkeit die Reisegeschwindigkeit bestimmt und die Gefahr beim Überholen mindert.

3.531 Beschleunigungsvermögen unter vereinfachten Annahmen. Um einige grundlegende Erkenntnisse zu gewinnen, vereinfachen wir die Annahmen zunächst so, daß eine rechnerische Behandlung leicht möglich wird: Wir nehmen an, daß das Motorenmoment unabhängig von der Drehzahl ist, daß es ausschließlich zum Beschleunigen des Fahrzeuges längs der Fahrbahn dient, und daß der Wirkungsgradunterschied der Gänge und die Zugkraftunterbrechung vernachlässigt werden kann. Ferner setzen wir — das ist keine vereinfachende Annahme, sondern nur eine Maßstabsänderung — die höchste Dauergeschwindigkeit und die Beschleunigung in diesem Punkt gleich 1. Es ist also beim Vierganggetriebe die Beschleunigung im vierten Gang

$$|dv/dt|_{IV} = b_{IV} = P_{R\,IV}/M = 1$$

mit der Endgeschwindigkeit $v_{IV} = 1$,
im dritten Gang

$$b_{III} = P_{R\,III}/M = i_{III}\,P_{R\,IV}/M = i_{III}$$

mit der Endgeschwindigkeit $v_{III} = 1/i_{III}$ usw., wie es Abb. 10 zeigt, in dem wieder $i_I = 4$ gesetzt ist. Dann folgt aus den Gleichungen für die gleichförmig beschleunigte Bewegung bei der Anfangsgeschwindigkeit v_0

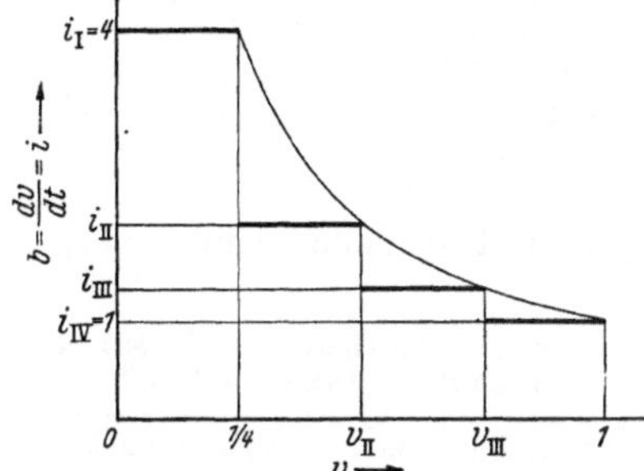

Abb. 10. Beschleunigungsvermögen bei Näherungsrechnung.

$$v = v_0 + b\,t \quad \text{und} \quad l = (v_0 + v)\,t/2\,,$$

für die Zeit t_{II}, die zum Beschleunigen von v_I auf v_{II} gebraucht wird

$$t_{II} = (v_{II} - v_I)\,v_{II}$$

und für den im zweiten Gang zurückgelegten Weg

$$l_{II} = (v_{II}^3 - v_I^2\,v_{II})/2\,.$$

Entsprechend

$$t_{III} = (v_{III} - v_{II})\,v_{III} \quad \text{und} \quad l_{III} = (v_{III}^3 - v_{II}^2\,v_{III})/2\,,$$

t_I und l_I interessieren nicht, da i_I bereits nach einem anderen Gesichtspunkt gewählt ist. Unsrer Fragestellung gemäß müssen wir irgendeine Geschwindigkeit v_4 betrachten, die nach dem Umschalten in den vierten Gang erreicht wird

$$t_4 = v_4 - v_{III} \quad \text{und} \quad l_4 = (v_4^2 - v_{III}^2)/2\,.$$

3.5311 Das einfachste und bei weitem am meisten angewandte Meßverfahren für das Beschleunigungsvermögen ist die Feststellung der Zeit zwischen zwei Geschwindigkeiten. Man mißt mit der Stoppuhr die Zeit, in der bei Vollgas und bestmöglicher Schaltung nach der Anzeige des (geeichten) Tachometers 40, 60, 80 km/h erreicht werden. In den „Testen" der Fachzeitschriften, Sachverständigengutachten und Druckschriften der Hersteller wird dann beispielsweise angegeben

0 bis 40 km/h	5 s	0 bis 80 km/h	16 s
0 bis 60 km/h	9 s	0 bis 100 km/h	28 s

Wir hätten demnach die Werte $i_{II} = 1/v_{II}$ und $i_{III} = 1/v_{III}$ zu suchen, für die $f_t = t_{II} + t_{III} + t_4$ ein Minimum wird, und finden aus

$$\partial f_t/\partial v_{II} = 0, \qquad v_{II} = (v_I + v_{III})/2,$$

und aus

$$\partial f_t/\partial v_{III} = 0, \qquad v_{III} = (v_{II} + 1)/2.$$

Die günstigsten *Prospektangaben* bekommen wir also, wenn wir den reziproken Wert einer Zwischengangübersetzung gleich dem Mittelwert der reziproken Werte der benachbarten Übersetzungen wählen. Für die Getriebe Zahlentafel 4 würde gelten:

Zahlentafel 5. *Auslegung der Zwischengänge nach der „kürzesten Zeit".*

Dreiganggetriebe	Vierganggetriebe
$i_I = 4$	$i_I = 4$
$i_{II} = 1{,}6$	$i_{II} = 2$
$i_{III} = 1$	$i_{III} = 1{,}33$
	$i_{IV} = 1$

3.5312 Schon vor vielen Jahren wurde darauf hingewiesen, daß die Wegstrecke als Maß für die Beschleunigung „viel anschaulicher und sinnfälliger in Erscheinung tritt" [1]. Auch diese Meßart ist leicht durchzuführen. Bei Erreichen der Geschwindigkeit von 40 km/h usw. schießt man mit der Farbpistole einen Farbfleck auf die Fahrbahn und mißt die Strecke.

Man hätte danach für $f_l = l_{II} + l_{III} + l_4$ das Minimum zu suchen und findet

Zahlentafel 6. *Auslegung der Zwischengänge nach dem „kürzesten Weg".*

Dreiganggetriebe	Vierganggetriebe
$i_I = 4$	$i_I = 4$
$i_{II} = 1{,}44$	$i_{II} = 1{,}75$
$i_{IV} = 1$	$i_{III} = 1{,}25$
	$i_{IV} = 1$

Die Übersetzungen der Zwischengänge sind in dieser Auslegung noch weiter nach den höheren Geschwindigkeiten hin verschoben.

3.5313 Befriedigend ist keine der beiden Meßarten. „Sinnfällig in die Erscheinung tritt" der schnellste Wagen, also der Wagen, der in einer bestimmten Zeit die größte Strecke zurückgelegt hat. Gemessen wird am besten mit einem Weg–Zeit-Schreiber (Peißler-Rad u. dgl.).

Suchen wir unter diesem Gesichtspunkt die Zwischengangübersetzung, so ist das Ergebnis nicht mehr unabhängig von der Wahl von v_4. Wenn wir den Endzustand mit $v_4 = v_{IV} = 1$ betrachten, müssen wir zu t_{II} und t_{III} und $t_{IV} = 1 - v_{III}$ noch eine Zeit t_5 hinzuzählen, so daß $t_{II} + t_{III} + t_{IV} + t_5 =$ const wird, und das Maximum von $l = l_{II} + l_{III} + l_{IV} + l_5$ suchen. $l_{IV} = (1 - v_{III}^2)/2$; $l_5 = t_5$. Daraus ergibt sich

Zahlentafel 7. *Auslegung der Zwischengänge nach dem „schnellsten Wagen".*

Dreiganggetriebe	Vierganggetriebe
$i_I = 4$	$i_I = 4$
$i_{II} = 1{,}76$	$i_{II} = 2{,}23$
$i_{III} = 1$	$i_{III} = 1{,}47$
	$i_{IV} = 1$

3.5314 Es überrascht, daß weder der Wagen, der einen Geschwindigkeitsunterschied in der kürzesten Zeit bewältigt, noch der, der hierzu den kürzesten Weg braucht, der schnellste Wagen ist. Suchen wir uns das zunächst unglaubwürdig scheinende Ergebnis an einem Beispiel klarzumachen! Vier Wagen unterscheiden sich nur durch die Übersetzung des Zwischenganges. Wagen *a* hat ein $i_{II} = 3{,}33$, muß also bei $v_{II} = 0{,}3$ umschalten, *b* bei $v_{II} = 0{,}4$, *c* bei 0,5 und *d* bei 0,7. Alle Wagen fahren mit dem zweiten Gang an und versuchen, möglichst schnell auf ihre Endgeschwindigkeit $v_{III} = 1$ zu kommen.

Nach dem ersten Meßverfahren wird gemäß Abb. 11 bei $v = 0{,}3$ eine Reihenfolge der Wagen *a*, *b*, *c*, *d* gemessen. Bei $v = 0{,}5$ ist die Reihenfolge *c*, *b*, *a*, *d*, die sich bis zum Schluß nur insofern ändert, als *d* nach dem Umschalten mit *a* gleichliegt.

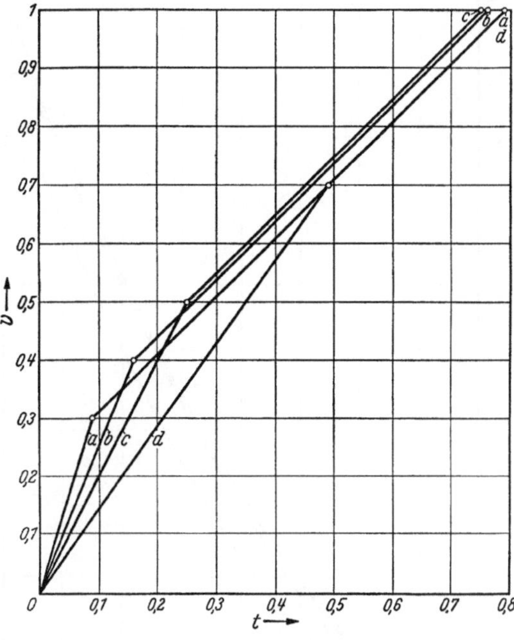

Abb. 11. Geschwindigkeit über der Zeit.

Das zweite Verfahren mißt ebenfalls bei $v = 0{,}3$ eine Wertigkeit *a*, *b*, *c*, *d* nach Abb. 12, bei $v = 0{,}5$ jedoch *c*, *b*, *d*, *a*. Oberhalb $v = 0{,}65$ erweist sich die Auslegung *d* eindeutig als die beste.

Erst die Aufzeichnung im Weg–Zeit-Schaubild 13 gibt einen Einblick, wie sich der Verlauf des Rennens den Zuschauern darbietet. Für einen Beobachter, der im Wagen *d* sitzt, werden die Unterschiede deutlicher, wie Abb. 14 zeigt. Der nach Abb. 12 beste Wagen *d* ist der langsamste. Wagen *a* setzt sich zunächst an die Spitze, wird aber bald von *b* und später von *c* überholt. *c* holt gegen *b* im Verlauf des Rennens merkbar auf, vermag aber den Anfahrvorsprung nicht einzuholen.

Die ersten Kreise kennzeichnen jeweils den Umschaltpunkt, die zweiten das Erreichen der Endgeschwindigkeit. Außerdem sind in Abb. 14 noch die Marken für einige Geschwindigkeiten angegeben. Ich halte eine genaue Betrachtung der Abb. 13 und 14 für recht lehrreich. Man sieht u. a., daß Wagen *a* und *d* die Endgeschwindigkeit gleichzeitig erreichen, daß *d* sogar den kürzesten Weg bis zur Endgeschwindigkeit braucht, und daß trotzdem *d* bei dem Beschleunigungsrennen mit Abstand als letzter durchs Ziel geht.

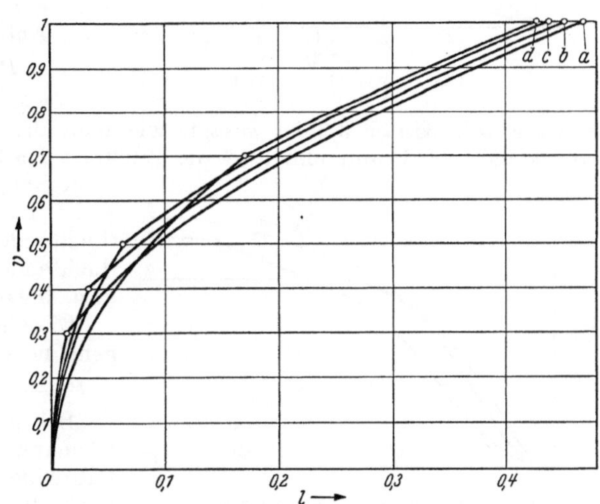

Abb. 12. Geschwindigkeit über dem Weg.

Aus dieser Betrachtung möge der Getriebegestalter die Überzeugung gewinnen, daß er zur Auslegung des Getriebes das Weg–Zeit-Schaubild, das Anfahrdiagramm, nicht entbehren kann. Nur nach dieser Darstellung kann er auch die übrigen Fragen beurteilen, die er heute zu entscheiden hat. Beispielsweise:

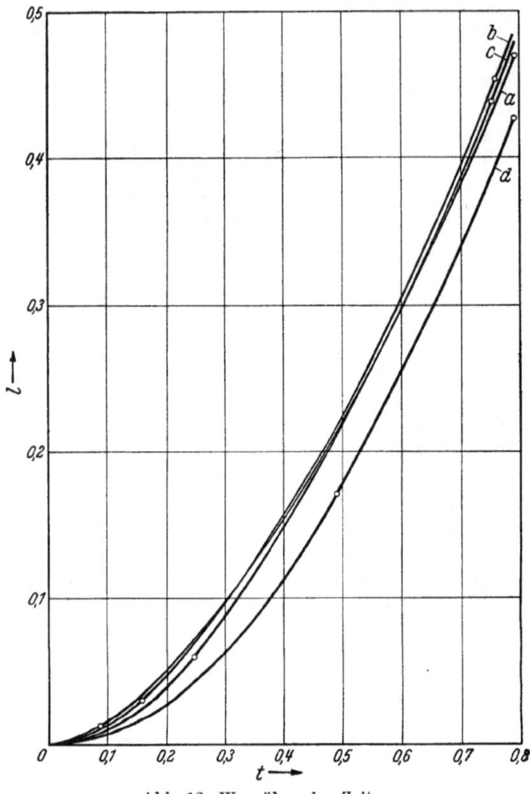

Abb. 13. Weg über der Zeit.

Welche Wirkung hat eine Änderung der Schaltzeiten?

Wie wirkt sich die Zugkraftunterbrechung beim Schalten aus?

Welchen Einfluß hat der Einbau einer Strömungskupplung oder die Verwendung von Strömungswandlern?

Wann soll von einem Strömungswandler in einen direkten Gang umgeschaltet werden?

3.532 Die genaue Ermittlung des Beschleunigungsvermögens. Wir wollen die verschiedenen möglichen Näherungslösungen überspringen und gleich die Ermittlung des Beschleunigungsvermögens ohne vereinfachende Annahmen betrachten.

3.5321 Rechnerische Lösung. Bei den meisten Fahrzeugmotoren läßt sich der Verlauf des Drehmomentes über der Drehzahl und damit derjenige der Zugkraft P_{Rd} im direkten Gang über der Fahrgeschwindigkeit V_d (s. Abb. 5) darstellen durch

$$P_{Rd} = c_1 + c_2 v_d - c_3 v_d^2, \quad (7a)$$

wenn man positive Konstanten benutzen will. Unter 3,3 ist gesagt, wie man die Zugkraft P_{Rd} des direkten Ganges mit $i = 1$ umrechnet in die Zugkraft P_R bei beliebigem i. Setzen wir $\eta_g/\eta_{gd} = k$, ist $P_R = k i P_{Rd}$ und $v = v_d/i$. k ist nach Zahlentafel 1 bei nicht fluchtendem Durchtrieb gleich 1, bei fluchtendem Durchtrieb gleich 0,94/0,97 bzw. 0,94/0,985.

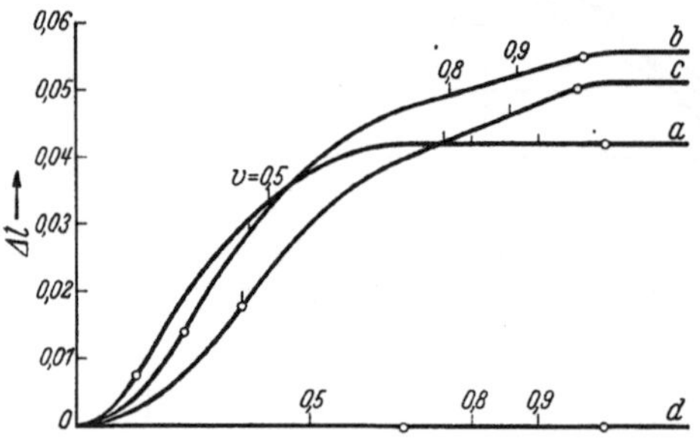

Abb. 14. Wegunterschied über der Zeit.

Die Gleichung (7a) geht in die allgemeine Form über

$$P_R = k i (c_1 + i c_2 v - i^2 c_3 v^2). \quad (7)$$

Bei gewähltem i entspricht diese Gleichung im Aufbau der Gl. (3) des Fahrwiderstandes P_E. Mithin läßt sich auch die Überschußzugkraft $P = P_R - P_E$ und die Beschleunigung nach Gl. (5) für einen bestimmten Gang in die Form bringen

$$b = \frac{dv}{dt} = e + 2 f v - h v^2. \quad (8)$$

Die in Abschn. 3.531 für die gleichförmig beschleunigte Bewegung benutzten Gleichungen werden dann bei der wirklichen, ungleichförmig beschleunigten Bewegung des Fahrzeuges

$$t_{II} = \int_{v_I}^{v_{II}} \frac{dv}{b} = \frac{1}{2\,m_{II}} \left[\ln \frac{m_{II} - f_{II} + h_{II}\,v}{m_{II} + f_{II} - h_{II}\,v} \right]_{v_{II}}^{v_I}, \tag{9}$$

$$m_{II} = \sqrt{f_{II}^2 + e_{II}\,h_{II}}\,,$$

$$l_{II} = \int_{v_I}^{v_{II}} \frac{v\,dv}{b} = \frac{f_{II}}{h_{II}}\,t_{II} + \frac{1}{2\,h_{II}} \ln \frac{b_{II\,I}}{b_{II\,II}}, \tag{10}$$

$b_{II\,I}$ Beschleunigung im zweiten Gang bei v_I, $b_{II\,II}$ desgl. bei v_{II}.

Durch Vertauschen der Indizes bekommen wir t_{III} usw.

Als Rechenbeispiel suchen wir für ein Dreiganggetriebe mit nicht fluchtendem Durchtrieb die Übersetzung des zweiten Ganges. Wieder sei $i_I = 4$; $i_{III} = 1$. Wir wählen im Rahmen der Zahlentafel 3 $b_1 = 1{,}03$ und $b_2 = 0{,}07$, also

$$\varphi' = 0{,}91 + 0{,}06\,i^2.$$

Die Zugkraftlinie im direkten Gang und die Fahrwiderstandslinie sind uns durch Abb. 15 gegeben. Ähnlich Abb. 10, rechnen wir mit Kennziffern, um handliche Konstanten zu bekommen, und zwar ersetzen wir

$$\frac{P_{Rd\,1}}{(b_1 + b_2)\,M} = \frac{104 \cdot 9{,}81}{1{,}10 \cdot 1460}$$
$$= 0{,}635\ \text{m}^2/\text{s durch } p_{Rd} = 1$$

$$V = 120\ \text{km/h} = 33{,}3\ \text{m/s durch } v = 1\,.$$

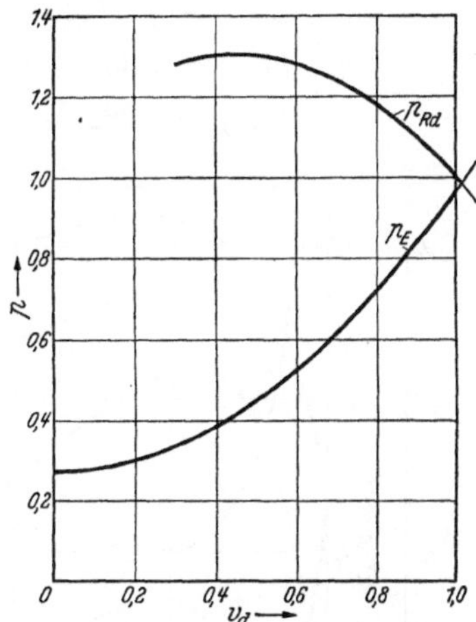

Abb. 15. Zugkraft im direkten Gang und Fahrwiderstand über der Fahrgeschwindigkeit. Zugkraftschaubild, aus Abb. 5 umgerechnet auf Kennziffern.

Zur gelegentlichen Verwendung merken wir uns die Umrechnungsfaktoren auf absolute Werte:

für die Geschwindigkeit in km/h		$120 \cdot v$,
für die Zeit in s	33,3/0,635	$\approx 50 \cdot t$,
für den Weg in m	$50 \cdot 33{,}3$	$\approx 1700 \cdot l$.

Aus Abb. 15 errechnen wir die Konstanten. Es ist

$$p_E = 0{,}27 + 0{,}7\,v^2,$$

$$p_{Rd} = 1{,}1 + 0{,}9\,v_d - v_d^2.$$

Nach Gl. (7)

$$p_R = 1{,}1\,i + 0{,}9\,i^2\,v - i^3\,v^2,$$

$$p = p_R - p_E.$$

Durch die Maßstabsänderung wird Gl. (5)

$$b = \frac{p}{\varphi'}.$$

Die Konstanten der Gl. (8) sind dann

$$e = (1{,}1\,i - 0{,}27)/\varphi',$$
$$f = 0{,}45\,i^2/\varphi',$$
$$h = (i^3 + 0{,}7)/\varphi'.$$

Nehmen wir als erste Annäherung die für Zahlentafel 5 S. 14 geltende Rechenregel, ist

$$v_{\text{II}} = \frac{1}{i_{\text{II}}} = \frac{v_{\text{I}} + v_{\text{III}}}{2} = \frac{0\,25 + 1}{2} = \frac{5}{8}.$$

Mit $i_{\text{II}} = 1{,}6$ ist $\varphi'_{\text{II}} = 1{,}0936$; $e_{\text{II}} = 1{,}362$; $f_{\text{II}} = 1{,}053$; $h_{\text{II}} = 4{,}384$ — mit dem 50-cm-Rechenschieber gerechnet — und die Hilfsgrößen der Gln. (9) und (10)

$$m_{\text{II}} \;\; = \sqrt{1{,}053^2 + 1{,}362 \cdot 4{,}384} = 2{,}662,$$
$$b_{\text{II I}} \;\; = 1{,}362 + 2 \cdot 1{,}053 \cdot 0{,}25 - 4{,}384 \cdot 0{,}25^2 = 1{,}615,$$
$$b_{\text{II II}} = 1{,}362 + 2 \cdot 1{,}053 \cdot 0{,}625 - 4{,}384 \cdot 0{,}625^2 = 0{,}967.$$

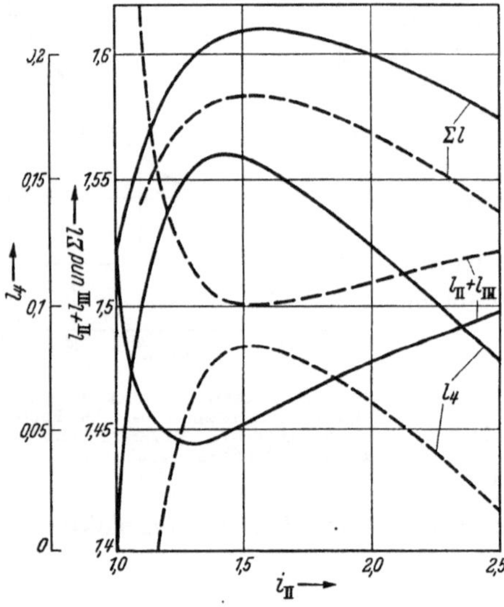

Abb. 16. Rechnerische Ermittlung der besten Zwischengang-Übersetzung i_{II} für den Wagen Abb. 15 mit $i_{\text{I}} = 4$, $i_{\text{III}} = 1$ und den Festwerten $b_1 = 1{,}03$ und $b_2 = 0{,}07$ nach Zahlentafel 3 S. 10. — Maßgebend sind Σl-Kurven, die anzeigen, welche Übersetzung in einer vorgegebenen Zeit den längsten Weg erzielt. Ausgezogen ohne Zugkraftunterbrechung, gestrichelt mit einer Zugkraftunterbrechung von 2 sec beim Umschalten vom zweiten zum dritten Gang.

Somit ist die Zeit von $v_{\text{I}} = 0{,}25$ bis $v_{\text{II}} = 0{,}625$,

$$t_{\text{II}} = 0{,}2750, \text{ also } \approx 13{,}75\,\text{s},$$

und der inzwischen zurückgelegte Weg

$$l_{\text{II}} = 0{,}1246, \text{ also } \approx 211{,}7\,\text{m}.$$

Von v_{II} bis $v_{\text{III}} = 1$ ist

$$t_{\text{III}} = 1{,}485, \text{ also } \approx 74{,}25\,\text{s},$$
$$l_{\text{III}} = 1{,}331, \text{ also } \approx 2262\,\text{m}.$$

Diese Rechnung wird für mehrere Werte von i_{II} wiederholt, um Bestwerte zu finden — selbstverständlich nicht über einen so breiten Bereich, wie es in Abb. 16 zu Darstellungszwecken geschehen ist.

Nach dem unter 3.5313 geübten Verfahren ist hier zunächst die Strecke $l_{\text{II}} + l_{\text{III}}$ aufgetragen, die bei dem angegebenen i_{II} bei einem Getriebe ohne Zugkraftunterbrechung zum Beschleunigen von $v_{\text{I}} = 0{,}25$ auf $v_{\text{III}} = 1$ — 30 auf 120 km/h — gebraucht wird. Nachdem diese Strecke durchfahren ist, laufen die Wagen mit $v = 1$ weiter, so daß $l_4 = t_4$. Gemessen wird die Gesamtstrecke $\Sigma l = l_{\text{II}} + l_{\text{III}} + l_4$, die in der Zeit $C = t_{\text{II}} + t_{\text{III}} + t_4$ zurückgelegt ist. Als C ist in Abb. 16 die Zeit gewählt, die ein Wagen ohne Zwischengang zur Beschleunigung von v_{I} auf v_{III} braucht.

Die Kurve $l_{\text{II}} + l_{\text{III}}$ mit Minimum bei $i_{\text{II}} = 1{,}32$ entspricht Zahlentafel 6, die das Minimum bei 1,44 angibt. Die Linie l_4 zeigt ein Maximum — gleich Minimum von $t_{\text{II}} + t_{\text{III}}$ — bei $i_{\text{II}} = 1{,}42$, die zugehörige Zahlentafel 5 bei 1,6. Die Addition beider Kurven weist den schnellsten Wagen mit $i_{\text{II}} = 1{,}58$ gegenüber 1,76 bei der angenäherten Rechnung in Zahlentafel 7 aus.

3.5322 Einfluß der Zugkraftunterbrechung. Wird mit Zugkraftunterbrechung geschaltet, so sinkt während der Schaltzeit t' die Endgeschwindigkeit im zweiten Gang von v_{II} auf v_{II}'. Der Wagenbewegung wirkt der Fahrwiderstand P_E nach Gl. (3) entgegen, der die Masse des Wagens und der umlaufenden Teile verzögert. An diesem Vorgang sind die vor der Trennstelle im Getriebe liegenden Massen mit dem Trägheitsmoment J_A nicht beteiligt.

In Gl. (5) wird daher $b_2 = 0$, $\varphi' = 1$ und $P = -P_E$. Während der Schaltzeit gilt also

$$\frac{dv}{dt} = -\frac{P_E}{b_1 M} = -\frac{a_1 + a_3 v^2}{b_1 M} = -(a_4 + a_5 v^2),$$

$$t' = -\int_{v_{II}}^{v_{II}'} \frac{dv}{a_4 + a_5 v^2} = \int_{v_{II}'}^{v_{II}} \frac{dv}{a_4 + a_5 v^2} = \frac{1}{\sqrt{a_4 a_5}} \operatorname{arc\,tg}\left(v \sqrt{\frac{a_5}{a_4}}\right)\Bigg|_{v_{II}'}^{v_{II}},$$

$$\operatorname{arc\,tg}\left(v_{II}' \sqrt{\frac{a_5}{a_4}}\right) = \operatorname{arc\,tg}\left(v_{II} \sqrt{\frac{a_5}{a_4}}\right) - t' \sqrt{a_4 a_5}. \tag{10}$$

Hieraus ergibt sich die Geschwindigkeit v_{II}' am Ende des Schaltens vom zweiten in den dritten Gang. Während t' wird der Weg l_{II}' zurückgelegt:

$$l_{II}' = \int_{v_{II}'}^{v_{II}} \frac{v\,dv}{a_4 + a_5 v^2} = \frac{1}{2 a_5} \ln \frac{a_4 + a_5 v_{II}^2}{a_4 + a_5 v_{II}'^2}. \tag{11}$$

t_{III} und s_{III} werden wie im vorigen Abschnitt errechnet, jedoch zwischen den Grenzen v_{II}' und v_{III}.

Auf die Länge der Schaltzeit hat die Größe des Stufensprunges $i_{II}/i_{III} = v_{III}/v_{II}$ einen Einfluß, der aber gegenüber den anderen zurücktritt: Gestaltung des Getriebes, der Schaltung und der Schaltbetätigung, Größe der beim Schalten zu beschleunigenden oder abzubremsenden Massen und nicht zuletzt das Geschick des Fahrers oder seine Gefühllosigkeit gegenüber seinem Getriebe. In [11] werden u. a. folgende Zeiten angegeben:

Zahlentafel 8. *Schaltzeiten in Sekunden.*

	aufwärts	abwärts	Durchschnitt
	z. B. 3. in 4. Gang	z. B. 4. in 3. Gang	
Zwischengas und Doppeltkuppeln . .	2,8	2,4	2,6
Vorkuppeln (Synchronisieren)	1,4	1,5	1,45
Überholklauen	1,5	1,1	1,3
Reibkupplung	0,8	0,8	0,8

Einer Schaltzeit von 2 s entspricht in dem Maßstab Abb. 15 $t' = 0{,}04$. In der Rechnung, deren Ergebnis Abb. 16 weitergibt, sind zwei Vereinfachungen, die dem Getriebegestalter nicht zur Nachahmung empfohlen werden:

1. Die Zugkraftunterbrechung vom ersten zum zweiten Gang ist nicht berücksichtigt; es ist angenommen, daß die Übersetzung des ersten Ganges auf $i_I \approx 3{,}8$ gesenkt wird, so daß die Geschwindigkeit nach dem Umschalten $v_I = 0{,}25$.

2. Um maßstabsgerecht zu bleiben, müßte während der Zugkraftunterbrechung der p_E-Wert auf $\frac{b_1 + b_2}{b_1} p_E = 1{,}068\, p_E$ erhöht werden. Diese Umrechnung ist unterblieben (s. den folgenden Abschnitt).

An den in Abb. 16 gestrichelt gezeichneten Kurven für das Getriebe mit Zugkraftunterbrechung beim Schalten vom zweiten zum dritten Gang scheint folgendes besonders bemerkenswert:

1. Je höher die Fahrzeuggeschwindigkeit beim Umschalten, desto höher der Fahrwiderstand, desto höher also der Verlust an Geschwindigkeit und desto länger die Zeit, diesen Verlust aufzuholen. Diese Tendenz wird unterstützt durch den Umstand, daß bei höheren Geschwindigkeiten der Zugkraftüberschuß zum Beschleunigen auf die verlorene Geschwindigkeit ständig abnimmt. Demgemäß steigt der Ordinatenabstand mit fallendem i_{II}, d. h. steigendem v_{II}, sowohl bei der l_4-Kurve, die die „Komplementärkurve" der $t_{II} + t_{III}$-Linie ist, als auch bei der $l_{II} + l_{III}$-Kurve. Der Bestpunkt beider Linien verschiebt sich daher merkbar nach rechts in das Gebiet niedrigerer Umschaltgeschwindigkeiten. Und trotzdem ist, wie der Verlauf der maßgebenden Σl-Linien zeigt, der Verlust durch die Zugkraftunterbrechung um so geringer, je höher die Umschaltgeschwindigkeit liegt.

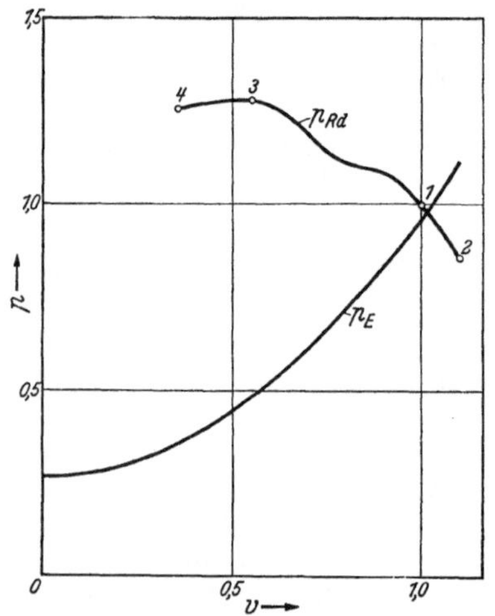

Abb. 17. Zugkraftschaubild wie Abb. 15, jedoch für Sportzweisitzer mit 25-PS-Zweitakt-Ottomotor.

2. Als „Stoppzeit" C ist die Zeit zugrunde gelegt, die ein Wagen ohne Zwischengang von v_I bis v_{III} braucht. Betrachtet man in der gestrichelten Linie l_4 nur die Zeit, muß man schließen, daß bei einer Übersetzung unter $i_{II} = 1{,}16$ die Einschaltung eines Zwischenganges mit Zugkraftunterbrechung nicht mehr lohnt. Die Σl-Kurve zeigt dagegen, daß der Wagen auch durch einen mit 1,1 übersetzten Zwischengang noch merkbar schneller wird.

3. Die Wirkung einer Ausschaltung der Zugkraftunterbrechung wird in den l_{II}- + l_{III}-Linien und besonders den l_4-Kurven größer dargestellt, als sie nach den Σl-Linien wirklich ist. Der Verlust durch die Zugkraftunterbrechung liegt in derselben Größenordnung wie der durch falsche Wahl der Zwischengangübersetzung. Die Verkürzung der Schaltzeit erfordert aber meistens einen laufenden Bauaufwand, die Auswahl der besten Gangabstufung eine einmalige Rechenarbeit.

3.5323 Zeichnerische Lösung. Als zweites Beispiel betrachten wir einen Zweitaktmotor mit der in Abb. 17 dargestellten Charakteristik. Am Getriebeeingang stehen 25 PS oder 1875 mkg/s dauernd zur Verfügung, am Treibradumfang im direkten Gang nach Gl. (1) und Zahlentafel 1

$$L_{Rd1} = \eta_g \, \eta_h \, L_A = 0{,}97 \cdot 0{,}92 \cdot 1875 = 1675 \text{ mkg/s}.$$

Zum Beschleunigen auf die höchste Dauergeschwindigkeit und als Sicherheit machen wir einen Abzug von 3% und finden auf der uns gegebenen Linie der Fahrwiderstandsleistung $L_E = P_E v$ für einen leichten Sport-Zweisitzer von 640 kg einschließlich Besatzung die im direkten Gang sicher erreichbare Höchstgeschwindigkeit von 120 km/h oder 33,3 m/s. Unser Bezugspunkt 1 mit $p_{Rd1} = 1$ und $v = 1$ in Abb. 17, in das wir im gleichen Maßstab den Fahrwiderstand in der Ebene p_E einzeichnen, hat also die absoluten Koordinaten

$$P_{Rd1} = \frac{1675}{33{,}3} = 50{,}25 \text{ kg}, \qquad V = 120 \text{ km/h oder } 33{,}3 \text{ m/s}.$$

Die Überschußzugkraft $p = p_R - p_E$, nur zur Bewältigung von Steigungen benutzt, ergibt das Steigfähigkeitsschaubild 18 mit dem Umrechnungsfaktor

$$\sin\alpha = P_{Rd1}/G = 0{,}0785 .$$

Für die Beschleunigung

$$b = p/\varphi'$$

nehmen wir diesmal die Festwerte des Wagens 5 in Zahlentafel 3 S. 10, so daß

$$b_1 + b_2 = 1{,}156 \quad \text{und} \quad \varphi' = 0{,}9 + 0{,}1\, i^2$$

und zeichnen das Beschleunigungsvermögen im direkten Gang mit $i = 1$ und $\varphi' = 1$ in Abb. 19 ein. Der Umrechnungsfaktor ist für die Beschleunigung in m/s²

$$\frac{P_{Rd1}}{(b_1 + b_2)\, M} = \frac{50{,}25 \cdot 9{,}81}{1{,}156 \cdot 640} = 0{,}667 .$$

Bei der Wahl des ersten Ganges stoßen wir auf eine Schwierigkeit. Um den guten

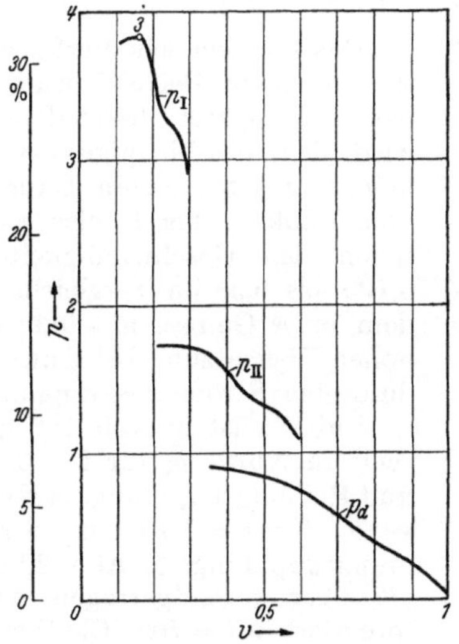

Abb. 18. Wagen nach Abb. 17. Steigfähigkeit mit Dreiganggetriebe.

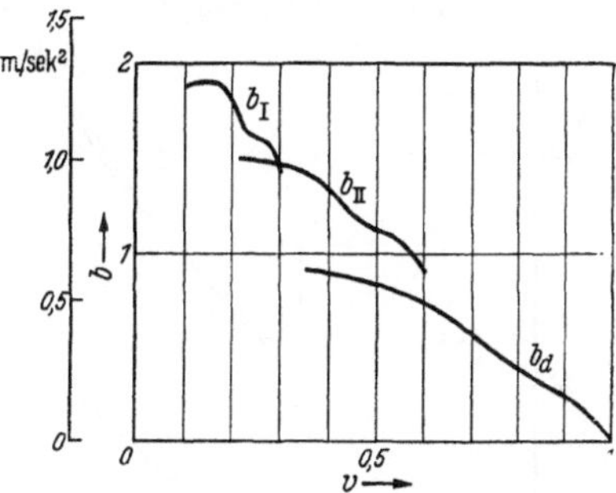

Abb. 19. Wagen nach Abb. 17. Beschleunigungsvermögen mit Dreiganggetriebe.

Wert von 36% Steigfähigkeit zu erreichen, müßte p_{I3} auf 4,31 liegen. Da nach Abb. 17 p_E etwa 0,28, müßte $p_{RI3} = 4{,}59$ sein. Mit $p_{Rd3} = 1{,}28$ ergibt das eine Übersetzung $i_I = \frac{4{,}59}{1{,}28} \cdot \frac{0{,}97}{0{,}94} = 3{,}69$ für den ersten mittelbaren Gang. Nach Zahlentafel 3 fällt aber das Beschleunigungsvermögen oberhalb einer Übersetzung von 2,9. Bei einem Lastwagen mit Fünfganggetriebe muß und kann man es in Kauf nehmen, wenn im ersten Gang nur die Steigfähigkeit verbessert wird, beim Personenwagen mit Dreiganggetriebe will man auf eine Steigerung des Beschleunigungsvermögens durch den ersten Gang nicht verzichten.

Als Mittelweg wählen wir $i_I = 3{,}333$, so daß die Endgeschwindigkeit im ersten Gang $v_I = 1/i_I = 0{,}3$ wird und $\varphi' = 2{,}011$. Das Einzeichnen dieses Ganges in Abb. 18 weist eine Steigfähigkeit von 31,6% aus. Damit sind wir für alle Normalfälle ausreichend ausgerüstet. Für Notfälle werden wir dem Rückwärtsgang die Übersetzung $i_R \geqq 3{,}69$ geben.

Die Darstellung in Abb. 19 zeigt, daß mehr als ein Zwischengang kaum Vorteile bringt. Zeichnen wir versuchsweise Zwischengänge ein, sehen wir einmal, daß diese Darstellung für die Wahl der Übersetzung nicht ausreicht, sondern daß wir das Weg–Zeit-Bild brauchen. Zum andern erkennen wir, daß das rechnerische Verfahren nur ungenaue Ergebnisse bringen kann, weil sich die b_{II}-Linie nicht durch eine Parabel 2. Grades darstellen läßt. Wir müssen nach einem zeichnerischen Verfahren suchen, um das b-v-Diagramm in ein l–t-Schaubild zu überführen.

Die Linie der Beschleunigung b über der Geschwindigkeit v zeichnen wir um in v/b über v. Integrieren wir diese Kurve zeichnerisch oder mit dem Grundplanimeter, besser mit dem Grundintegraphen, bekommen wir den Weg l

$$\int \frac{v}{b}\, dv = \int \frac{dl}{dt}\,\frac{dt}{dv}\, dv = l = f(v)\,.$$

Nun tragen wir die Werte $1/v$ über l auf und erhalten durch nochmalige Integration die Zeit t:

$$\int \frac{1}{v}\, dl = \int \frac{dt}{dl}\, dl = t = f(l)\,.$$

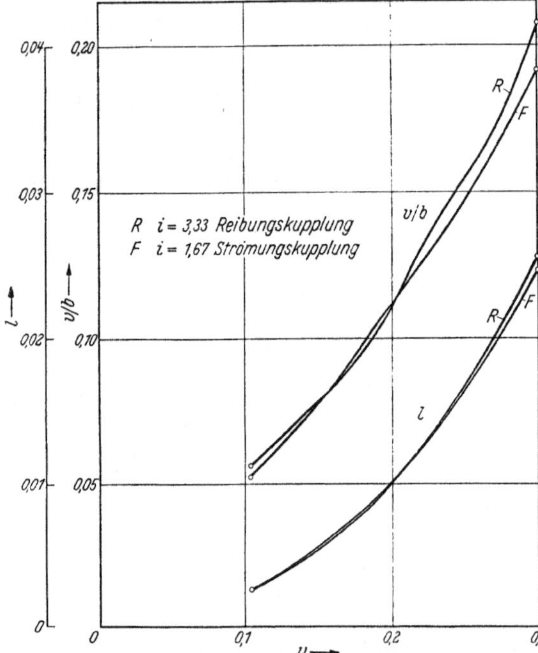

Abb. 20. Weg $l = f(v)$ als Integralkurve von $b/v = f(v)$.

Abb. 20 bis 23. Zeichnerische Ermittlung der besten Zwischengang-Übersetzungfür den Wagen Abb. 17 mit $i_{I} = 3{,}33$, $i_{II} = 1$ und den Festwerten $b_1 = 1{,}038$ und $b_2 = 0{,}118$ nach Zahlentafel 3 S. 10. Beschleunigung b und Geschwindigkeit v nach Abb. 123.

Das zeichnerische Verfahren sei an einem Beispiel erklärt, das uns später beschäftigen wird, dem Beschleunigungsvermögen unseres ersten Ganges vom Punkt 4 bis 1, also zwischen den Geschwindigkeiten 0,105 bis 0,3, im Vergleich zu dem eines Ganges mit halb so hoher Übersetzung bei Anwendung einer Strömungskupplung.

b über v ist in Abb. 123 gezeigt in Kurve b_{I} für $i = 3{,}33$ und Reibungskupplung, in Kurve b_S für $i = 1{,}67$ und Strömungskupplung. In Abb. 20 ist v/b über v aufgetragen und integriert in $l = f(v)$. Die Werte $1/v = f(l)$ sind mit fallenden Ordinaten in Abb. 21 eingezeichnet und zu der Kurve $t = f(l)$ integriert, um durch Drehen der Zeichnung um 90° die gesuchte Kurve $l = f(t)$ in der gewohnten Darstellung zu bekommen. Die Geschwindigkeitsmarken in Abb. 21 sind aus Abb. 20 übernommen. — Dies Beispiel ist gewählt, weil man hier deutlich sieht, wie sich der große Unterschied in dem Kurvenverlauf in Abb. 123 von Bild zu Bild ausgleicht zu der Weg–Zeit-Linie. Um den Wagen beim Anfahren sichtbar schneller zu machen, bedarf es einer erheblichen Kräftigung des Beschleunigungsvermögens im Bereich der kleinen Geschwindigkeiten.

Durch bekannte Mittel — abschnittsweise Zeichnung mit Änderung der Maßstäbe, Wahl der Polabstände beim Integrieren — läßt sich eine beliebige Genauigkeit erzielen, da dem zeichnerischen Verfahren kein systematischer Fehler anhaftet.

Für den Sportwagen mit Zweitaktmotor müssen wir noch die Maßstäbe für das Weg–Zeit-Bild und die Integrationsgrenzen festlegen. Der Maßstab ist

$$\text{für } t = 1 \quad T = \text{Maßstab } v/\text{Maßstab } b = 33{,}3/0{,}667 = 50 \quad [\text{s}]\,,$$

$$\text{für } l = 1 \quad L = \text{Maßstab } t/\text{Maßstab } v = 50 \cdot 33{,}3 = 1667 \quad [\text{m}]\,.$$

Für die Integrationsgrenzen brauchen wir den Geschwindigkeitsverlust $(v - v')$ während der Schaltzeit t' und den in der Zeit t' zurückgelegten Weg l'. Da sich der Fahrwiderstand P_E bzw. p_E zwischen den Grenzen v und v' immer hinreichend

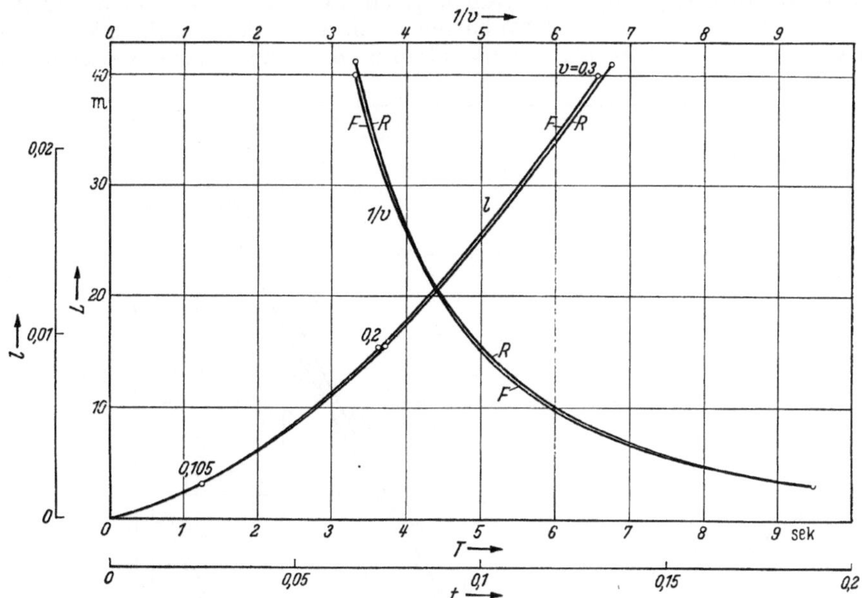

Abb. 21. $1/v = f(l)$ nach Abb. 20; hieraus durch Integration die Zeit $t = f(l)$.

genau in der einfachen Form $p_E = a_1 + a_3\, v^2$ darstellen läßt, benutzen wir die Gl. (10) und finden aus Abb. 17

$$p_E = 0{,}27 + 0{,}7\, v^2.$$

Da beim Auslauf die mit Motorendrehzahl umlaufenden Massen nicht beteiligt sind, ist

$$p_E' = \frac{b_1 + b_2}{b_1}\, p_E = 0{,}3 + 0{,}7778\, v^2.$$

Die Festwerte a_4 und a_5 und die Gln. (10) und (11) haben die Zahlenwerte

$$a_4 = 0{,}3, \qquad a_5 = 0{,}7778,$$

$$\text{arc tg}\,(1{,}61\, v') = \text{arc tg}\,(1{,}61\, v) - 0{,}483\, t',$$

$$l' = \frac{1}{2 \cdot 0{,}7778} \ln \frac{0{,}3 + 0{,}7778\, v^2}{0{,}3 + 0{,}7778\, v'^2}.$$

Für die Schaltzeiten $T' = 1$ und 2 sec, entsprechend $t' = 0{,}02$ und $0{,}04$, sind $v - v'$ und l' in Abb. 22 dargestellt.

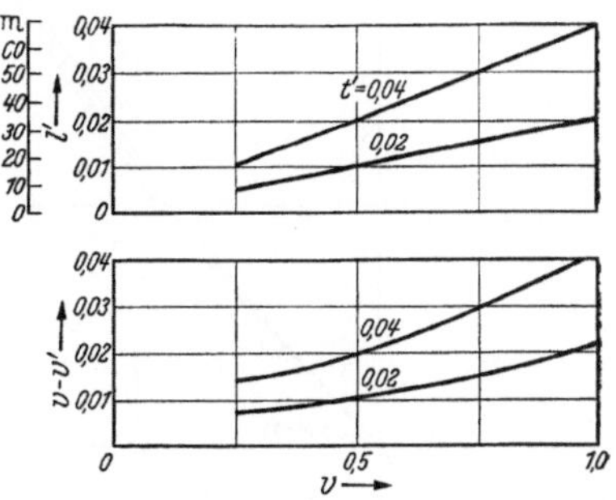

Abb. 22. Durch die Zugkraftunterbrechung während der Schaltzeit t' entsteht ein Geschwindigkeitsabfall $v - v'$; inzwischen hat der Wagen den Weg l' zurückgelegt.

Der erste Gang wird bis $v_{\mathrm{I}} = 0{,}3$ ausgefahren. Während der Schaltzeit $t' = 0{,}04$ sinkt die Geschwindigkeit auf $v_{\mathrm{I}}' = 0{,}285$. Damit haben wir den Anfangspunkt für den zweiten Gang in allen Auslegungen. In Abb. 23 sind drei Auslegungen gezeichnet:

a) $i_{\mathrm{II}} = 2$ $\qquad v_{\mathrm{II}} = 0{,}5,$

b) $i_{\mathrm{II}} = 1{,}667$ $\qquad v_{\mathrm{II}} = 0{,}6,$

c) $i_{\mathrm{II}} = 1{,}429$ $\qquad v_{\mathrm{II}} = 0{,}7.$

Wagen a setzt sich zunächst an die Spitze, gewinnt aber bis zum Umschalten bei $v = 0{,}5$ nur 1,5 m vor b und 4 m vor c. Bis er $v = 0{,}5$ im dritten Gang wieder erreicht, wird er von b überholt, der bei $v = 0{,}6$ umschalten muß. In diesem Augenblick wird a auch von c überholt. Nun folgt ein Zeitraum — von 14 bis zu 20 s, nachdem alle drei Wagen $v = 0{,}285$ hatten —, in dem c der schnellste Wagen ist. Er hat gerade b eingeholt, als er umschalten muß. Wenn er zum zweitenmal die

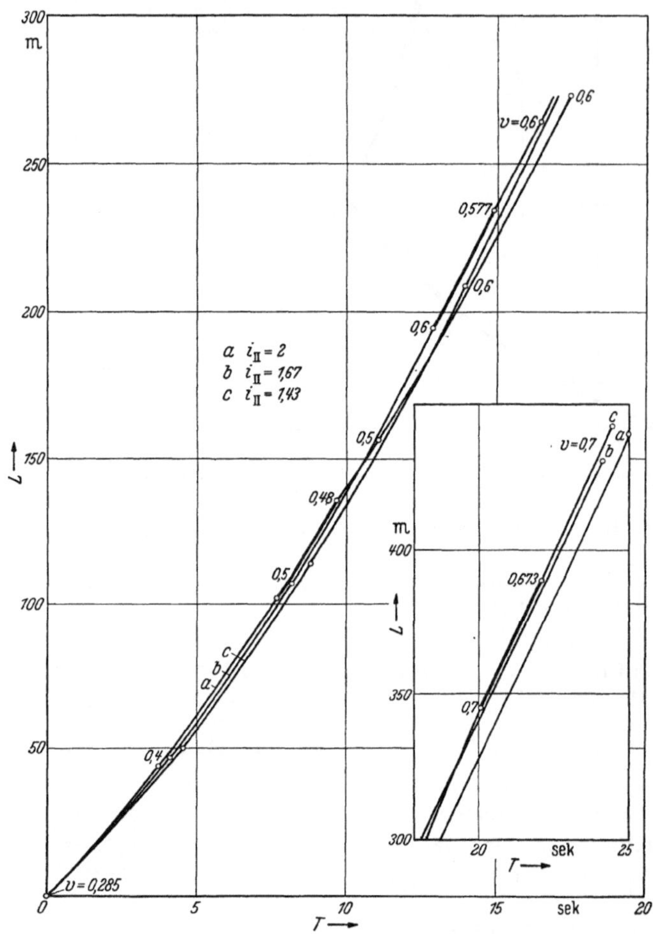

Abb. 23. Weg-Zeit-Schaubild mit verschiedenen Übersetzungen des zweiten Ganges.

Geschwindigkeit 0,7 erreicht, liegt er 1,5 m vor b und 14,5 m vor a. Diese Geschwindigkeit hat b zuerst, er ist daher jetzt der schnellste. Er erreicht die Endgeschwindigkeit $v_{III} = 1$ als erster. In 3 m Abstand folgt c, in 21 m a. In dieser Reihenfolge fahren die Wagen weiter.

Der schnellste Wagen müßte etwa eine Endgeschwindigkeit im zweiten Gang von 0,63 haben, also $i_{II} \approx 1{,}6$. Die unter 3.5311 genannte Rechenregel würde ergeben $v_{II} = (v_I + v_{III})/2 = 0{,}65$. Abb. 23 zeigt, daß weder durch genaues Ermitteln des Maximums noch durch Einfügen weiterer Zwischengänge der Wagen erheblich schneller wird. Bei solchen Fahrzeugen, bei denen die vor der Trennstelle im Getriebe liegenden Massen, auf den Treibradumfang reduziert, groß sind im Verhältnis zur Gesamtmasse, läßt sich das Beschleunigungsvermögen mit Hilfe der in Deutschland üblichen mit Zugkraftunterbrechung schaltenden Stufengetriebe nur in beschränktem Umfang erhöhen.

3.54 Zusammenfassung zur Zwischengang-Übersetzung.

Unsere Betrachtung über die zwischen dem kleinsten und größten Fahrgang liegenden Zwischengänge wollen wir mit einer Zusammenfassung schließen, die auch für die später behandelten Getriebe mit Schlupf gilt:

1. Die Zwischengänge sollten in erster Linie so ausgelegt werden, daß das Fahrzeug das größtmögliche Beschleunigungsvermögen bei Fahrt in der Ebene erhält.

2. Von Einfluß auf die Wahl der Übersetzungen sind
der Verlauf des Vollgas-Motorenmomentes über der Drehzahl,
der Fahrwiderstand in der Ebene,
die Übersetzungen des kleinsten und des größten Fahrganges,
das Verhältnis der vor und hinter der Trennstelle im Getriebe liegenden Massen zueinander.

3. Die Übersetzungen kann man angenähert errechnen als Mittelwerte, z. B. $v_{III} = 1/i_{III} = (v_{II} + v_{IV})/2$.

4. Die Bestwerte werden genau aus dem Weg–Zeit-Schaubild ermittelt. Dieses Schaubild — das „Anfahrdiagramm" — gewinnt man entweder durch Rechnung oder durch Zeichnung. Das erstere Verfahren ist meistens, das zweite immer anwendbar.

Die Abhängigkeit des Motorendrehmomentes bei Vollgas von der Motorendrehzahl wird im allgemeinen für Beharrungszustände festgestellt. Es ist zu empfehlen, diese Abhängigkeit auch auf dem Beschleunigungsprüfstand [7] zu messen. Das Arbeiten des Vergasers, der Beschleunigerpumpe oder der Brennstoff-Einspritzpumpe bewirken zuweilen Unterschiede der beiden Kurven, die bei der Ermittlung der besten Zwischengang-Übersetzungen berücksichtigt werden müssen.

4. Reine Zahnradgetriebe.

4.1 Standgetriebe.

4.11 Entwicklung.

Das in Deutschland übliche Fahrzeuggetriebe, dessen Grundformen Abb. 1 und Abb. 2 zeigten, ist das Standgetriebe oder Vorgelegegetriebe mit zwei oder mehr Wellen, die im Getriebegehäuse gelagert sind. Seine Entwicklung ist gekennzeichnet durch die Namen Levassor, der ein Dreiganggetriebe mit *einem* Schieberäderblock baute, Renault, dessen Getriebe den über eine Klauenkupplung geschalteten direkten Gang hatte, Daimler und Maybach, Abb. 24. Dieses Getriebe trägt auf der Hauptwelle ein Schieberad mit Klauen zum Verbinden der beiden Wellenteile (direkter Gang) und für den dritten Gang, ferner einen Block aus zwei Schieberädern für den zweiten und ersten Gang und ein Schieberad für den Rückwärtsgang, das beim Schalten mit einem hinter der Zeichenebene liegenden Zahnrad auf einer Umkehrwelle in Eingriff kommt.

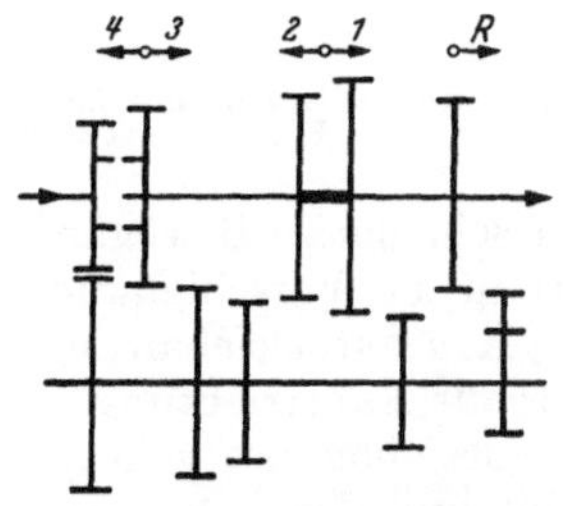

Abb. 24. Altes Vierganggetriebe Daimler und Maybach.

4.12 Bedienung der Schaltung.

Das Kennzeichnende dieser Anordnung wird bei den meisten handgeschalteten Getrieben auch heute angewandt: Die bei der Schaltung bewegten Teile werden in einzelne Schaltelemente aufgelöst; jedes Element wird aus der Mittel- (Leerlauf-) Stellung nach einer oder beiden Seiten in eine Schaltstellung verschoben, während die anderen Elemente in der Leerlaufstellung bleiben. Durch diese Anordnung wurde die „Kulissenschaltung" möglich, die später durch die leichter schaltbare „Kugelschaltung" abgelöst wurde. Beiden Schaltungen ist das Schaltbild nach Abb. 25 eigen: Aus jedem Gang kann in jeden Gang geschaltet werden, aus der Leerlaufstellung in jeden Gang und aus jedem Gang in den Leerlauf. Die Schaltelemente — Schieberäder, an den Stirn- oder Mantelflächen verzahnte Kupplungen — werden, wie es Abb. 26 zeigt, durch Schaltgabeln bewegt. Diese tragen oben die Schaltschienen, die „Lineale", die mit den Schaltgabeln in Wellenrichtung verschoben werden und in der Leerlaufstellung und der Schaltstellung bzw. den beiden Schaltstellungen gesichert sind, meist durch federbelastete Kugeln. In der Leerlaufstellung aller Schaltelemente liegen die Ausschnitte der Lineale nebeneinander. Durch die so gebildete Gasse bewegt sich der Schaltfinger quer zur Wellenrichtung, er sucht das Lineal aus und bewegt es in Wellenrichtung.

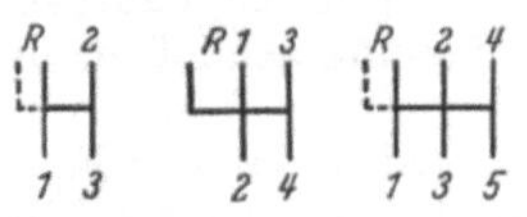

Abb. 25. Schaltbilder. Übliche Anordnungen der Gänge, am Schalthebel betrachtet.

Bei der Kugelschaltung durch einen Schalthebel neben dem Fahrer sitzt der Schaltfinger unmittelbar am unteren Ende des Schalthebels. Durch Bewegen des Schalthebels quer zur Fahrtrichtung wählt der Fahrer das Schaltelement und schaltet es durch Schieben des Schalthebels nach vorn oder hinten ein. — Die Lenkradschaltungen, Abb. 27 und 48, brauchen mehr Übertragungselemente. Durch Bewegen des Schalthebels in Richtung der Lenksäule wird das Lineal gewählt. Durch Schwenken des Schalthebels wird das gewählte Schaltelement eingerückt. Bei anderen Lösungen wird die schwenkende und schiebende Bewegung des Schalthebels bis in das Getriebe geleitet und erst dort in die Verschiebung der einzelnen Schaltelemente aufgelöst. — Ähnlich ist die „Krückstockschaltung" (DKW) am Armaturenbrett. Die Getriebewellen liegen quer zur Fahrtrichtung. Das Schaltelement wird daher durch Einschieben oder Herausziehen des gekröpften Schalthebels — Bewegen in Fahrtrichtung — gewählt und durch Schwenken in Eingriff gebracht.

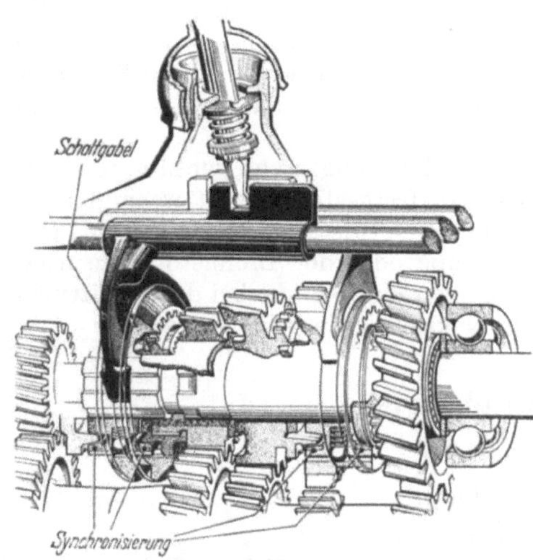

Abb. 26. Kugelschaltung mit 3 Linealen. Vierganggetriebe Mercedes (Werksbild).

4.13 Unmittelbar von Hand geschaltete Getriebe.

4.131 Alle diese unmittelbar von Hand geschalteten Getriebe unterliegen in ihrem Aufbau einem gewissen Zwang in der Anordnung der Schaltelemente durch das Schaltbild 25 — s. DIN 73011 —, an das sich der Getriebegestalter halten soll.

Abb. 28 zeigt das Schema, nur bis zu den Wellenachsen ausgezeichnet, Abb. 29 (in der Tasche am Schluß des Buches) den Schnitt durch ein Dreiganggetriebe mit Rückwärtsgang. Das Schema ähnelt dem in Abb. 24 sehr. Durch den Fortfall

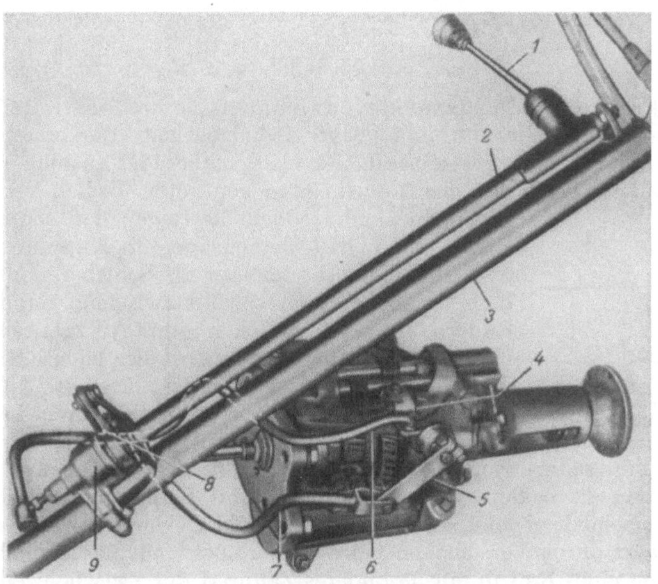

Abb. 27. Lenkradschaltung mit 2 Linealen. Dreiganggetriebe Opel (Werksbild). Die schiebende Bewegung des Schalthebels *1* wird über eine im Schaltrohr *2* liegende Schaltstange auf die gekröpfte Stange *6* und den Umschalthebel *4* übertragen; dieser verschiebt die innen liegende Schaltwelle axial. Schaltrohr *2* ist im Schaltrohrlager *9* drehbar an der Lenksäule *3* befestigt. Die drehende Bewegung des Schalthebels *1* dreht das Schaltrohr *2* und über Hebel *8*, Stange *7* und Hebel *5* die innen liegende Schaltwelle. In einer neueren Ausführung sind die gekröpften Stangen *6* und *7* zusammengefaßt, so daß die Schub- und Drehbewegung des Schalthebels über *ein* Gestänge in das Getriebe eingeleitet wird.

eines Ganges ist der Aufbau einfacher und der Aufwand geringer geworden. Die Ermittlung der Übersetzungen hatten wir in Abschn. 2 kennengelernt. Sie sind nach den in Abb. 29 angegebenen Zähnezahlen

$$i_{\mathrm{I}} = \frac{27}{15}\cdot\frac{21}{11} = 3{,}43,$$

$$i_{\mathrm{II}} = \frac{27}{15}\cdot\frac{16}{17} = 1{,}69,$$

$$i_{\mathrm{III}} = 1,$$

$$i_R = \frac{27}{15}\cdot\frac{21}{8} = 4{,}73.$$

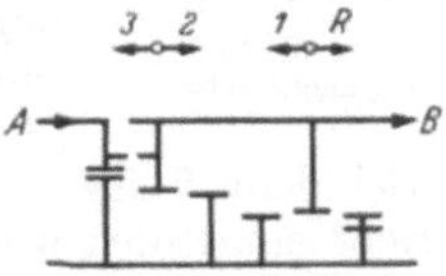

Abb. 28. Dreiganggetriebe DKW. Getriebeschema zu Abb. 29 in der Tasche am Schluß des Buches.

Die Zähnezahl des Zwischenrades auf der Umkehrwelle ist für die Übersetzung ohne Bedeutung. Bei mehreren miteinander kämmenden Rädern mit den Zähnezahlen z_1, z_2 bis z_n sind alle Umfangsgeschwindigkeiten in den Betriebswälzkreisen (s. u.) gleich. Man kann also setzen $v_1 = v_2 \ldots = v_n = r_1\omega_1 = r_2\omega_2 \ldots = r_n\omega_n$ und $i_{1n} = \omega_1/\omega_n = n_1/n_n = r_n/r_1 = z_n/z_1$. Um die Vorzeichen brauchen wir uns bei Standgetrieben nicht zu kümmern, da Irrtümer hinsichtlich der Drehrichtung und der Wirkungsrichtung der Momente kaum möglich sind. Für den Zusammenhang zwischen dem Getriebeeingangsmoment M_A und den Ausgangsmomenten M_B gilt mit den Wirkungsgraden der Zahlentafel 1.

$$M_{B\,\mathrm{I}} = 0{,}94 \cdot 3{,}43\, M_A\,,$$
$$M_{B\,\mathrm{II}} = 0{,}94 \cdot 1{,}69\, M_A\,,$$
$$M_{B\,\mathrm{III}} = 0{,}97\, M_A\,,$$
$$M_{B\,R} = 0{,}94 \cdot 0{,}985 \cdot 4{,}73\, M_A\,.$$

Vornehmlich zwei Gesichtspunkte bestimmten die weitere Entwicklung der Standgetriebe: Geräuscharmut und leichte Schaltbarkeit. Der erstere führte zu schrägverzahnten Rädern. Diese lassen sich als Schieberäder ausbilden, wenn man sie auf schraubenförmig mit gleicher Steigung genuteten Wellen verschiebt. Im allgemeinen gilt jedoch die Regel, daß schrägverzahnte Räder im Eingriff bleiben und mit Kupplungen geschaltet werden. — Die leichter als Schieberäder schaltbaren Kupplungen werden sowohl zwischen geradverzahnten Rädern als auch zwischen schrägverzahnten verwandt. In der letzten Ausführung wird also leichte Schaltbarkeit und Geräuscharmut gleichzeitig erreicht. An den Kupplungen lassen sich außerdem die unten besprochenen „Zwangssynchronisierungen" anbringen.

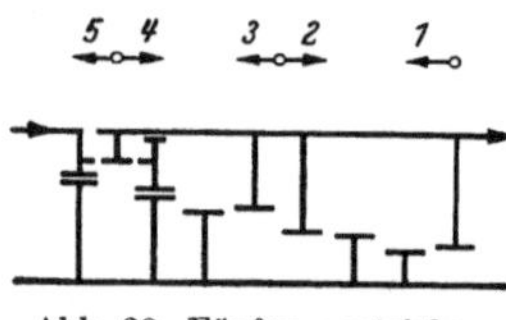

Abb. 30. Fünfganggetriebe Opel. Getriebeschema zu Abb. 31 (Tasche).

Bei dem Fünfganggetriebe, Abb. 30 und 31 (in der Tasche am Schluß des Buches), werden die beiden größten Fahrgänge mit Kupplungen geschaltet. Ein weiterer Unterschied gegenüber dem Schemabild 28 liegt im Rückwärtsgang. Dieser wird hier durch Verschieben eines Räderblocks auf der Umkehrwelle eingerückt, dessen eines Rad in ein besonderes Zahnrad der Zwischenwelle eingreift, während das andere mit dem Großrad des ersten Ganges auf der Hauptwelle kämmt. Die Schaltung des Rückwärtsganges auf der Umkehrwelle erfordert einen größeren Bauaufwand, sie hat aber den Vorteil, daß die Baulänge des Getriebes durch den Rückwärtsgang nicht erhöht wird. Durch die Anordnung eines besonderen Schaltelementes mit getrenntem Lineal für den Rückwärtsgang werden die gestrichelten Schaltbilder 25 möglich. Bei diesen ist die Umschaltung vom ersten zum zweiten Gang durchzuführen, ohne daß der Fahrer Gefahr läuft, den Rückwärtsgang zu berühren. Legt man nach den ausgezogenen Schaltbildern den ersten und den Rückwärtsgang an dasselbe Lineal, kratzt man, in der Kraftfahrersprache ausgedrückt, den Rückwärtsgang leicht an, wenn der erste klebt.

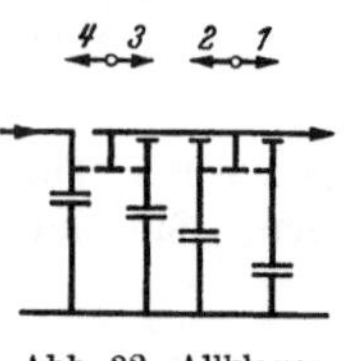

Abb. 32. Allklauen-Vierganggetriebe.

Bei dem Vierganggetriebe nach Abb. 32, das unter dem Namen Allklauengetriebe eingeführt wurde, sind alle Vorwärtsgänge mit leicht schaltbaren Klauenkupplungen ausgerüstet. Bei dem Personenwagengetriebe Abb. 37 (Tasche) sind die „Getriebekonstante" — das erste Räderpaar, in Kraftflußrichtung gesehen, das die Drehzahl der Zwischenwelle bestimmt — und die drei Räderpaare für die mittelbaren Vorwärtsgänge schrägverzahnte Stirnräder. Der Rückwärtsgang wird durch Verschieben eines geradverzahnten Rades auf der Umkehrwelle geschaltet. Dadurch, daß das geradverzahnte Rückwärtsrad auf der Hauptwelle mit einer Kupplung zusammengebaut ist, wird auch hier die Baulänge durch den Rückwärtsgang nicht vergrößert. Die gleiche Anordnung wird bei dem Motorradgetriebe Abb. 72 bei einem Getriebe mit nicht fluchtender An- und Abtriebswelle benutzt. Nur das Zahnradpaar für den ersten Gang — eine Getriebekonstante gibt es hier nicht — ist schrägverzahnt; der Rückwärtsgang entfällt. Alle Räder auf der

Antriebswelle sind fest, alle Räder auf der Abtriebswelle lose. Geschaltet wird mit den beiden beidseitigen Klauenkupplungen, die wie immer drehfest und längsverschieblich sind.

4.132 Die Schwingungen aus der Wellendurchbiegung erhöhen das Getriebegeräusch. Die Wellendurchbiegung ist in Lagernähe am geringsten. Bei Personenkraftwagen, bei denen auf Geräuscharmut der größte Wert gelegt wird, werden die Wellen in der Regel ohne Zwischenlager nur im Gehäuse gelagert. Daher der Wunsch, die für die am meisten benutzten Gänge gebrauchten Zahnräder an die Gehäusewände zu legen. Betrachtet man unter diesem Gesichtspunkt etwa Abb. 32, zeigt sich, daß die Getriebekonstante günstig liegt. Das Zahnradpaar für den dritten Gang, der nach dem direkten am meisten gefahren wird, liegt dagegen nahe der Wellenmitte. Aus dieser Überlegung entstand das Schema Abb. 33, das zuerst als Bauart General-Motors bekannt wurde. Die Getriebekonstante ist an der linken Gehäusewand geblieben, das Zahnradpaar für den dritten Gang ist an die rechte Gehäusewand gerückt. Um gemäß Schaltbild 25 die beiden größten Gänge mit *einem* Schaltelement einrücken zu können, mußten die beiden Schaltelemente für die Vorwärtsgänge übereinandergelegt werden. Die beidseitige Klauenkupplung ist auf der Abtriebswelle drehfest und längsverschieblich gelagert, das Schieberäderpaar für die beiden ersten Gänge in gleicher Weise auf der Hülse der Kupplung. Der dritte

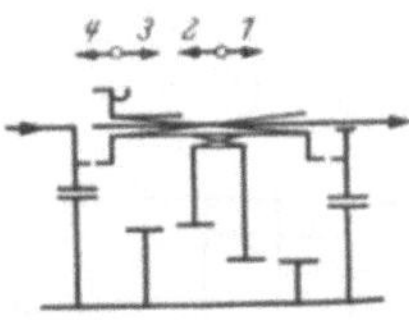

Abb. 33. Vierganggetriebe Bauart General Motors.

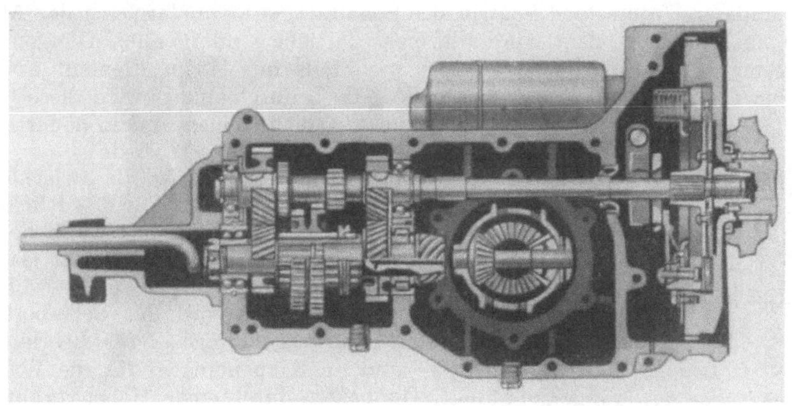

Abb. 34. Vierganggetriebe Volkswagen Standard-Ausführung (Werksbild).

und vierte Gang werden also durch den von der Schaltgabel festgehaltene Schieberäderblock hindurchgeschaltet. Die Leerlaufsicherungen beider Schaltelemente müssen kräftig ausgebildet sein, da das eine Schaltelement das andre mitzunehmen sucht.

Abb. 34 stellt die Übertragung dieses Konstruktionsgedankens auf ein Getriebe mit nichtfluchtender Welle dar.

4.133 Die „zahnradarmen“ Getriebe sind in der Literatur oft behandelt; es sind mehrere Formeln entwickelt, die den Zusammenhang zwischen der Gangzahl und der geringstmöglichen Anzahl der Zahnradpaare aufzeigen sollen. Der praktische Getriebebau hat von diesen Gedanken wenig Gebrauch gemacht.

Während sowohl bei fluchtender wie nichtfluchtender An- und Abtriebswelle in der üblichen Anordnung ein Zahnradpaar je Gang eingebaut werden muß, kommt das zahnradarme Getriebe mit weniger Rädern aus. Beispielsweise werden für das Vierganggetriebe Abb. 35 nur drei Radpaare gebraucht. Das mittlere Zahnradpaar b wird für beide Kraftflußrichtungen benutzt. Der direkte Gang hat auch hier die Übersetzung $i_{\mathrm{IV}} = 1$. Die übrigen Übersetzungen sind mit der Zähnezahl Z_{Ga} des Großrades der Gruppe a usw.

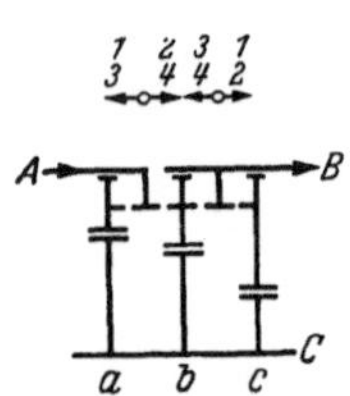

Abb. 35. Zahnradarmes Vierganggetriebe.

$$i_{\mathrm{I}} = z_{Ga}/z_{Ka} \cdot z_{Gc}/z_{Kc},$$
$$i_{\mathrm{II}} = z_{Gb}/z_{Kb} \cdot z_{Gc}/z_{Kc},$$
$$i_{\mathrm{III}} = z_{Ga}/z_{Ka} \cdot z_{Kb}/z_{Gb}.$$

Daraus folgt
$$i_{\mathrm{II}}\, i_{\mathrm{III}} = i_{\mathrm{I}}.$$

Hat man i_{I} nach Abschn. 3.3 bestimmt, kann man also nur eine der beiden Zwischenübersetzungen frei wählen und somit den unter 3.5 entwickelten Bedingungen für die beste Auslegung der Zwischengänge oft nicht entsprechen. — Allgemein gilt der Grundsatz, daß die Zahl der wählbaren Übersetzungen nicht größer (wohl aber kleiner) sein kann als die Zahl der Radpaare, gleich ob es sich um ein Getriebe nach Abb. 1 oder 2 handelt. — Für diese, bei denen i_{IV} ungleich 1, gilt die allgemeinere Beziehung
$$i_{\mathrm{I}}\, i_{\mathrm{IV}} = i_{\mathrm{II}}\, i_{\mathrm{III}}.$$

Ein anderer Unterschied liegt in der Schaltart, wie ein Vergleich der Abb. 32 und 35 ausweist. Bei dem zahnradarmen Getriebe sind in allen Gängen beide Schaltelemente im Eingriff. Geschaltet wird teils mit einem Element und teils durch Bewegen beider Schaltelemente. Praktisch durchgeführt wird diese Schaltart, wie die folgenden Beispiele zeigen, indem höchstens ein Element unmittelbar von Hand bewegt wird.

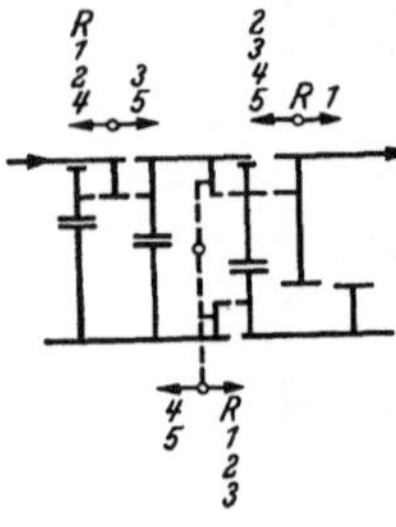
Abb. 36. Maybach-Doppelschnellganggetriebe.

Bei dem Fünfganggetriebe Abb. 36 ist die Zwischenwelle einfach, die Hauptwelle doppelt geteilt. Für den Rückwärtsgang wird ein Räderblock auf der Umkehrwelle in den Eingriff mit den beiden Zahnrädern für den ersten Gang gebracht. Der erste Gang ist Notgang für außergewöhnliche Betriebszustände, im allgemeinen wird das Schieberad nur in der gezeichneten Leerlaufstellung — für Leerlauf und Rückwärtsgang — und im Klaueneingriff für die Vorwärtsgänge gebraucht. Die beiden durch einen Hebel verbundenen einseitigen Kupplungen werden von Hand geschaltet, die doppelseitige Kupplung durch Vorwählschaltung, wie sie unten beim Maybach-Schnellgang beschrieben ist, also mittelbar von Hand. — Für Freunde der „Zahnradarmut" sei erwähnt, daß von den vier Schaltmöglichkeiten bei eingerücktem ersten und Rückwärtsgang nur *eine* ausgenutzt ist. Mit den Bauelementen der Abb. 36 läßt sich also ein Getriebe mit acht Vorwärts- und vier Rückwärtsgängen bauen.

Weitere Beispiele für zahnradarme Getriebe zeigen die Abb. 39, 55 und 66.

4.14 Schalterleichterungen.

Worin besteht das „Synchronisierungsproblem" bei Stufengetrieben, welche Aufgabe wollen die „Schalterleichterungen", die „Synchronisierungseinrichtungen" lösen? Hierzu noch einmal Abb. 1! Im ersten Gang ist $n_B = 4/9 \cdot n_A$, im zweiten

Gang $n_B = n_A$. Beim Umschalten vom ersten in den zweiten Gang sei $n_A =$ 4500 U/min. Dann läuft beim Trennen der Reibungskupplung D die Klauenkupplung mit 2000 U/min. Bei dieser Drehzahl wird sie aus dem Eingriff gezogen und muß nun mit den Gegenklauen am Rad K_a in Eingriff gebracht werden, die zunächst noch mit 4500 U/min weiterlaufen. Beim *Hochschalten* muß die Drehzahl von K_a also auf 2000 U/min gesenkt werden oder auf eine noch niedrigere Drehzahl, wenn das Fahrzeug während des Schaltvorganges an Geschwindigkeit verliert. Beim Getriebe ohne Schalterleichterung wird das Abbremsen von K_a auf folgende Weise erreicht:

1. Die Klauenkupplung wird ruckartig bewegt und dadurch die Sekundärseite der Reibungskupplung und die mit ihr fest verbundenen oder in ungetrenntem Eingriff laufenden Wellen und Räder plötzlich abgebremst. Diese Schaltart ist üblich bei Rennwagen und Motorrädern, bei Personenwagen und leichten Lastwagen ist sie noch möglich, aber mit häßlichem Geräusch verbunden, bei schweren Lastwagen und Schienenfahrzeugen reicht die Armkraft zu dieser Gewaltlösung nicht aus.

2. Man läßt die Zwischenwelle auslaufen, bis die Drehzahl von K_a auf 2000 U/min oder weniger gesunken ist.

3. Man kuppelt aus, schiebt die Klauenkupplung in Leerlaufstellung, kuppelt ein, bremst K_a mit dem Motor ab, kuppelt aus, schiebt die Klauenkupplung in Eingriff und kuppelt wieder ein. Da der Motor schneller an Drehzahl verliert als die nach der Schaltart 2 auslaufende Zwischenwelle, wenn deren Masse — immer in Verbindung mit den mit ihr verbundenen Massen — groß ist und die Lagerung leicht, wird die Schaltart 3 bei Lastwagen in der Regel, bei Personenwagen oft angewandt.

Beim *Zurückschalten* muß G_b um den Stufensprung, also auf die 9/4fache Drehzahl, von 2000 auf 4500 U/min, beschleunigt werden. Für die Schaltart 1 gilt das vorher Gesagte; die Massen der Zwischenwelle usw. werden ruckartig beschleunigt. Schaltart 2 führt nicht zum Erfolg. Schaltart 3 spielt sich folgendermaßen ab: Auskuppeln, auf Leerlauf schalten, einkuppeln, Gas geben, auskuppeln, Gang einschalten, einkuppeln.

Die Schaltart 3 kann den Schaltvorgang einwandfrei erledigen. Sie erfordert jedoch Übung und Geschick. Die Standgetriebe werden daher in zunehmendem Maße mit Gleichlaufeinrichtungen ausgerüstet, entweder nur in den am meisten benutzten großen Gängen oder in allen Vorwärtsgängen. Ein solches „voll synchronisiertes" Getriebe zeigt Abb. 37 (in der Tasche am Schluß des Buches). Daß auch bei voll synchronisierten Getrieben der Rückwärtsgang keine Gleichlaufeinrichtung hat, darf nicht so ausgelegt werden, als ob sie an diesem Gang zwecklos wäre. Ohne sie muß beim Schalten in den Rückwärtsgang gewartet werden, bis die Zwischenwelle stillsteht. Der synchronisierte Rückwärtsgang würde beispielsweise das Herausschaukeln aus einem Schneeloch beschleunigen und erleichtern — ein Vorteil, auf den der amerikanische Getriebebau mit Nachdruck hinweist.

4.141 Formschlüssige Kupplungen mit Gleichlaufeinrichtung. 1. *Ohne Schaltsperre.* Das Getriebe Abb. 37 wurde nach dem Schema 32 besprochen. Die Gleichlaufeinrichtungen sind auch in Abb. 26 zu erkennen. Die an der Schaltgabel bewegte Kupplung besteht aus zwei Teilen. Der innere Teil wird auf der Keilwelle verschoben und trägt an den auf Abb. 26 durch Punkte gekennzeichneten Stellen den Außenkegel für eine kleine Reibungskupplung; seine Außenverzahnung führt den innenverzahnten äußeren Teil, der zur formschlüssigen Kupplung auf den außenverzahnten Kranz des zu kuppelnden Zahnrades übergeschoben wird. Die Verbindung zwischen beiden Teilen stellen federbelastete Kugeln her, die die

Schaltkraft für die Kegelkupplung übertragen. Beim Schalten werden zunächst die Reibflächen der kraftschlüssigen Kupplung gegeneinander gedrückt, bis Gleichlauf erreicht ist. Dann wird durch stärkeren Druck auf die Schaltgabel der Widerstand der federbelasteten Kugeln überwunden und die formschlüssige Kupplung in Eingriff gebracht, die nach dem Einrücken der Hauptkupplung am Getriebeeingang das Motorenmoment überträgt.

Um das Synchronisieren zu beschleunigen oder um größere Massen zu synchronisieren, wird als Gleichlaufkupplung eine Reiblamellenkupplung verwandt. Mit solchen Einrichtungen sind viele ältere Schienenfahrzeuggetriebe ausgerüstet, beispielsweise das von der Deutschen Reichsbahn oft eingebaute Getriebe Abb. 38. Bei den Getrieben für Schienenfahrzeuge ist zu beachten:

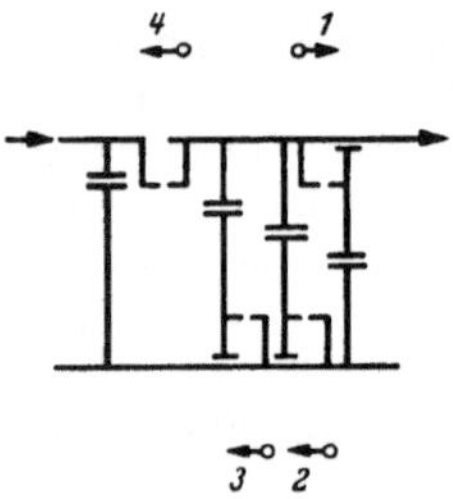

Abb. 38. Mylius-Getriebe für Schienenfahrzeuge. Deutsche Getriebe GmbH.

Der Fahrer betätigt die Schaltung bei Schienenfahrzeugen in der Regel mit einer Handkurbel, die nacheinander die Gänge einrückt. Die Schaltelemente sind Kupplungen, nicht Schieberäder. Sie werden selten mechanisch, meistens durch Kolben bewegt, die von Drucköl- oder Druckluft beaufschlagt sind. Die Ventile in den Öl- und Luftleitungen werden durch die Kurbelbewegung mechanisch oder elektrisch durch Hubmagnete verstellt. Die letztere Art wird bevorzugt, wenn Getriebe und Bedienung örtlich getrennt sind, wie es bei Triebwagen der Fall ist, die auf beiden Wagenseiten Führerstände haben. — Der Rückwärtsgang wird dem Getriebe nachgeschaltet, meist als Kegelrad-Wendegetriebe, so daß mit allen Getriebeübersetzungen vorwärts und rückwärts gefahren werden kann. — Da der Gestalter nicht an die Schaltbilder 25 gebunden ist, hat er eine größere Freiheit in der Anordnung der Zahnräder und Schaltelemente. — Eine zahnradarme Ausführung zeigt Abb. 39. Der fünfte, direkte Gang wird mit einer Kupplung auf der Hauptwelle geschaltet, wobei eine der beiden Kupplungen auf der Zwischenwelle leer laufen muß. Die vier ersten Gänge werden in der bei zahnradarmer Ausführung üblichen Weise durch die Kupplungen auf der Zwischenwelle geschaltet, während die Kupplung auf der Hauptwelle getrennt ist. Auch bei diesem zahnradarmen Getriebe ist auf die Ausnutzung aller Schaltmöglichkeiten verzichtet.

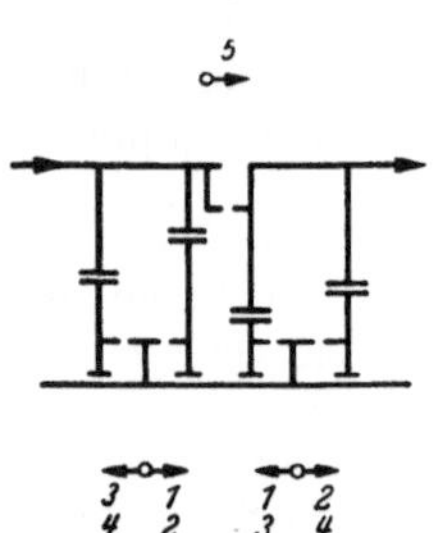

Abb. 39. Diesellokomotiv-Getriebe. Berliner Maschinenbau AG vorm. L. Schwartzkopff.

Die Gleichlaufeinrichtung mit kleinen, für etwa $^1/_3$ bis $^1/_4$ des Vollgasmomentes zu bemessenden, kraftschlüssigen Kupplungen ermöglicht auch den Bau von Getrieben, deren Zwischenwelle im direkten Gang stillsteht, mit ihrem besseren Wirkungsgrad nach Zahlentafel 1.

Eine zugleich einfache und wirkungsvolle Gleichlaufeinrichtung ist die „Porsche-Synchronisierung mit Servo-Effekt“ Abb. 40 bis 44[1]. Die Gleichlaufkupplung ist ein Spreizring *2*, der in seinem Schlitz *12* durch die Nocke *7* der außenverzahnten Kupplung *3* mitgenommen wird. Die innenverzahnte Schaltmuffe *1* dient sowohl als kraftschlüssige Gleichlaufkupplung — Abb. 42 und 43 — bei getrennter Hauptkupplung als auch als formschlüssige Kupplung — Abb. 44 — zur Übertragung des vollen Motorenmomentes. Während des Synchronisierens übt der Spreizring *2* mit seiner Außenfläche eine kräftige Servowirkung aus (s. 4.24), indem er sich gegen

[1] ATZ Jahrg. 55 (1953) S. 62.

Nocke *7* abstützt, nach dem Eingreifen von *1* in *3* sichert er Schaltmuffe *1* in axialer Richtung. Die Porsche-Schaltung läßt sich so schnell betätigen, daß sie praktisch einen Übergang zu den nachfolgend behandelten Getrieben mit Schaltsperre bildet.

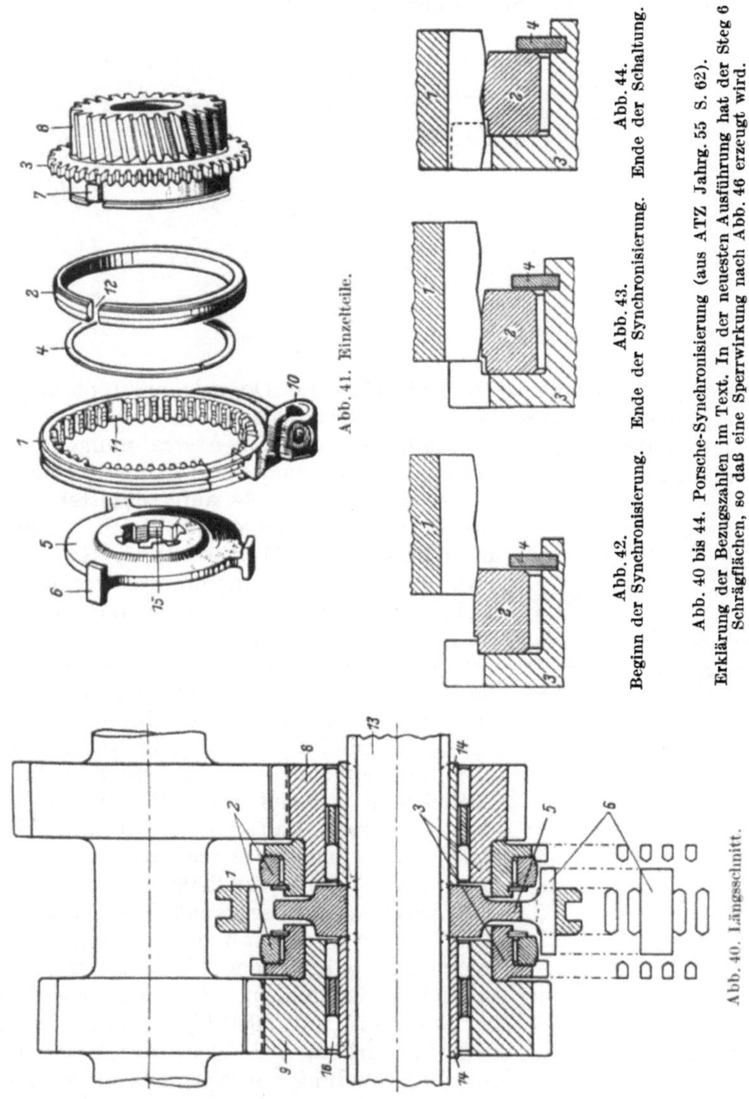

Abb. 41. Einzelteile.

Abb. 42. Beginn der Synchronisierung.

Abb. 43. Ende der Synchronisierung.

Abb. 44. Ende der Schaltung.

Abb. 40. Längsschnitt.

Abb. 40 bis 44. Porsche-Synchronisierung (aus ATZ Jahrg. 55 S. 62). Erklärung der Bezugszahlen im Text. In der neuesten Ausführung hat der Steg 6 Schrägflächen, so daß eine Sperrwirkung nach Abb. 46 erzeugt wird.

2. Schaltsperren. Die bisher behandelten Gleichlaufeinrichtungen verkürzen und vereinfachen den Schaltvorgang. Sie machen beim Zurückschalten das Zwischengasgeben entbehrlich; erst dadurch wird es möglich, im Gefälle oder vor Kreuzungen gleichzeitig zu schalten und zu bremsen. Sie erfordern aber noch eine gewisse Sorgfalt und Feinfühligkeit vom Fahrer, da sonst die Gleichlaufeinrichtung überdrückt und unmittelbar formschlüssig geschaltet wird. Als der Personenkraftwagen-Getriebebau von der leichtgängigen und genauen Kugelschaltung zur Lenkradschaltung mit ihrer Vielzahl von Übertragungselementen überging[1], wurde die Schaltsperre eingeführt. Sie ermöglicht ein Schalten mit gleichbleibender Schaltkraft und verkürzt die Schaltzeit weiter. Sie wird in der Regel als Sperrzahnring oder als Sperrkugel ausgebildet.

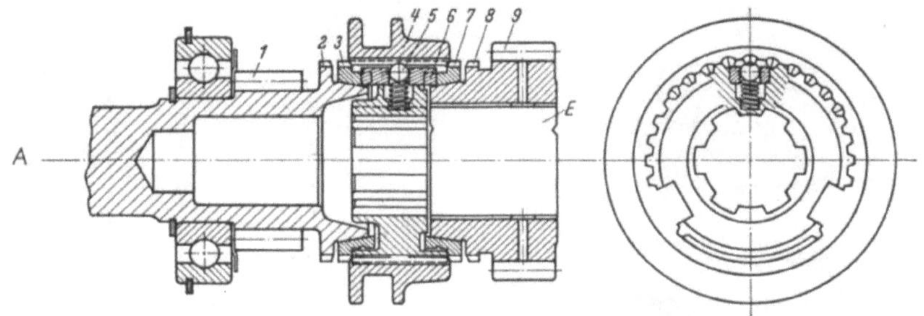

Abb. 45. Sperrsynchronisierung mit Sperrzahnring.

Die erstere Ausführung zeigt Abb. 45, eine Doppelzahnkupplung für den direkten und einen übersetzten Gang. Wenn die Schaltmuffe *4* in der linken Stellung ist, greift sie mit ihrer Innenverzahnung über die Außenverzahnungen des Sperrzahnringes *3* und des Mitnehmerkranzes *2*, der ebenso wie Zahnrad *1* auf die Getriebeeingangswelle *A* aufgeschnitten ist. Der direkte Gang ist eingeschaltet. Bei 3000 Motorumdrehungen/min läuft Welle *A*, Rad *1*, Schaltmuffe *4* und die mit ihr drehfest verbundene Getriebeabtriebswelle *E* ebenfalls mit 3000 U/min. Wenn die Übersetzung von Zahnrad *1* auf Rad *9* über die nicht gezeichnete Zwischenwelle *1,5* ist, läuft Rad *9* mit 2000 U/min. Will der Fahrer zurückschalten, trennt er die Hauptkupplung und zieht Schaltmuffe *4* aus den Eingriffen mit *2* und *3* in die gezeichnete Leerlaufstellung und weiter in Richtung auf den neuen Eingriff nach rechts. Jetzt kommen zunächst die Kegelflächen des Sperringes *7* und des Mitnehmerkranzes *8* zur Anlage; *8* versucht *7* auf 2000 U/min abzubremsen. Der Anschlag *6* beschränkt jedoch die Drehung von *7* gegen *4*, so daß die in Abb. 46 oben gezeichnete Stellung der Muffenzähne gegen die Sperrzähne entsteht und Sperring *7* vom Abtrieb *E* her weiterhin mit 3000 U/min angetrieben wird. Jede Verstärkung der Schaltkraft *M* bewirkt zwar eine Vergrößerung der Normalkraft *N* und damit der Komponente K_u, die den Sperrzahn so zu verdrehen sucht, daß der Muffenzahn in die Lücke zwischen den Sperrzähnen hineinschlüpfen kann. Sie vergrößert aber auch die Anpressung zwischen den Kegelreibflächen und damit die

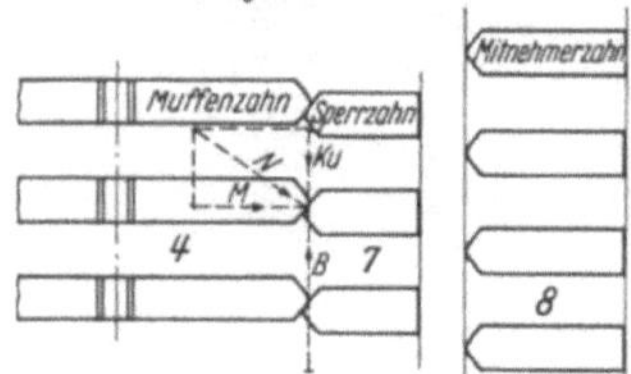

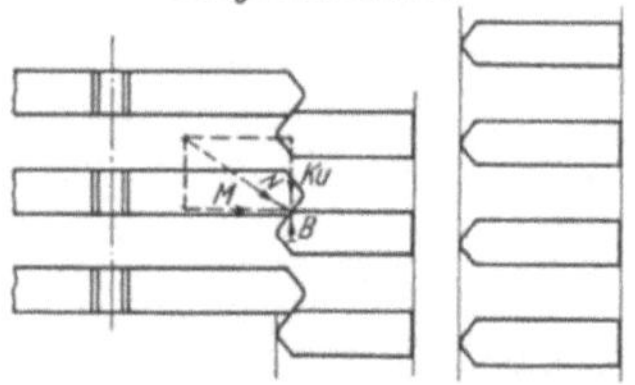

Abb. 46. Wirkung des Sperrzahnringes (Werkszeichnung ZF Friedrichshafen).

[1] Die einen führen die Lenkradschaltung auf ein echtes Bedürfnis zurück, sie sei handlicher und erleichtere das Rechtsaussteigen des Fahrers. Die anderen halten sie für eine Mode; es solle vorgetäuscht werden, daß ein lenkradgeschaltetes Getriebe gleich leicht zu bedienen sei wie der Wählhebel eines selbsttätigen Getriebes.

K_u entgegenwirkende Kraft *B*. Erst wenn die Sekundärseite der Hauptkupplung, Welle *A* mit Rad *1*, die Zwischenwelle und Rad *9* so weit beschleunigt sind, daß

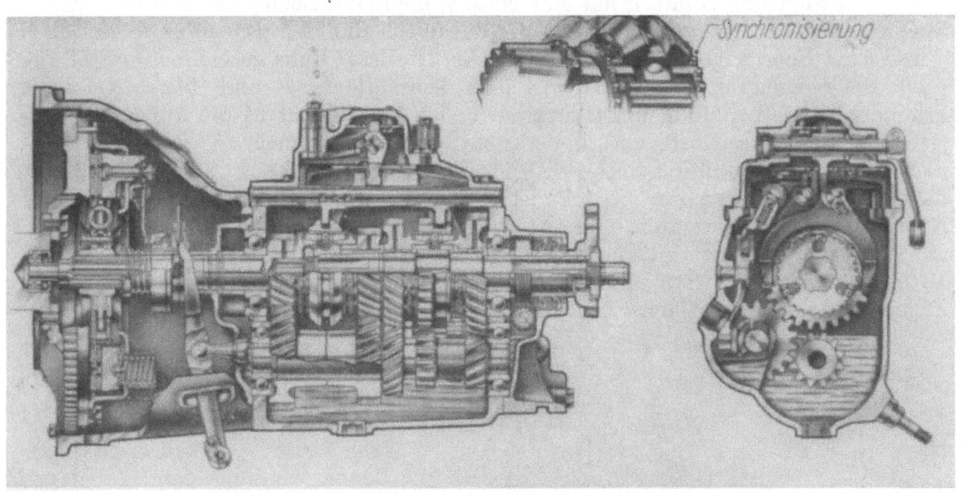

Abb. 47. Getriebe mit Sperrzahnringen. Mercedes 300 (Werksbild).

auch *9* und *8* mit 3000 U/min laufen, verschwindet *B*, und die Muffenzähne *4* treten über die in Abb. 46 unten gezeichnete Stellung in die Lücken zwischen den Sperrzähnen *7* und anschließend zwischen den Mitnehmerzähnen *8* ein. Der neue Eingriff ist hergestellt; Rad *9* läuft mit 3000, Rad *1* und die Sekundärseite der Hauptkupplung mit 4500 U/min. Der Fahrer hat nun noch den Motor und die Primärseite der Hauptkupplung auf etwa 4500 U/min zu bringen, um stoßfrei einkuppeln zu können. — Die federbelastete Kugel *5* ist hier Leerlaufsicherung, die synchronisierende Anpreßkraft auf die kraftschlüssigen Kegelreibungskupplungen zwischen *7* und *8* bzw. *2* und *3* wird über den Sperrzahnring *7* bzw. *3* übertragen. — Ein mit dieser Sperrsynchronisierung ausgerüstetes Getriebe zeigen die Abb. 47 und 48.

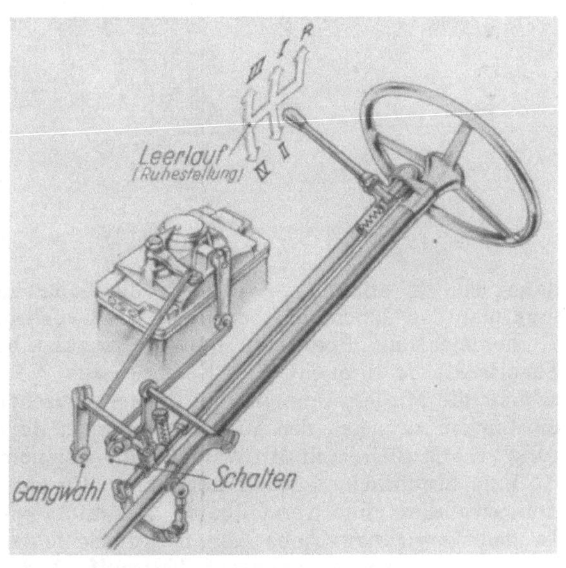

Abb. 48. Lenkradschaltung Mercedes (Werksbild).

Auch bei der Sperrkugelanordnung Abb. 49 hat die federbelastete Kugel *b* im wesentlichen nur die Aufgabe, die Leerlaufstellung zu sichern und die Synchronisierung einzuleiten. Wird die Schaltmuffe *a* in Richtung *A* bewegt, wird die Kegelreibfläche *f* mit der Gegenreibfläche in Berührung gebracht und nimmt *d* und *e* in Richtung *B* mit. *d* hat eine Nase *h*, die in ein Loch *g* des Muffenträgers *c* hineinragt. *h* hat eine Schrägfläche *M*, die durch die Relativbewegung zwischen *d* und *c* die Sperrkugel *i* nach außen drückt. In dieser links gezeichneten Stellung preßt die Schaltkraft in Richtung *A* über Schrägfläche *K* und Sperrkugel *i* die kraftschlüssige Kupplung bei *f* zusammen, bis bei Gleichlauf die auf *h* in Pfeilrichtung wirkende Kraft zusammenbricht, so daß nunmehr *K* die Sperrkugel nach innen drücken und *a* weiter in Richtung *A* wandern kann. Soweit entspricht das Zusammenwirken der Sperrkugel *i* mit den Schrägflächen *K* und *M* der Arbeitsweise des Sperrzahnringes. Abb. 49 hat noch eine zusätzliche Einrichtung, um das Eingreifen der innen verzahnten Schaltmuffe *a* in den außenverzahnten Mitnehmerkranz *n* zu erleichtern. Bevor sich *a* und *n* berühren, gerät die Sperrkugel *i* auf die Schrägfläche *L*. Dadurch wird der Reibschluß bei *f* wieder gelöst, *a* beginnt sich gegen *n* zu drehen und kann in die nächste vorbeikommende Lücke einspringen.

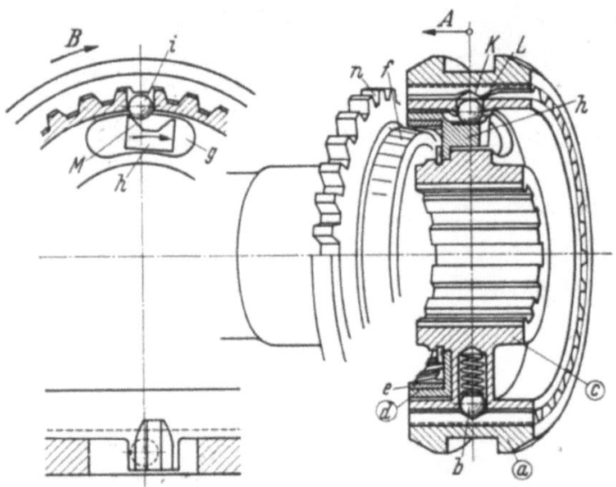

Abb. 49. Sperrsynchronisierung mit Sperrkugel.

3. *Schaltsperre mit Einrichtung zum Übersynchronisieren.* Bevor wir uns dem „übersynchronen" Schalten zuwenden, wollen wir noch einen Blick auf Abb. 46 werfen. Wenn Gleichlauf zwischen Muffen- und Mitnehmerzahn erreicht ist, wird die Kraft *B* null. Um den Sperrzahn in Richtung K_u zu drehen, muß die Schaltkraft *M* auch die Reibung aus der Normalkraft *N* überwinden. Die Reibung ist von der Oberflächengüte, der Art und dem Zustand des Schmiermittels und von der Größe von *N* und damit von *M* abhängig. Will man die Schaltung hiervon unabhängig machen, muß man den Gleichlauf überfahren, übersynchronen Lauf erzielen. Dann wechselt *B* die Richtung, Sperrzahn und Muffenzahn bewegen sich gegeneinander, die Schaltkraft *M* braucht die Reibung aus *N* nicht mehr zu überwinden und schiebt die Muffenzähne in die Lücken zwischen den Sperrzähnen und auch in die Lücken zwischen den Mitnehmerzähnen, da ja die „Übersynchronisiereinrichtung" die Muffen- und Mitnehmerzähne gegeneinander dreht.

Eine beachtliche Lösung hat Krupp für das Nachschaltgetriebe seines Strömungswandlers mit verstellbaren Schaufeln — Abschn. **6.263** — entwickelt. In dem Zweiganggetriebe Abb. 50 für Schienenfahrzeuge ist auf der Turbinenwelle *1* die innen verzahnte Schaltmuffe *7* drehfest und längsverschieblich so angeordnet, daß sie die Antriebswelle *1* entweder über den Mitnehmerzahnkranz *5* mit Zahnrad *3* oder über *6* mit Rad *4* kuppelt. Die Leistung fließt also entweder über die Zahnräder *3* und *9* oder über die Zahnräder *4* und *10* zur Abtriebswelle *11*. Beiderseits der Schaltmuffe *7* liegen die Sperringe *8*, die durch vier Stege *b* miteinander verbunden sind, die durch Aussparungen *d* der Schaltmuffe durchgreifen. Zwei dieser Stege tragen Schrägflächen *c*, denen die Schrägflächen *a* der Schaltmuffe *7* gegenüberstehen.

Beim Schalten vom zweiten in den ersten Gang werden die Turbinenschaufeln geschlossen und dadurch Welle *1* entlastet. Gleichzeitig wird Schaltmuffe *7* durch Druckluft über das nicht gezeichnete Schaltzeug aus dem Eingriff mit dem Mitnehmerkranz *6* gezogen und nach rechts geschoben. Über die Schrägflächen *a* und *c* drückt sie die mit der Drehzahl von *7* umlaufenden Kegelreibflächen *e* der Sperringe *8* gegen die schneller laufenden Reibflächen *f* des Zahnrades *3*. Weiter drückt sie die Kegelreibflächen *g* des Vorlaufrades *12* gegen die Reibflächen *h* der auf Welle *1* verkeilten Kegelscheibe *14*.

Das *Vorlaufrad 12* (und das Nachlaufrad *13*) ist der bemerkenswerteste Teil dieser Konstruktion. Das Zahnrad *12* steht ebenso wie Rad *3* mit dem Zahnrad *9* im Eingriff, hat aber ein bis zwei Zähne weniger als *3* — Profilverschiebung! —. Das Vorlaufrad *12* läuft daher stets mit etwas höherer Drehzahl als das Zahnrad *3*. Solange Rad *3* schneller läuft als Schaltmuffe *7* und Sperring *8*, sind die Reibflächen *e, f* und *g, h* bestrebt, den Gleichlauf herbeizuführen. Ist dieser erreicht, bewirken die Kegelreibflächen *g, h* eine weitere Steigerung der Drehzahl von *1* und *7* über die Drehzahl von *3* und *8* hinaus. Der Sperring *8* beginnt sich gegen die Schaltmuffe *7* zu drehen, die Flächen *a* und *c* entfernen sich voneinander und geben der Schaltmuffe die weitere Bewegung nach rechts frei. Die Zähne von *7* schlüpfen in die nächste vorbeikommende Lücke der Außenverzahnung *5*, die sich mit geringer Relativdrehzahl gegen *7* dreht. — Der Schaltvorgang ist beendet. Der Druck auf alle vier Reibflächen hört auf. Feder *16* löst den Reibschluß von *g* und *h*. *1, 7, 8* und *3* laufen formschlüssig mit gleicher Drehzahl. Die Turbinenschaufeln werden geöffnet.

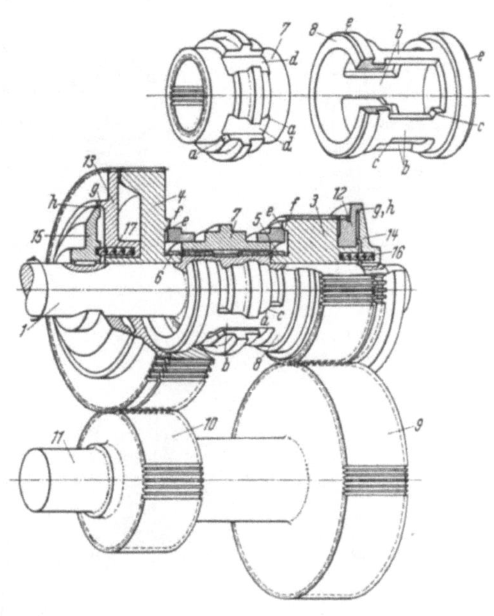

Abb. 50. Übersynchronisierung Krupp (Werkszeichnung).

Entsprechend verläuft das Hochschalten vom ersten in den zweiten Gang. Die Turbinenwelle *1* muß jetzt auf die Drehzahl des Zahnrades *4* abgebremst werden. Dies wird durch die Reibflächen *e, f* und *g, h* der Teile *8, 4, 13* und *15* erreicht. Dann bremst das Nachlaufrad *13* über die Kegelscheibe *15* Welle *1* über den Gleichlaufpunkt hinaus ab. Zahnrad *13* hat eine um 1 bis 2 höhere Zähnezahl als Rad *4*.

4.142 Schaltabweisende Klauen. Während die im vorigen Abschnitt dargestellten Schalterleichterungen den Gleichlauf bewirken oder erzwingen (Zwangssynchronisierung), führt die *Abweisklauenkupplung* den Gleichlauf nicht herbei, sondern sie wartet ihn ab, bis sie in den neuen Eingriff geht.

Den genial einfachen von MAYBACH gefundenen Grundgedanken zeigt Abb. 51. Die Stirnflächen der im übrigen normalen Klauenkupplung sind leicht angeschrägt. Solange eine Relativbewegung in Pfeilrichtung besteht, verhindern die Schrägflächen den Eingriff. Erst bei der Relativbewegung null, also bei Gleichlauf, können sich die Klauen ineinanderschieben und nunmehr ein Drehmoment in beiden Richtungen übertragen.

Der Aufbau des Abweisklauengetriebes Abb. 52 entspricht Abb. 1, jedoch wird über die Zwischenwelle ins Schnelle übersetzt. Das Getriebe wird einem üblichen Stufengetriebe vor- oder nachgeschaltet, Abb. 53. Geschaltet wird durch „Vorwählen" ohne Ausrücken der Hauptkupplung. In Abb. 52 ist der direkte

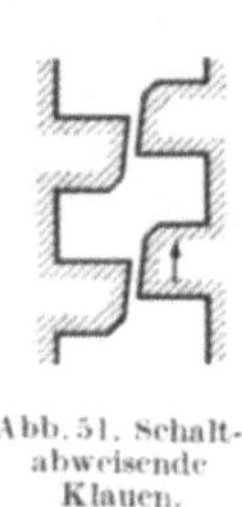

Abb. 51. Schaltabweisende Klauen.

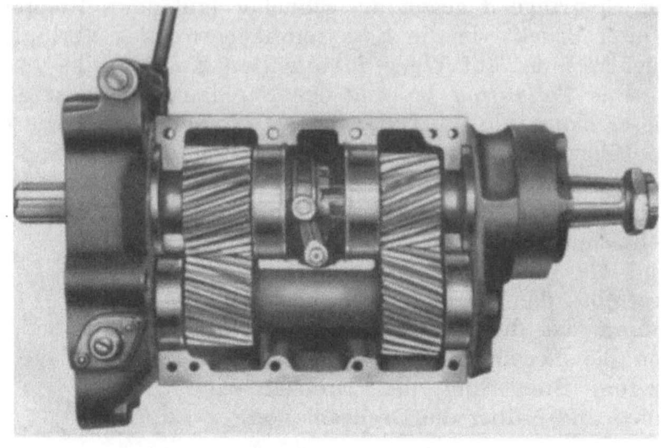

Abb. 52. ZF-Schnellgang System Maybach (Werksbild ZF Friedrichshafen).

Abb. 53. Anbau des Nachschaltgetriebes Abb. 52 (Werksbild).

Gang im Eingriff. Der Fahrer legt den Schnellganghebel um und spannt dadurch die Feder. Hierdurch wird im Getriebe erst dann eine Bewegung ausgelöst, wenn die Klauen durch Gaswegnehmen entlastet werden. Die Feder zieht die Kupplung über die Schaltgabel aus dem Eingriff heraus und drückt sie nach rechts. Sobald der Motor so weit an Drehzahl verloren hat, daß die gegeneinander gedrückten

Klauen synchron laufen, springt die Kupplung in den rechten Eingriff. Der Schnellgang mit der Übersetzung 0,7 ist eingeschaltet, die Wirkung hatten wir in Abschn. 3.2 betrachtet. — Der Vorgang beim Zurückschalten in die größere Übersetzung ist ähnlich, jedoch wird der Gleichlauf durch Beschleunigen des Motors erreicht. Also: Vorwählen — Kupplung wird nach links vorgespannt, Gas kurz wegnehmen — Kupplung springt in Mittelstellung, Gas geben — Kupplung springt bei Gleichlauf nach links.

Theoretisch läßt sich durch den Schnellgang die Gangzahl verdoppeln, beispielsweise aus einem geometrisch gestuften Dreiganggetriebe ein Sechsganggetriebe mit gleichen Stufensprüngen machen. Praktisch wird im allgemeinen der Schnellgang nicht mehr als zweimal eingesetzt, wie das Beispiel Abb. 36 zeigt, bei dem der Schnellgang nicht an-, sondern eingebaut ist. — Erwähnt sei das Zahnradgetriebe der deutschen Kampfwagen „Tiger" und „Panther", dessen acht Vorwärts- und drei Rückwärtsgänge mit schaltabweisenden Klauen geschaltet wurden. Lediglich zum Anfahren war die Betätigung einer Reibungskupplung nötig.

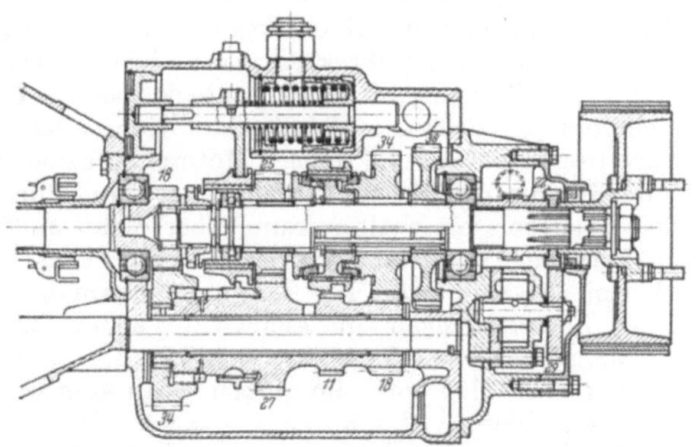

Abb. 54. Chrysler-M 6-Getriebe mit halb selbsttätiger Schaltung (nach [39]).

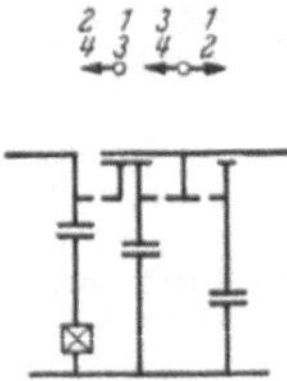

Abb. 55. Chrysler-Getriebe. Schema zu Abb. 54.

4.143 Freilauf und formschlüssige Kupplung. Nach 4.1412 ausgebildete Schaltsperren hat das Getriebe Abb. 54 und 55. Es ist ein zahnradarmes Getriebe nach dem Schemabild 35. Die linke Doppelkupplung ist durch eine einseitige Zahnkupplung und einen Freilauf im linken Großrad ersetzt. Die Zahnkupplung mit Schaltsperre wird von einem Kolben bewegt, der nach links durch Drucköl, nach rechts durch eine Feder geschoben wird. Die Steuerung des Ölzuflusses übernimmt ein Kugelventil, das durch einen Hubmagneten betätigt wird, und zwar so, daß bei geschlossenem Stromkreis der Kolben vom Öldruck entlastet ist.

Der Schieberäderblock auf der Kehrwelle für den Rückwärtsgang und die rechte Doppelzahnkupplung mit Zwangssynchronisation und Sperrzahnringen werden von Hand in der üblichen Weise unter Trennung einer kraftschlüssigen Hauptkupplung geschaltet. In der rechten Stellung der Klauenkupplung ist der Berggang — erster und zweiter Gang —, in der linken der Normalgang — dritter und vierter — eingerückt.

In der normalen Vorwärtsfahrt wird weder von Hand geschaltet noch die Fußkupplung bedient. Angefahren wird über eine vor der Hauptkupplung liegende Strömungskupplung im dritten Gang; die Beschleunigung in der Ebene ist bei dem kräftigen Motor ausreichend. Der Hubmagnet ist eingeschaltet, der Schaltkolben drucklos, die linke Zahnkupplung ausgeschaltet. Dreht sich die Getriebeeingangswelle, vom Motor her gesehen, im Uhrzeigersystem, wird das linke Großrad linksherum angetrieben. Bei Ausbildung des Freilaufs nach Abb. 56 wird die Zwischenwelle mitgenommen. Das zweite Kleinrad und damit die Abtriebswelle werden mit $n_B = n_A/i_{III}$ getrieben. Nach Abschn. 4.133 ist $i_{III} = z_{Ga}/z_{Ka} \cdot z_{Kb}/z_{Gb} = 34/18 \cdot 25/27 = 1{,}75$. Bei einer vorbestimmten Drehzahl des Motors unterbricht ein Fliehkraftregler den Strom zum Hubmagneten. Die Überschiebmuffe der Zahnkupplung wird nach links geschoben, kann aber wegen der Schaltsperre nicht in Eingriff kommen. Erst wenn der Fahrer durch Gaswegnehmen die Motorendrehzahl senkt, wird Gleichlauf der Zahnkupplung mit dem linken Kleinrad erzielt, die Schaltsperre aufgehoben und der direkte Gang eingeschaltet. Sobald die Drehzahl des linken Großrades geringer wird als die der Zwischenwelle, gibt der Freilauf frei.

Der Fliehkraftregler wird von der Zwischenwelle angetrieben. Bei dieser Anordnung kann man mit *einem* Fliehkraftregler mit *einem* Kontakt auskommen. Die Drehzahl der Zwischenwelle wird von der Abtriebsseite her bestimmt, wie man am besten aus dem Vergleich der Abb. 35 mit 32 sieht, wenn man sich die rechte Kupplung im linken Eingriff denkt. Wenn man die Höchstleistungsdrehzahl n_{A1} und die entsprechende Fahrgeschwindigkeit v im direkten Gang gleich 1 setzt und die niedrigste Vollgasdrehzahl n_{A4} zu 0,3 annimmt, muß der Regler bei $v = 0{,}3$ zurückschalten. Beim Aufwärtsschalten vom dritten in den direkten Gang schaltet der Fliehkraftregler bei der 1,75fachen Motorendrehzahl in die Stellung, bei der der Fahrer den direkten Gang durch Lüften des Gashebels einschalten kann (aber nicht muß). Wird der Berggang von Hand eingelegt, ändert das an dem Verhältnis n_A/n_C nichts. Im Berg- und Normalgang schaltet der Fliehkraftregler im kleinen — ersten bzw. dritten — Gang bei $n_A = 0{,}3 \cdot 1{,}75 = 0{,}525$ in die Bereitschaftsstellung, er „wählt vor"; im großen — zweiten bzw. vierten — Gang schaltet er bei $n_A = n_{A4} = 0{,}3$ selbsttätig zurück in den kleinen Gang. Die Umschaltgeschwindigkeit ändert sich entsprechend dem Schaltsprung $i_I/i_{III} = i_{II}/i_{IV} = 2{,}04$, also von 0,3 im Normalgang auf 0,147 im Berggang.

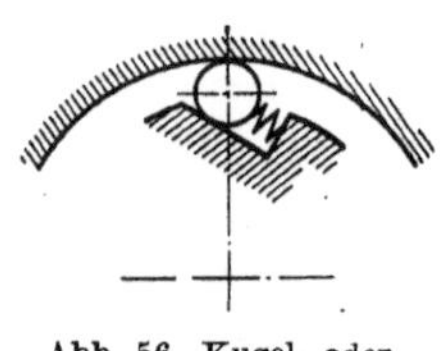

Abb. 56. Kugel- oder Rollen-Freilauf.

Beim selbsttätigen Zurückschalten wird eine Hilfsschaltung benutzt, um die Zahnkupplung während des Trennens zu entlasten. Sinkt die Geschwindigkeit im großen Gang auf 0,3 bzw. 0,147, schaltet der Fliehkraftregler den Hubmagneten ein, der Schaltkolben wird vom Öldruck entlastet und durch die Feder ein wenig nach rechts bewegt, ohne dabei die Zahnkupplung zu verschieben. Diese Bewegung des Kolbens unterbricht den Zündstrom, die entlastete Zahnkupplung wird aus dem Eingriff gezogen, der Schaltkolben kommt in die rechte Endstellung und schaltet die Zündung wieder ein. Der Motor läuft hoch, das linke Großrad sucht die Zwischenwelle zu überholen, woran es durch den eingebauten Freilauf gehindert wird, so daß der Kraftschluß im Getriebe hergestellt ist.

Den gleichen Vorgang, den die Automatik unterhalb der Umschaltgeschwindigkeit selbsttätig durchführt, kann der Fahrer durch Überdrücken des Gashebels über die Vollgasstellung auslösen. Dieser „kick-down" ist oberhalb einer bestimmten Motorendrehzahl unwirksam, damit der Motor vor Überdrehzahlen bewahrt bleibt.

4.144 Freilauf und kraftschlüssige Kupplung. In der Bedienung sehr ähnlich ist das Getriebe Abb. 59, das die Aufgabe jedoch ausschließlich mit mechanischen Mitteln löst.

Das Schema dieses Getriebes, das nach den gleichen Grundsätzen als Vierganggetriebe mit fluchtenden Wellen und als Dreiganggetriebe für Motorräder,

Personen- und Lastkraftwagen gebaut wird, zeigt Abb. 57. Der erste Gang, der über zwei Kehrwellen treibt, und der Rückwärtsgang mit einer Kehrwelle sind fortgelassen. Beide werden mit Schieberädern eingeschaltet. In das 26zähnige Rad des ersten Ganges ist ein Freilauf eingebaut, so daß durch Einrücken der formschlüssigen Kupplung auf der Hauptwelle der zweite Gang, durch Ausrücken der erste Gang eingeschaltet ist. Im zweiten Gang geht der Kraftfluß über das rechte Radpaar und die beiden Freiläufe der Abtriebswelle. Beim Schließen der linken Reibkupplung gibt der rechte Freilauf den Vorlauf des Innenringes und der Hohlwelle frei; der Kraftfluß geht über die linke Reibkupplung, das mittlere Radpaar und den linken Freilauf zum Abtrieb. Beim Schließen der rechten Reibkupplung geben beide Freiläufe das Vorlaufen des Innen- gegenüber dem Außenring frei.

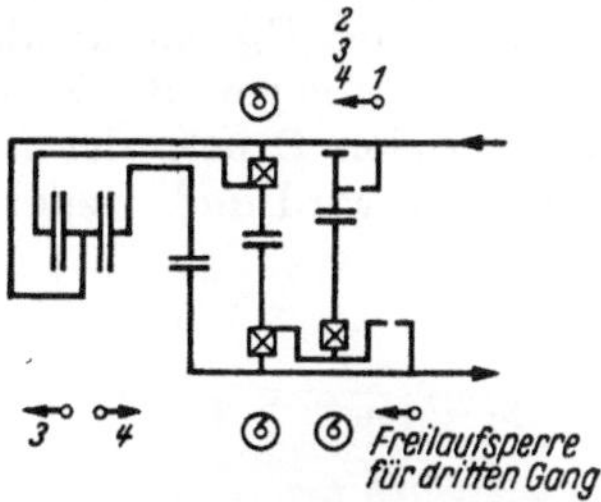

Abb. 57. Kreis-Getriebe. Schema zu Abb. 59. Die Sperrichtung der Freiläufe gilt für rechts drehende Motorenwelle und von der Antriebsseite her gesehen.

Der Freilauf auf der Antriebswelle läßt bei allen diesen Schaltungen den Vorlauf der Antriebswelle zu. Er dient als „Hangsperre" und verhindert das Zurücklaufen des Wagens am Berg. Versucht nämlich die Abtriebswelle sich rückwärts — rechtsherum — zu drehen, sperren alle drei Freiläufe. Die Abtriebswelle treibt die Antriebswelle über das mittlere und rechte Radpaar gleichzeitig an und ist dadurch blockiert. Die unten beschriebene Hauptkupplung löst selbsttätig, der Motor läuft leer. Durch Gasgeben wird die Getriebeantriebswelle rechtsherum getrieben, sobald das Motorenmoment das Lastmoment übersteigt. Der Wagen fährt im zweiten Gang an. — Durch Lösen der Zahnkupplung auf der Hauptwelle, ist die Hangsperre aufgehoben. Der Wagen kann rückwärts rollen oder in den ersten und Rückgang geschaltet werden.

Der Grundgedanke der halb und voll selbsttätigen Schaltung ist in Abb. 58 dargestellt. Die treibende Trommel läuft mit der Motorenwinkelgeschwindigkeit ω_A um. Der innere Kupplungsteil wird von der Abtriebswelle B her angetrieben, und zwar mit einer entsprechend dem Stufensprung geringeren Drehzahl, solange die Kupplung getrennt ist. Wenn wir beispielsweise die Kupplung des vierten Ganges betrachten und $i_{IV} = 1$ setzen, läuft der getriebene Teil mit $\omega_B = \omega_A / i_{III}$ um. Das mit ω_B umlaufende Fliehgewicht F_B sucht die Kupplung herzustellen, das mit ω_A umlaufende Fliehgewicht F_A sucht das zu verhindern. Die resultierende Kraft steigt etwa proportional ω_A^2. Der Konstrukteur kann die Winkelgeschwindigkeit ω_A festlegen, bei der die Kupplung einsetzt. Jetzt beginnt der innere Kupplungsteil, dessen Drehzahl durch die Fahrzeuggeschwindigkeit bestimmt wird, die Trommel und den Motor auf die gleiche Drehzahl abzubremsen. ω_A fällt und damit die dem Kuppeln entgegenwirkende Fliehkraft von F_A. Dadurch wird zweierlei erreicht. Erstens steigt die Kuppelkraft schnell, so daß die Schaltzeit verkürzt wird. Zweitens kann die Schaltung nicht „pendeln", da die Rückschaltdrehzahl unter der Hochschaltdrehzahl liegt.

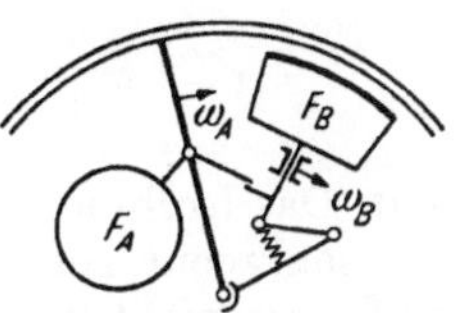

Abb. 58. Selbsttätige Gangkupplung des Kreis-Getriebes im Schema.

Die Schaltung ist ferner momentabhängig gemacht, indem der Abtrieb über eine Feder geleitet ist, die sich bei Momentenvergrößerung zusammendrückt. Die Verkürzung der Feder zieht F_B nach innen. Eine ausreichende Erhöhung des Drehmomentes von der Ab- oder Antriebsseite her bewirkt daher eine Rückschaltung, die der Fahrer also auch willkürlich herbeiführen kann, indem er etwa zum Überholen Vollgas gibt. Weiter kann er über die Momentabhängigkeit das Hochschalten beeinflussen. Durch kurzzeitiges Loslassen des Gashebels — Entlasten der Kupplung — schaltet er den nächsthöheren Gang ein.

Die durchgeführte Konstruktion Abb. 59 ist weniger durchsichtig, weil mehrfach die Kraft- und Wegrichtungen geändert sind. Die Kupplung wird durch mit Kupplungsbelägen versehene Stirnflächen durchgeführt, die von Druckkugeln *1* gespreizt werden. Die Druckkugeln werden über Keilstücke von radial liegenden Federn auseinandergedrückt und durch die von einer Schnürfeder umschlungenen Fliehgewichte F_B am axialen Austritt gehindert. Ein Ausschwenken der Fliehgewichte F_B gegen die Kraft ihrer Schnürfeder bewirkt über die Schrägflächen einen axialen Druck, der über das Längslager *5* auf den inneren Kupplungsteil übertragen wird und wieder über Schrägflächen die Fliehgewichte F_B nach innen

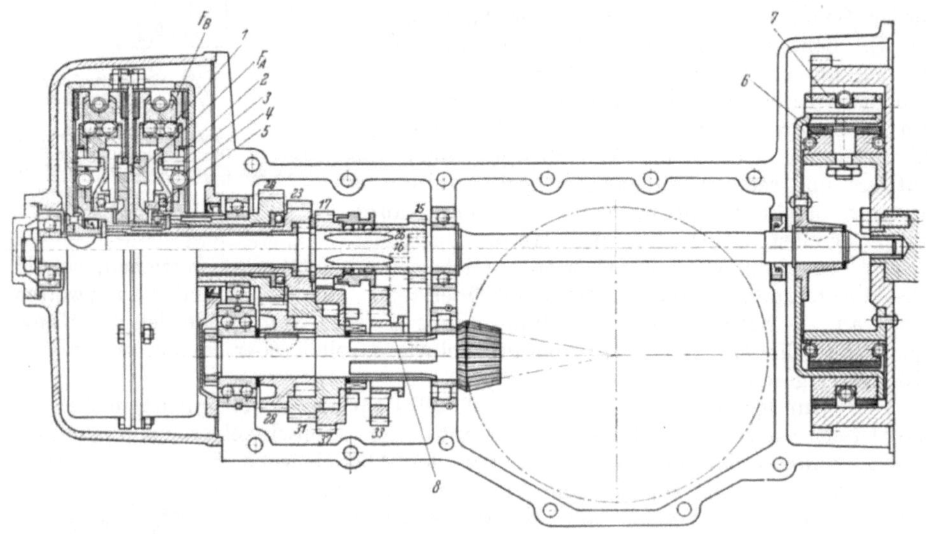

Abb. 59. Kreis-Getriebe im Treibsatz (nach [*38*]).

zieht. Das Drehmoment wird im getriebenen Teil über die Federn *4* übertragen, die zwei senkrecht zur Achse geteilte Nabenteile verbinden. Ein Zusammendrücken der Federn zieht über die Schrägflächen *2* und Bolzen *3* gleichfalls F_B nach innen. Durch Krümmen der verschiedenen zur Kraftübertragung benutzten Schrägflächen hat der Gestalter eine weitere Möglichkeit, die Hoch- und Rückschaltdrehzahlen so zu legen, daß der Motor vor Unter- wie Überdrehzahlen geschützt ist und gleichzeitig eine genügende Spanne zwischen Hoch- und Rückschaltgeschwindigkeit liegt, innerhalb derer der Fahrer durch Betätigen des Gashebels den Gang wählen kann.

Eine dritte Möglichkeit, verschiedene Rück- und Hochschaltdrehzahlen zu erreichen, ist in der selbsttätigen Hauptkupplung Abb. 59 durchgeführt, die wir aus diesem Grunde näher ansehen wollen. Die Kupplung enthält eine Gruppe von Fliehgewichten *6*, die mit Motorendrehzahl umlaufen und den Kraftschluß mit der Getriebeeingangswelle herstellen, und eine zweite Gruppe *7*, die mit der Drehzahl der Getriebeeingangswelle laufen und diese rückwärts mit der Motorenwelle kuppeln. In der beschriebenen Ausführung [*38*] werden als Beispiel die folgenden

Drehzahlen genannt. Bei 1000 U/min der Motorenwelle beginnen die Fliehgewichte *6* zu kuppeln, bei 1700 U/min wird das volle Drehmoment übertragen. Je nach dem Lastmoment setzt sich innerhalb dieser Spanne das Fahrzeug in Bewegung. Die Getriebeeingangswelle dreht sich mit ihren Fliehgewichten *7*, die bei 700 U/min das höchste Motorenmoment übertragen und bei 300 U/min entkuppeln. Auch hier wird eine Verkürzung der Zeit, innerhalb derer die Kupplung schleift, verschleißt und sich erwärmt, und eine Spanne zwischen den Drehzahlen erreicht, bei denen der Kraftschluß hergestellt und getrennt wird.

Um im Gefälle auch im zweiten und dritten Gang mit dem Motor bremsen zu können, lassen sich die beiden Freiläufe auf der Abtriebswelle sperren. Durch Linksschieben des Zahnrades *8* für den ersten Gang nach links wird der linke, durch weiteres Verschieben der rechte Freilauf überbrückt. Die beiden selbsttätigen Gangkupplungen wirken jetzt als Bremse. Bei Überschreiten der Schaltdrehzahl versuchen sie den nächsthöheren Gang einzuschalten, was durch die eingerückte Freilaufsperre verhindert wird.

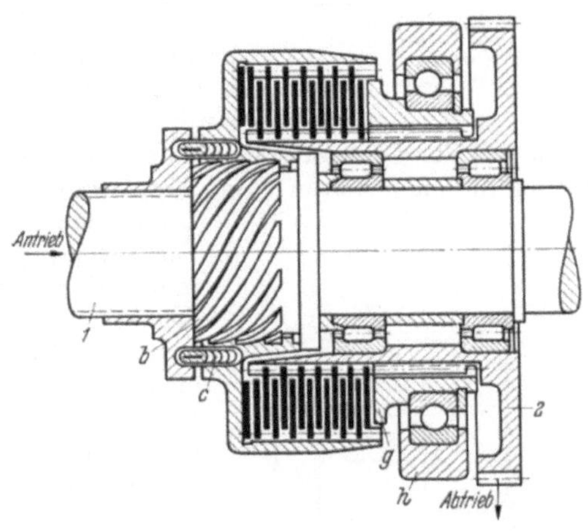

Abb. 60. Ardelt-Überholkupplung (aus „Hütte" Bd. II).

Das Getriebe wird durch einen Wählhebel bedient mit den Stellungen: Motorbremse zweiter Gang, Motorbremse dritter Gang, Normalgang (zweiter bis vierter Gang), Berggang (erster Gang), Rückwärtsgang.

4.145 Überholkupplung. Eine Vollastkupplung mit Freilaufwirkung zeigt Abb. 60. Die Schaltung wird durch Bewegen von *h* nach links gegen die Federkraft von *c* eingeleitet. *g* drückt die Lamellen leicht zusammen. Die Relativbewegung der Antriebswelle *1* gegen das Abtriebszahnrad *2* drückt das Lamellenpaket durch Gewinde *b* vollends zusammen. Bei Umkehr der relativen Drehrichtung wird der Kraftfluß unterbrochen, ebenso durch Rechtsbewegen von *h*.

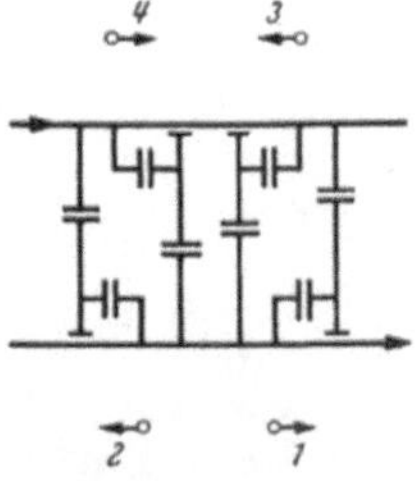

Abb. 61. Ardelt-Getriebe für Schienenfahrzeuge.

Mit einer solchen Kupplung für jeden Gang ist das Getriebe Abb. 61 ausgerüstet. Bei eingeschaltetem dritten Gang beispielsweise läuft die Antriebswelle schneller als das Großrad für den vierten Gang. Wird die Kuppelbewegung für diesen Gang eingeleitet, preßt daher das Gewinde in der Kupplung die Lamellen zusammen. Faßt die Kupplung des vierten Ganges, läuft in der Überholkupplung des dritten Ganges die Antriebswelle langsamer als das Abtriebszahnrad, so daß hier das Gewinde die Lamellen auseinanderdrückt. — Beim Zurückschalten wird die Kupplung des vierten Ganges durch die Schaltbewegung zwangsweise getrennt. Die Kupplung des dritten Ganges faßt noch nicht, da der Schaltring die Lamellen nur leicht zusammendrückt, während das Gewinde sie auseinanderschiebt, solange die Welle langsamer läuft als das Rad. Der Kraftschluß ist also unterbrochen, der Motor und die Antriebswelle des Getriebes laufen hoch, bis die Welle das Zahnrad zu überholen sucht, das Gewinde die Lamellen zusammenpreßt und den Kraftschluß herstellt. — Die beiden Kupplungen auf der Abtriebswelle arbeiten ebenso; sie werden hier über das Zahnrad getrieben.

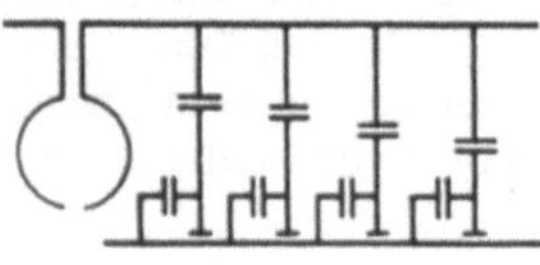

Abb. 62. Maybach-Getriebe für Schienenfahrzeuge mit Föttinger-kupplung.

4.146 Kraftschlüssige Vollastkupplungen. Bei kraftschlüssigen Vollastkupplungen in allen Gängen entfällt in der Regel die Hauptkupplung. Ist diese jedoch eine Strömungskupplung, ist zu beachten, daß diese den Kraftschluß nicht völlig unterbricht — s. Abschn. 5. Daher hat das Getriebe Abb. 62 außer der Strömungskupplung als Hauptkupplung noch vier Reiblamellenkupplungen. Wird der Motor bei Nullstellung der vier Kupplungen angelassen, läuft die Antriebswelle im Getriebe mit der Drehzahl des Primärrades der Strömungskupplung um. Schaltet der Fahrer nun den ersten Gang ein, bremst er mit der Reibungskupplung die Antriebswelle und die Zahnräder zum Stillstand ab. Die Gangkupplung ist jetzt mit dem „Kriechmoment" der Strömungskupplung belastet. Durch Gasgeben kann der Fahrer dies Moment bis zum Vollgasmoment erhöhen. Hierfür muß die Kupplung des ersten Ganges ebenso wie die anderen Lamellenkupplungen bemessen sein, sie braucht jedoch nicht ein zusätzliches Anfahrmoment aus der Motorendrehzahlsenkung aufzunehmen.

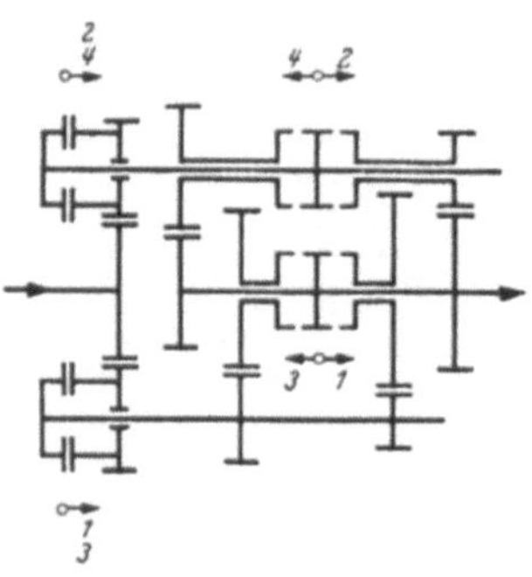

Abb. 63. Minerva-Getriebe für Schienenfahrzeuge. Etablissement Brillard, Tours.

Im übrigen sind die Getriebe der Schienenfahrzeuge, soweit sie reine Zahngetriebe sind — bis etwa 300 PS, darüber Strömungsgetriebe oder elektrische Kraftübertragung — mit kraftschlüssigen Reibungskupplungen in allen Gängen ohne Hauptkupplung oder mit formschlüssigen Kupplungen mit Gleichlaufeinrichtung und einer Hauptkupplung ausgerüstet. Eine Verbindung dieser beiden Bauarten ist bei dem Getriebe Abb. 63 durchgeführt, einem Getriebe mit fluchtender An- und Abtriebswelle und zwei Zwischenwellen. Beide Zwischenwellen sind gegenüber der Antriebswelle ins Schnelle übersetzt, so daß die Momente der beiden Hauptkupplungen kleiner werden. Beim Gangwechsel wird zunächst die Synchronisierung und der Eingriff der formschlüssigen Kupplung durchgeführt, während die Hauptkupplung auf der anderen Zwischenwelle den Kraftschluß aufrechterhält. Die Umschaltung erfolgt durch Trennen der einen und Kuppeln der anderen Lamellenkupplung, also in der gleichen Weise, als wenn für jeden Gang eine kraftschlüssige Kupplung vorhanden wäre.

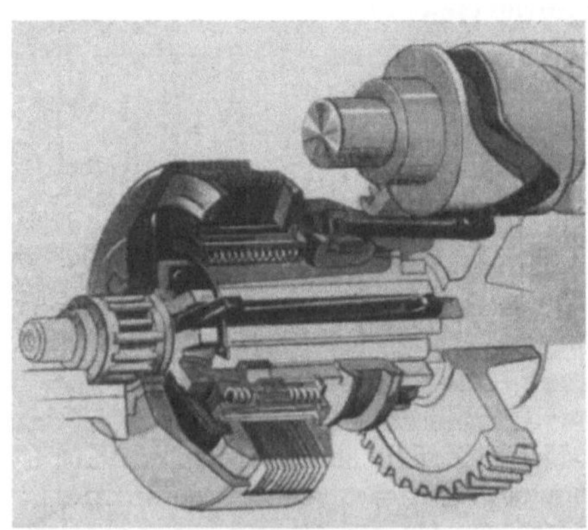

Abb. 64. Reiblamellenkupplung des Media-Getriebes (Werksbild ZF Friedrichshafen).

Um die kraftschlüssige Gangkupplung für Omnibusse, Last- und Personenkraftwagen verwenden zu können, wurde die Entwicklung Abb. 64 durchgeführt. Die Kupplung wird durch Drehen der Schaltwalze betätigt. Über einen Hebel und einen Schaltstein wird die Schalt muffe in Achsrichtung verschoben. Sie läuft mit ihrer Schrägfläche auf die Rollen der Winkelhebel auf, die die Lamellen zusammendrücken. Die Schaltmuffe ist wie üblich nach beendeter Schaltbewegung bei getrennter wie geschlossener Kupplung vom Längsdruck entlastet. Durch die Zahl der Lamellen und die gedrängte Anordnung der Betätigungsteile ist der Raumbedarf sehr klein gehalten.

Abb. 65 zeigt die Anwendung in den drei großen Gängen eines Vierganggetriebes. Der Rückwärtsgang wird durch ein Schieberad auf der Kehrwelle eingeschaltet. Der erste Gang wird gleichfalls formschlüssig mit einer Zahnkupplung auf der Zwischenwelle eingerückt.

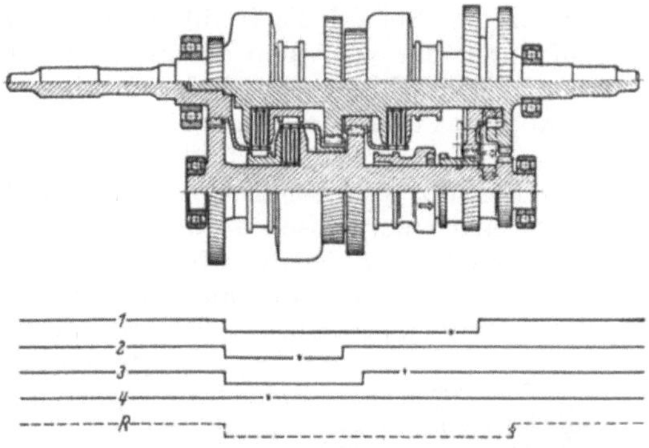

Abb. 65. ZF-Media-Getriebe für Personenkraftwagen (Werksbild).

Bei dem Sechsganggetriebe Abb. 66 werden Rückwärts- und erster Gang wieder formschlüssig durch eine doppelseitige Zahnkupplung auf der in der Zeichnung oben liegenden Zwischenwelle geschaltet. Im ersten und zweiten Gang werden drei, in den übrigen fünf Gängen zwei Kupplungen geschlossen. Ein Zahnradpaar ist erspart, indem im ersten und fünften Gang der Kraftschluß in einem mittleren Radpaar von der unteren Zwischenwelle zur Hauptwelle, im vierten Gang in umgekehrter Richtung geleitet wird.

Die Bewegung aller Schaltelemente wird durch *eine* Schaltwalze ausgelöst, die durch einen Schalthebel am Lenkrad mechanisch über ein Gestänge oder bei Fernschaltung elektrisch gedreht wird. Angefahren wird mit einer fußbetätigten Reibungskupplung oder einer Strömungskupplung, wie bei Getriebe Abb. 62.

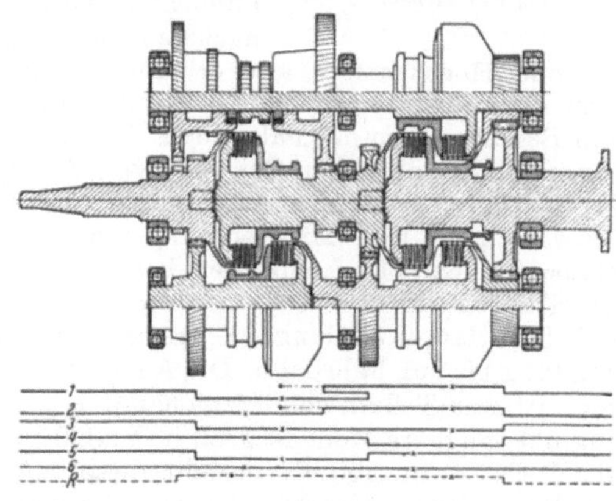

Abb. 66. ZF-Media-Getriebe für Lastkraftwagen und Omnibusse (Werksbild).

4.147 Überblick über die Handschaltungen. Wir haben eine Anzahl von Schaltelementen kennengelernt. Der Vollständigkeit halber wären noch die Bremsen zu nennen, die bei Umlaufgetrieben (4.2) verwandt werden, und die Strömungskupplungen (Abschnitt 5), soweit sie innerhalb des Getriebes wirken und nicht nur als Haupt- (Anfahr-) Kupplung dienen. Um den Überblick nicht zu verlieren, wollen wir an dieser Stelle überlegen, welche Aufgaben die Schaltung im Fahrzeuggetrieb zu erfüllen hat und wie die form- und die kraftschlüssige Kupplung und der Freilauf sie erfüllen.

Die Aufgabe beim Gangwechsel im Stufengetriebe besteht aus dem Kuppeln eines Getriebeteils und dem Lösen eines anderen. Sie ist verschieden beim Aufwärts- und beim Rückschalten.

Zum *Aufwärtsschalten* — Hochschalten in den nächsthöheren Gang mit kleinerer Übersetzung — wird in dem Zweiganggetriebe Abb. 67 die kraftschlüssige Kupplung geschlossen. Die Drehzahl der Eingangswelle A wird auf die der Welle B abgebremst. Durch die Drehzahlsenkung des Motors wird das Fahrzeug während des Schaltens zusätzlich beschleunigt. Das Trennen des bisherigen Kraftflusses tritt durch den Freilauf mit der gezeichneten Sperrichtung zwangsläufig im richtigen Augenblick ein. Sobald die Reibkupplung den Kraftschluß übernimmt, wird der Freilauf durch das Vorlaufen des Zahnrades gegenüber der Welle entsperrt.

Diese „kraftschlüssige Schaltung ohne Zugkraftunterbrechung" kann bei jedem Motoren- und Lastmoment am Berg und im Gefälle durchgeführt werden. Auch die Umkehr der Kraftflußrichtung bei der Motorenbremsung im Gefälle ist ohne Einfluß. Die Schaltung ist einwandfrei unter der einzigen Bedingung, daß man eine unerwünschte ruckartige Beschleunigung durch Begrenzen des Schaltweges oder der Schaltkraft ausschließt.

Durch einen zweiten Freilauf läßt sich die Reibkupplung nicht ersetzen, dagegen durch eine formschlüssige Klauen-, Stifte- oder Zahnkupplung. Ein Schalten ohne Zugkraftunterbrechung ist nicht möglich, da die formschlüssige Kupplung nur bei Gleichlauf eingeschaltet werden kann. Man muß also die Motorendrehzahl durch Gaswegnehmen senken, bis man nach Schaltart 2 oder 3 Abschn. 4.141 schalten kann, oder — bei der Vorwählschaltung — bis die Kupplung selbsttätig einspringt. Die Zugkraftunterbrechung hat eine Abnahme der Fahrgeschwindigkeit zur Folge, die am Berg so groß werden kann, daß ein Hochschalten unmöglich wird, obwohl die Steigung ein Fahren im nächsten Gang erlauben würde.

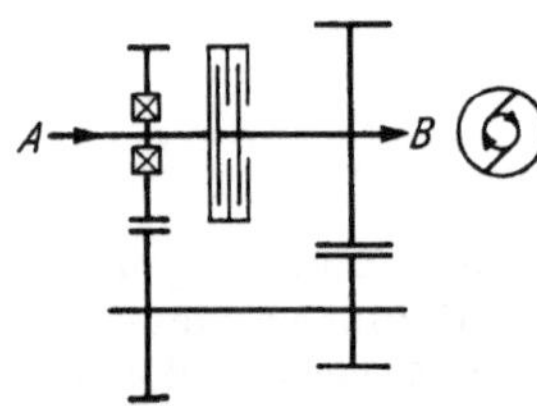

Abb. 67. Kraftschlüssige Kupplung und Freilauf.

Beim Hochschalten also erlaubt die kraftschlüssige Kupplung ein Schalten ohne Zugkraftunterbrechung und eine Ausnutzung der Motorendrehzahlsenkung zum Beschleunigen des Fahrzeuges. Bei der formschlüssigen Kupplung ist dagegen wegen des Zwanges, das Gas zur Synchronisierung wegzunehmen, und infolge der Zugkraftunterbrechung während der Schaltzeit eine Geschwindigkeitsabnahme unvermeidlich. Eine Mittelstellung nimmt die Verbindung der form- und kraftschlüssigen Kupplung ein. Bei dieser Kupplung mit Gleichlaufeinrichtung wird der Kraftfluß in drei Teile geteilt: Motor bis Antriebsteil Hauptkupplung, Abtriebsteil Hauptkupplung bis Antriebsteil Schaltkupplung, Abtriebsteil Schaltkupplung bis zur Fahrbahn. Die Aufgabe der Gleichlaufeinrichtung besteht darin, den mittleren Teil an den letztgenannten anzugleichen. Ist das von der Reibkupplung übertragbare Moment groß im Verhältnis zu den abzubremsenden Massen des Mittelteils — in Abb. 67 besteht dieser nur aus dem Sekundärteil der Hauptkupplung, dem Primärteil der Gangkupplung und der verbindenden Welle —, kann die Zeit zum Schalten so klein werden, daß ein Teil der Drehzahlspanne des Motors noch beim Einschalten der Hauptkupplung zum Beschleunigen des Fahrzeuges ausgenutzt werden kann. Ähnliches gilt bei Schaltart 1 eines nicht synchronisierten Ganges.

Zum *Rückschalten* wird im Getriebe Abb. 67 die Reibkupplung gelöst. Der entlastete Motor erhöht seine Drehzahl, bis Welle A bei Gleichlauf das Zahnrad über den sperrenden Freilauf mitnimmt. Je mehr Gas der Fahrer gibt, desto kürzer die Zugkraftunterbrechung. Immer schaltet der Freilauf innerhalb der richtigen Schaltzeit den kleinen Gang ein. Ein Fortfall oder eine Verkürzung dieser Schaltzeit ist ebenso unerwünscht wie eine Verlängerung.

Ersetzt man die kraftschlüssige durch eine formschlüssige Kupplung, wäre eine Trennung auch unter Last möglich. Sie wird jedoch im Fahrzeuggetriebebau nicht durchgeführt. Eine Entlastung der Kupplung beim Trennen bedeutet eine Verlängerung der Schaltzeit, die bei der in Amerika gebräuchlichen Entlastung durch selbsttätiges Ein- und Ausschalten der Zündung auf ein Minimum beschränkt ist. Wird an die Stelle des Freilaufs eine Kupplung mit schaltabweisenden Klauen gesetzt, ist die Wirkung die gleiche. Das Auffangen des mit Vollgas hochlaufenden Motors ist härter. Bis zu mittleren Leistungen ist diese Aufgabe aber beim Freilauf wie bei der Abweisklaue gelöst worden. Bei der formschlüssigen Kupplung ohne Schalthilfe wird die Schaltzeit verlängert, bei Verwendung der Gleichlaufeinrichtung braucht dies nicht der Fall zu sein.

Nach Schaltzeiten geordnet kann man danach folgende Rangordnung der ausgeführten Getriebe aufstellen (s. a. Zahlentafel 8, S. 19).

Kraftschlüssige Kupplung und Freilauf (beste Schaltzeit).

Formschlüssige Kupplung mit automatischer Zündunterbrechung und Freilauf.

Abweisklauenschaltung (Vorwählgetriebe).

Formschlüssige Kupplungen mit Gleichlaufeinrichtung (synchronisierte Getriebe).

Formschlüssige Kupplungen ohne Schalthilfe.

Eine Aufgabe löst der Freilauf nicht. Er läßt eine *Umkehr der Kraftrichtung* nicht zu. Bei der Normalfahrt bedeutet dies einen Vorteil, es wird Brennstoff gespart, bei der Fahrt im Gefälle einen Mangel, es kann nicht mit dem Motor gebremst werden. Ob und in welchen Gängen diesem Mangel durch eine *Freilaufsperre* zu begegnen ist, hängt von der Anzahl und der Übersetzung der Gänge und vom Verwendungszweck des Getriebes ab. Beispielsweise wird man beim Personenwagen-Vierganggetriebe eine Motorenbremsung mit dem ersten Gang als überflüssig und mit dem vierten Gang als unbedingt nötig ansehen. Die letztere Forderung ist ohnehin erfüllt, da der Kraftfluß im letzten Gang nicht über einen Freilauf geht. Das Getriebe Abb. 55 hat keine Freilaufsperre, es kann daher nur im zweiten und vierten Gang mit dem Motor bremsen. Da die Übersetzungen des zweiten und dritten Ganges mit 2,04 und 1,75 nicht sehr verschieden sind, hat der Fahrer die Möglichkeit, bei Normalfahrt den Vorteil des Freilaufs im dritten Gang auszunutzen, muß allerdings in Kauf nehmen, daß er im Gefälle auf den synchronisierten zweiten Gang zurückschalten muß, wenn die Bremswirkung im vierten nicht ausreicht. Bei dem Getriebe Abb. 59 ist im zweiten und dritten Gang eine Freilaufsperre. Der Bauaufwand hierfür ist gering. Die einfache *formschlüssige Freilaufsperre*, wie sie meistens verwandt wird, läßt sich nur einschalten, wenn der Freilauf ohnehin in Sperrstellung steht. Um im Gefälle bei Getriebe Abb. 67 in den ersten Gang zurückzuschalten — beim Rückschalten mit Motorenbremsung gilt das „Gesetz der besten Schaltzeit" nicht, hierbei ist Schaltung ohne Zugkraftunterbrechung erwünscht —, muß der Fahrer zunächst entkuppeln und Gas geben, bevor er die Freilaufsperre einlegen und im ersten Gang mit dem Motor bremsen kann. Eine *kraftschlüssige Freilaufsperre* kann dagegen ohne Schwierigkeit eingeschaltet werden. Sie braucht nicht mit der Gangkupplung abgestimmt zu werden, wie es unten bei dem Zusammenarbeiten zweier kraftschlüssiger Kupplungen beschrieben ist. Da sie für wenigstens 50 bis 60% des Vollgasmomentes bemessen werden muß, bedingt sie einen fühlbaren Bauaufwand. — Die übrigen form- und kraftschlüssigen Kupplungen sind gegen Umkehr der Kraftrichtung unempfindlich.

Die bekannte „Schaltangst" tritt nur beim Rückschalten auf, und zwar am Berg und beim Überholen, ferner im Gefälle. Aus der Zeit, als er das Autofahren lernte, kennt der Leser die Situation. Er überholt mit 30 km/h im vierten Gang einen Lastwagen mit Anhänger, plötzlich taucht ein entgegenkommender Wagen auf. Er weiß, führe er im dritten Gang, brauchte er nur auf den Gashebel zu treten, würde vorbeirauschen, und alle Gefahr wäre vorüber. Aber die ganze Folge von Schaltbewegungen mit Zwischengas und Doppeltkuppeln in Gang zu setzen und dabei während der Schaltzeit in der Geschwindigkeit abzufallen, scheut er sich.

Die Schaltangst wird nicht allein durch die Länge der Schaltzeit beeinflußt, sondern auch durch die Zahl der zum Rückschalten erforderlichen Bewegungen und ihre „Sinnfälligkeit". So ist es, um die beiden besprochenen Beispiele selbsttätiger Getriebe zu benutzen, sinnfällig, wenn der Fahrer bei dem einen auf die Vollgasstellung, bei dem anderen darüber hinaus auf die kick-down-Stellung durchtreten muß, wenn er beim Überholen im kleineren Gang beschleunigen will. Nicht sinnfällig ist es, wenn man zu dem gleichen Zweck bei der Abweisklauenschaltung zunächst den Gashebel zurücknehmen muß, um den großen Gang zu entkuppeln. — Die Rückschaltung im Gefälle mit formschlüssigen Kupplungen ohne Schalthilfe wird allen drei Grundsätzen „beste Schaltzeit", „Einfachheit", „Sinnfälligkeit" wenig gerecht. Die Gleichlaufeinrichtung bedeutet eine wesentliche Verbesserung, sie vermeidet die nicht sinnfällige Bewegung des Zwischengasgebens, sie erspart drei Bewegungen (Einkuppeln, Gasgeben, Auskuppeln) und verkürzt die Schaltzeit. Sie verringert die Schaltangst des ungeübten Fahrers, indem sie ihn des Zwanges enthebt, während des Schaltens den Fuß von der Bremse zu nehmen.

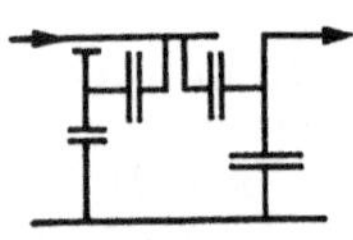
Abb. 68. Zwei kraftschlüssige Kupplungen.

Eine Schaltart wurde noch nicht behandelt, das Schalten mit *zwei kraftschlüssigen Kupplungen*. Sie wirft ein Problem auf, das die anderen Schaltungen nicht kennen, das Abstimmen der beiden Schaltbewegungen des Trennens und Kuppelns. Das Getriebe Abb. 68 entspricht Abb. 1, die formschlüssige Doppelkupplung auf der Abtriebswelle ist durch zwei kraftschlüssige Kupplungen auf der Antriebswelle ersetzt. Zum Hochschalten werden beide Kupplungen nach rechts bewegt. In dem Augenblick, in dem die rechte Kupplung faßt, in dem das Abbremsen des Motors durch die Abtriebswelle beginnt, soll die linke Kupplung lösen, und zwar möglichst völlig, wie es der Freilauf tut. Löst die linke Kupplung zu spät, sind zeitweilig beide Kupplungen eingeschaltet, das Fahrzeug wird abgebremst. Löst sie zu früh, sind beide Kupplungen zeitweilig gelöst, der Motor geht durch. Beim Rückschalten werden andere Anforderungen gestellt. Jetzt soll die rechte Kupplung nicht lösen, wenn die linke zu fassen beginnt, sondern es sollen beide Kupplungen so lange getrennt bleiben, bis der Motor um den Stufensprung hochgelaufen ist, also während einer Zeit, die von der Gashebelstellung abhängt. Faßt die linke Kupplung zu früh, wird der Motor vom Abtrieb her „zwangssynchronisiert", das Fahrzeug wird abgebremst. Faßt sie zu spät, geht der Motor durch.

Wenn der Getriebegestalter versucht, das Problem dadurch zu lösen, daß er die Schaltwege beider Kupplungen in eine bestimmte Abhängigkeit bringt, muß er zweierlei bedenken. Erstens kuppelt die neue Kupplung in einer Schaltstellung, in der die abgenutzte löst. Zweitens führt sie den Kraftschluß bei wenig Gas schon in einer Schaltstellung herbei, in der der Motor bei Vollgas durchgeht.

Ob das geschilderte Problem zu ernsthaften Schwierigkeiten führt, hängt vom Motor und vom Fahrzeug ab. Bei Schienenfahrzeugen ist die Schaltung mit kraftschlüssigen Kupplungen mit Erfolg angewandt. Der Motor wird hier nicht durch unmittelbare Verstellung der Brennstoffmenge oder der Drosselklappe geregelt, sondern durch Verstellen des Drehzahlreglers. Der Motor behält also seine Drehzahl (mit der Reglertoleranz) unabhängig vom Lastmoment bei, er kann nicht durchgehen. Diese Regelung wäre auch beim Personenkraftwagen möglich, beim Lastwagen-Dieselmotor wird sie ohnehin oft angewandt. Ferner ist bei Triebwagen und Diesellokomotiven das Verhältnis der Fahrzeugmasse zur Motorenmasse so groß, daß eine die Fahrgeschwindigkeit verzögernde Kraft, die beim Personenwagen unangenehm störend wirkt, beim Schienenfahrzeug gar nicht fühlbar ist.

Der amerikanische Getriebebau hat in mehreren neuen Entwicklungen kraftschlüssige Kupplungen ohne Freiläufe auch bei Personenkraftwagen angewandt. Die Kupplungen oder Bremsen werden mit Drucköl allein oder mit Drucköl und Federkraft geschlossen und geöffnet. Dadurch wird die Schaltkraft fast oder völlig unabhängig vom Verschleiß der Kupplungs- oder Bremsbeläge. Darüber hinaus ist — die konstruktive Durchführung werden wir noch kennenlernen — die Schaltkraft bei einem oder beiden Schaltelementen, die bei einer Schaltung bewegt werden, in Abhängigkeit gebracht vom Drehmoment, auch in den Getrieben, bei denen der Schaltbefehl nicht durch eine Automatik, sondern durch Verstellen eines Wählhebels am Steuerrad erteilt wird. Die jüngste deutsche Entwicklung auf diesem Gebiet, Abb. 64, kuppelt über die Schaltwalze die Schaltwege beider Elemente mechanisch. Ob diese einfache Lösung den zur Zeit geringeren deutschen Ansprüchen genügen wird, läßt sich noch nicht beurteilen.

Es wird nunmehr einleuchten, warum die kraftschlüssige Freilaufsperre keine Schwierigkeit macht. Sie wird nur bei getriebenem Motor eingesetzt. Dieser kann daher bei zu spätem Kuppeln nicht durchgehen. Ein zu frühes Kuppeln würde das Fahrzeug bremsen, also den gewünschten Bewegungsablauf fördern, während es ihn bei treibendem Motor stört.

Die kraftschlüssige Kupplung Abb. 60 vermeidet durch die Freilaufwirkung das Abstimmen mit der Kupplung der anderen Schaltstufe. Sie nimmt dafür einige Schwierigkeiten in Kauf. Das Schaltzeug, dessen letztes Glied der Ring *h* ist, muß drei Stellungen einnehmen können (Leerlauf — die Kupplung ist bei beiden Drehrichtungen des Gewindes *b* gelöst; Zwischenstellung, in der die Lamellen leicht gegeneinander gedrückt werden — die Kupplung steht in Freilaufstellung; Schließstellung — die Kupplung ist auch gegen die Wirkung von *b* geschlossen), die in der richtigen Reihenfolge geschaltet werden müssen. Ferner muß das Schaltzeug so kräftig sein, daß es auch entgegen der Freilaufwirkung von *b* schließt und öffnet und den Schluß aufrechterhält. Ist die Kupplung beispielsweise beim Hochschalten mit treibendem Motor durch die Überholbewegung von *1* gegenüber *2* durch *b* geschlossen, so kehrt sich die Kraftflußrichtung im Gefälle bei getriebenem Motor um. Das Gewinde *b* sucht ebenso wie die Federn *e* die Lamellen zu spreizen. Der Ring *h* muß gegen diese spreizenden Kräfte die Kupplung geschlossen halten und zusätzlich die Schaltkraft ausüben, die zur Übertragung des Motorenbremsmomentes durch die Lamellen nötig ist.

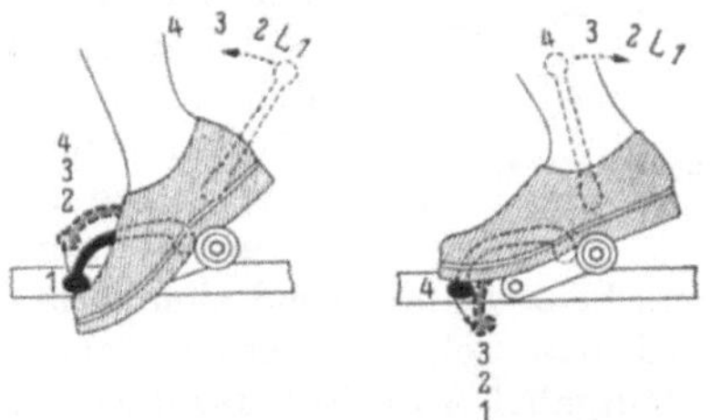

Abb. 69. Fußschaltung (Werksbild BMW).

4.15 Fußschaltung.

Die fußgeschalteten Getriebe nehmen eine Sonderstellung ein, weil sie keine Schaltschwierigkeiten und daher keine Schalthilfe kennen und weil sie als Durchschaltgetriebe andre Räderanordnungen ermöglichen. Die Durchführung der Fußschaltung, die bei Motorrädern die Regel ist, zeigt Abb. 69. Der Fußschalthebel springt durch Federkraft in die Mittelstellung. Durch Hochziehen wird aufwärts, durch Niedertreten rückwärts geschaltet. Zwischen dem ersten und zweiten Gang ist eine gesicherte Leerlaufstellung, in die aus dem zweiten Gang durch halbes Niedertreten, aus dem ersten durch halbes Hochziehen geschaltet wird. Der Fahrer kann also aus dem ersten und zweiten Gang in den Leerlauf oder unmittelbar in den anderen Gang schalten.

Die Fußschaltung ist eine Ratschen- (Sperrklinken-) Schaltung. Eine Ausführungsform ist in Abb. 70 dargestellt. Durch Niedertreten des Fußschalthebels wird die Schaltwelle mit dem aufgekeilten Traghebel gedreht. Auf diesem ist der

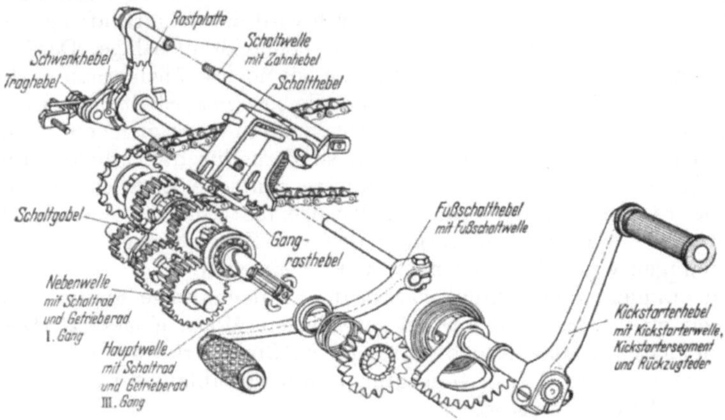

Abb. 70. ILO-Dreiganggetriebe für Motorräder (Werksbild).

Schwenkhebel mit seinem linken Drehpunkt befestigt; der rechte Drehpunkt wird zunächst durch einen Federbolzen gehalten, so daß der Schwenkhebel eine Kippbewegung in eine Ausklinkung der Rastplatte hinein ausführt. Bei weiterem Drehen des Traghebels aus der gezeichneten Stellung wird die Rastplatte mitgenommen, die über eine Verzahnung und eine Welle den Schalthebel dreht, bis der Fußschalthebel auf seiner unteren Endstellung angekommen ist und der Gangrasthebel in die nächste Raste des Schalthebels einklinkt. Das Schwenken des Schalthebels verschiebt die Schaltgabel auf den Getriebewellen im wesentlichen in Längsrichtung. Die Ratschenschaltung wandelt also die Hin- und Herbewegung des Fußschalthebels in eine kontinuierliche Drehbewegung des (Gang-) Schalthebels um. Dieser „schaltet durch", d. h., die Gänge liegen hintereinander und nicht in der Reihenfolge der Schaltbilder 25. Dadurch werden Räderanordnungen möglich, wie sie das Levassor-Getriebe (4.11) hatte und wie sie in vielen Werkzeugmaschinengetrieben verwandt werden, bei denen alle Stufen durch mehrfaches Verschieben eines Schaltelementes eingerückt werden. — Bei dem Getriebe Abb. 71 wird das Schieberäderpaar als zusammenhängendes Schaltelement durch die Schaltgabel Abb. 70 verschoben; die Zähne kommen also nicht aus dem Eingriff. Außer durch die beiden Klauenpaare wird die formschlüssige Kupplung durch Überschieben eines Rades auf einen genuteten Teil der Haupt- oder Zwischenwelle hergestellt. Im ersten Gang ist das Zwischenwellenrad, im zweiten beide Räder, im dritten das Hauptwellenschieberad drehfest gelagert.

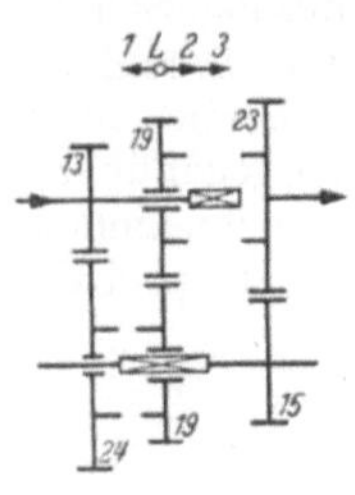

Abb. 71. ILO-Getriebe. Schema zu Abb. 70.

Um das leicht schaltbare Allklauengetriebe Abb. 32 auch zum Durchschalten verwenden zu können, werden die beiden Stiftekupplungen Abb. 72 nicht unmittelbar durch den Schalthebel verschoben, sondern über die beiden Schaltgabeln in Kurvenschlitzen geführt. In der beschriebenen Weise wird über die hier links am Getriebe neben dem Fußschalthebel liegende Ratschenschaltung die Schaltwelle mit der aufgekeilten Kurvenschlitzscheibe gedreht, bis die Sicherungsklinke (auf der rechten, dem Beschauer zugekehrten Seite) in die nächste Raste einspringt. Die Kurvenschlitzscheibe führt, ebenso wie die Schaltwalze Abb. 64, die wechselweise Längsbewegung der Schaltelemente in eine kontinuierliche Drehbewegung über. Dadurch werden diese Getriebe, die der Räderanordnung nach keine Durchschaltgetriebe sind, zum Durchschalten geeignet. — Bei diesen über Kurvenscheiben u. ä. geschalteten Getrieben ist der Gestalter nicht an die Reihenfolge der Radpaare in der Gangfolge gebunden, sondern kann die Radpaare für die beiden am meisten benutzten Gänge neben die Lagerung in der Gehäusewand legen. Er kann also die Räderanordnung Abb. 33 mit der Klauenanordnung Abb. 32 verbinden. Hiervon ist in Abb. 72 kein Gebrauch gemacht, weil die Ansprüche an den geräuscharmen Lauf bei einem Motorradgetriebe gering sind; aus diesem Grunde ist auch nur das Radpaar für den vierten Gang schräg verzahnt.

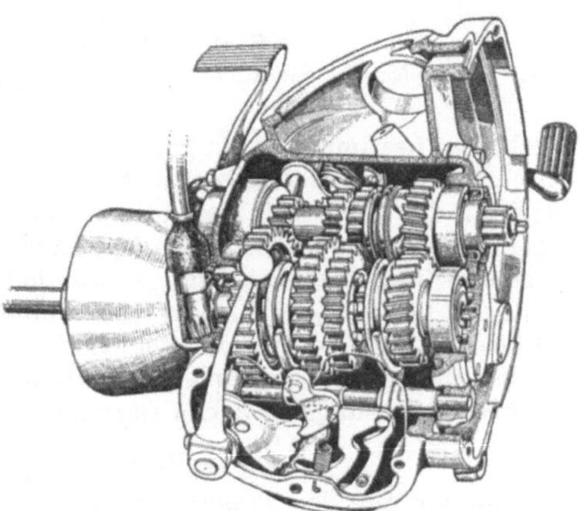
Abb. 72. BMW-Viergangetriebe für Motorräder (Werksbild).

In der Mittelstellung des Fußschalthebels steht bei den meisten Ratschenschaltungen auch der Schwenkhebel Abb. 70 in Mittelstellung und gibt die Rastplatte frei. Dadurch wird die Anordnung eines Hilfsschalthebels (auf der rechten Getriebeseite Abb. 72) möglich, der ein unmittelbares Durchschalten zuläßt. Wenn der Fahrer etwa aus dem vierten Gang das Kraftrad zum Stillstand gebracht hat, kann er den Hilfsschalthebel durchziehen, bis eine grüne Kontrollampe das Einrasten des Leerlaufes anzeigt, statt daß er durch mehrmaliges Niedertreten des Fußschalthebels den Leerlauf einrückt.

Motorroller verwenden oft eine zweckmäßige Verbindung des Kupplungshebels mit einem Schaltungsdrehgriff. Zum Schalten muß der Kupplungshebel am linken Lenkergriff gezogen werden, ehe durch Drehen des mit dem Hebel verbundenen Griffes ein anderer Gang eingeschaltet werden kann. Durch den Drehgriff wird über einen Bowdenzug die Durchschaltbewegung in das Getriebe eingeleitet.

4.2 Umlaufgetriebe.

4.21 Momente, Drehzahlen, Wirkungsgrad.

Die am meisten im Fahrzeuggetriebebau verwandte Form des Umlaufgetriebes ist im Schemabild 73 dargestellt. Es besteht aus einem außen- und einem innenverzahnten Sonnenrad, die der Einfachheit halber mit Sonnenrad S und Hohlrad H bezeichnet sind, und einem oder mehreren mit ihnen kämmenden Planeten P, die in einem Planetenträger gelagert sind. Dieser Träger T, das ist das Kennzeichnende des Umlaufgetriebes, ist ebenso wie S und H im Gehäuse drehbar gelagert.

Das Gleichgewicht am Planetenrad bedingt, daß die beiden durch Pfeile dargestellten Kräfte gleich sind, die von Sonnenrad S ausgeübte Umfangskraft M_S/r_S und die Umfangskraft M_H/r_H an dem Hohlrad H. Ersetzen wir das Verhältnis der Radien durch das der Zähnezahlen, bekommen wir die erste Beziehung zwischen den Momenten.

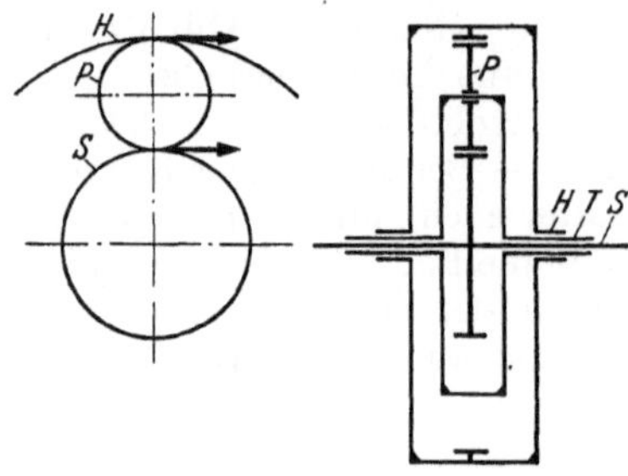

Abb. 73. Umlaufgetriebe mit Hohlrad.

$$M_H = \frac{z_H}{z_S} M_S. \quad (12)$$

An den drei nach außen gehenden Leitungen muß Momentengleichgewicht herrschen, so daß

$$M_H + M_S + M_T = 0. \quad (13)$$

Eine der Leitungen dient als Antrieb, dessen Moment aus dem Motorenmoment und einer gegebenenfalls vorhergehenden Momentenwandlung bekannt ist. Durch die Gln. (12) und (13) sind daher die Kräfte- und Momentenverhältnisse bestimmt, wenn das Verhältnis z_H/z_S gewählt ist. Werden statt eines mehrere Planetenräder angeordnet, so verteilt sich der Zahndruck auf mehrere Eingriffe; die Gültigkeit der beiden Gleichungen wird dadurch nicht berührt.

Da die Drehzahlverhältnisse nicht ganz so übersichtlich sind, arbeitet man hier mit einer Hilfsvorstellung. Man verwandelt das Umlaufgetriebe mit den Winkelgeschwindigkeiten ω_H und ω_S in ein Standgetriebe, indem man den Planetenträger T stillsetzt. Für die Winkelgeschwindigkeiten ω'_H und ω'_S dieses Ersatz-Standgetriebes gelten die bekannten Beziehungen — die Pfeile gelten auch für die Umfangsgeschwindigkeiten des Standgetriebes, jedoch wechselt einer von ihnen die Richtung —

$$\omega'_H r_H = \omega'_P r_P = -\omega'_S r_S. \quad (14)$$

Wenn wir nun den Träger sich mit ω_T drehen lassen, ändert sich die Relativgeschwindigkeit des oder der Planeten gegen die Träger nicht. Wir können daher die Lagergeschwindigkeit der Planeten aus Gl. (14) errechnen. Die durch ω_T bestimmte Zentrifugalkraft wird in der Regel gegenüber den Zahndrücken vernachlässigt, so daß wir die für die Berechnung der Planetenräder erforderlichen Unterlagen aus den Gln. (12) bis (14) gewinnen. Damit erlischt unser Interesse für die Planeten, so daß wir uns jetzt nur noch mit H, S und T zu beschäftigen brauchen. — Außerdem ändert sich durch die Drehung von T die durch die Zähne innerhalb des Umlaufgetriebes übertragene Leistung nicht — „Zahnübertragungsleistung", „innere Leistung" oder auch „Scheinleistung" genannt —, ebensowenig die Zahnübertragungsverluste.

Um aus Gl. (14) ω_S und ω_H zu bekommen, müssen wir zu den Ersatzwinkelgeschwindigkeiten ω'_S und ω'_H die Winkelgeschwindigkeit ω_T zufügen, also $\omega'_S = \omega_S - \omega_T$ und $\omega'_H = \omega_H - \omega_T$ setzen; daher

$$\frac{z_H}{z_S} \omega_H + \omega_S = \left(\frac{z_H}{z_S} + 1\right) \omega_T. \quad (15)$$

Der Wert z_H/z_S muß so weit über 1 liegen, daß sich die Planeten noch unterbringen lassen. Von den drei Leitungen bekommt eine die Winkelgeschwindigkeit des Antriebes ω_A, eine zweite die des Abtriebes ω_B. Das Übersetzungsverhältnis $i = \omega_A/\omega_B$ ist nach Wahl von z_H/z_S bestimmt, wenn man der dritten Leitung eine definierte Geschwindigkeit gibt. Bei einem Getriebe nach Abb. 73 bedeutet das, daß man die dritte Leitung mit dem An- oder Abtrieb kuppelt oder stillsetzt.

Aus Gl. (15) geht hervor, daß bei Gleichsetzen zweier Geschwindigkeiten $\omega_H = \omega_S = \omega_T$ wird. Mit anderen Worten: Kuppelt man in dem Umlaufgetriebe zwei Leitungen, läuft es als Kupplung mit $i = 1$ um. Hierbei ist es gleichgültig, welche Leitungen gekuppelt und welche als An- und Abtrieb gewählt werden.

Die zweite Möglichkeit ist die, die dritte Leitung stillzusetzen. Da jede der drei Leitungen als Antrieb oder Abtrieb dienen oder stillgesetzt werden kann, ergeben sich sechs Variationen, zu denen die Kupplung zweier Leitungen als siebente kommt. Von den sechs Variationen kann der Gestalter bei der Auslegung des Umlaufgetriebes Gebrauch machen, um trotz der Beschränkung von z_H/z_S in Schnelle oder Langsame zu übersetzen und die Drehrichtung umzukehren. Er kann aber nicht aus der Anordnung Abb. 73 ein Fahrzeuggetriebe mit sieben Gängen machen, wie das folgende Rechenbeispiel zeigt.

Zuvor müssen wir eine Vereinbarung über die Vorzeichen treffen. Wenn wir in Kraftflußrichtung auf das Getriebe sehen, soll eine rechtsherum gerichtete Winkelgeschwindigkeit und ein rechtsherum treibendes Moment positiv sein. Daraus ergibt sich folgende Aufstellung:

Winkelgeschwindigkeit	ω positiv	bedeutet rechtsherum (im Uhrzeigersinn)
	ω negativ	bedeutet linksherum
Drehmoment	M positiv	bedeutet rechtsherum treibend *oder* linksherum getrieben
	M negativ	bedeutet linksherum treibend *oder* rechtsherum getrieben
Leistung	$L = M \cdot \omega$ positiv	bedeutet zugeführte (Antriebs-) Leistung
	L negativ	bedeutet abgegebene Leistung

Der Getriebegestalter kann in Gl. (15) nur die Größe z_H/z_S wählen, und auch die nur beschränkt. Er kann also außer $i = 1$ noch eine zweite Übersetzung festlegen, die übrigen fünf zunächst denkbaren Übersetzungen sind damit bestimmt. Es liegt nahe, als dritten Gang den Rückwärtsgang hinzuzunehmen, weil hier der größte Spielraum in der Übersetzung besteht. Stellen wir uns eine einfache Aufgabe: Für die Drehmomentenwandlung steht uns ein Strömungswandler nach Abschn. 6 zur Verfügung, der das Motorenmoment stufenlos von 2 bis 1 wandelt. Zur Bewältigung von Steigungen brauchen wir eine höchste Übersetzung von 4, für den Rückwärtsgang genügt —3. Da der Strömungswandler für die Normalfahrt ausreicht, wird dem Nachschaltgetriebe, das wir nach Abb. 73 ausbilden wollen, nur die Aufgabe gestellt, für die Normalfahrt $i_{II} = 1$, für den Berggang $i_I = 2$ und für den Rückwärtsgang wenigstens $i_R = -1{,}5$ zur Verfügung zu stellen. $i_{II} = 1$ ist ohne Schwierigkeit durchzuführen. Nun haben wir noch die Möglichkeit, jede der drei Leitungen stillzusetzen und erhalten aus Gl. (15)

1. $\omega_T = 0$ ergibt $z_S\,\omega_S = -z_H\,\omega_H$ und $i_R = -z_H/z_S = \omega_S/\omega_H$,

2. $\omega_S = 0$ ergibt $z_H\,\omega_H = (z_S + z_H)\,\omega_T$ und $i_I = z_S/z_H + 1 = \omega_H/\omega_T$,

3. $\omega_H = 0$ ergibt $z_S\,\omega_S = (z_S + z_H)\,\omega_T$ und $i_I = z_H/z_S + 1 = \omega_S/\omega_T$.

Von den sechs Variationen scheiden also drei aus, weil wir ins Langsame übersetzen wollen. Für den ersten Gang bleiben 2. und 3. Aus beiden läßt sich nicht $i_I = 2$ machen, da z_H/z_S nicht 1 werden kann. Um der Mindestbedingung für den Rückwärtsgang gerecht zu werden, muß $z_H/z_S = 1{,}5$ werden. Also entweder $i_I = 1{,}67$ — nicht ausreichend, außerdem läßt sich Schaltung 2 mit 1 nur mit erheblichem Bauaufwand durchführen — oder $i_I = 2{,}5$ — die Übersetzung liegt um 25% zu hoch, die im Berggang erreichbare Geschwindigkeit mithin 25% zu niedrig. — Wählen wir Schaltung 1 und 3 als die unter den gegebenen Bedingungen besten, kann in allen drei Gängen der Antrieb über S bestehenbleiben. Mit $\omega_S = \omega_A = 1$ und $M_S = M_A = 1$ ist im

Rückwärtsgang: $\omega_T = 0$; $\omega_S = \omega'_S = 1$; $\omega_H = \omega'_H = 1/1{,}5$, die Zahnübertragungsleistung $L_z = L'_S = \omega'_S M_S = 1$ und bei 1,5% Verlust je Zahneingriff der Zahnübertragungsverlust[1] $V = (1 - 0{,}985^2)1 \approx 0{,}03$, der Wirkungsgrad $\eta_g = 0{,}97$.

Erster Gang: $\omega_H = 0$; $\omega_S = 1$; $\omega_T = 1/2{,}5 = 0{,}4$,

$\omega'_H = -0{,}4$; $\omega'_S = 0{,}6$,

$L_z = L'_S = 0{,}6$; $V = 0{,}03 \cdot 0{,}6 = 0{,}018$; $\eta_g = 0{,}982$,

Zweiter Gang: $\omega_H = \omega_S = \omega_T = 1$; $\omega'_H = \omega'_S = 0$; $V = 0$; $\eta_g = 1$.

Die Verluste in der Lagerung von H, S und T sind nicht enthalten. Sie sind gering, da sich bei gleichmäßig verteilten Planeten die Zahndrücke aufheben, so daß diese Lager nur Gewichte und Unwuchten aufzunehmen haben.

Die Momente kann man entweder aus den Gln. (12) und (13) errechnen und hat eine Kontrolle für die Richtigkeit der Geschwindigkeitsrechnung, oder man errechnet sie aus dem Übersetzungsverhältnis, dem Wirkungsgrad und der Gleichgewichtsbedingung (12):

Rückwärtsgang: Abtriebsmoment $M_B = M_H = 1{,}5 \cdot 0{,}97 = 1{,}455$,
Stützmoment $M_T = -2{,}455$.

Erster Gang: $M_B = M_T = -2{,}5 \cdot 0{,}982 = -2{,}455$,
Stützmoment $M_H = 1{,}455$.

Zweiter Gang: $M_B = M_H = M_T =$ Kupplungsmoment.

4.22 Formschlüssige Kupplung und Freilauf.

Obwohl der zusätzliche Einbau des Warner-Schnellganges 100 Dollar kostet, das ist etwa das Dreifache des vollständigen handgeschalteten Dreiganggetriebes, hat er sich in Amerika ausgezeichnet einzuführen vermocht. Die Bedienung entspricht der des Chryler-M 6-Getriebes 4.143. Angefahren wird im allgemeinen mit dem zweiten Gang des handgeschalteten Dreiganggetriebes. Bei Erreichen der Umschaltgeschwindigkeit schaltet ein Fliehkraftregler den Schnellgang in die Bereitschaftsstellung. Durch Gaswegnehmen geht der Fahrer in den Schnellgang und erreicht damit etwa die Übersetzung des dritten Ganges. Bei Unterschreiten der Umschaltgeschwindigkeit wird der Schnellgang selbsttätig, oberhalb dieser Geschwindigkeit durch Überdrücken des Gashebels willkürlich ausgeschaltet. Im Stadtverkehr kann damit ohne Betätigung des Handschalthebels gefahren werden. Wird der Schnellgang zum dritten Gang zugeschaltet, dient er als echter Schnellgang zum Senken der Motorendrehzahl und zum Brennstoffsparen.

Der Warner-Schnellgang wurde viele Jahre mit der Keller-Kupplung ausgerüstet, einer selbsttätigen formschlüssigen Fliehkraftkupplung. In der letzten Entwicklung, die Abb. 74 im Schema zeigt, ist eine rein elektrische Schaltung durchgeführt; ein von der Abtriebswelle angetriebener Fliehkraftregler schaltet

---

[1] Über die theoretisch richtige Berechnung des Wirkungsgrades von Umlaufgetrieben ist ein Meinungsstreit entstanden, s. [*21*]. Für den Fahrzeuggetriebebau ist der Unterschied in den Berechnungsweisen bedeutungslos, er verschwindet in der Unsicherheit über die Annahme des Zahneingriffsverlustes von 0,5 bis 2%.

durch Kontaktgabe einen Hubmagneten ein, der den Schaltstift *1* in Abb. 75 nach innen zieht. Der Schaltstift hat eine schaltabweisende Schrägfläche, so daß er erst in eine Lücke von *2* einspringen kann, wenn das (für Linkslauf gezeichnete) Schaltrad 2, das mit der Sonne verbunden ist, beim Gaswegnehmen zum Stillstand gekommen ist. Um zu verhindern, daß oberhalb der Bereitschaftsgeschwindigkeit der Schaltstift ständig auf den Klauen des Schaltrades aufliegt, ist ein Sperring *3* zwischengeschaltet, der mit *2* reibschlüssig verbunden ist und das Einschalten von *1* verhindert, solange *2* in Bewegung ist. Erst bei der Umkehr der Drehbewegung aus dem Stillstand verschiebt sich durch den Reibschluß *3*, so daß *1* durch den Schlitz von *3* in *2* eingreifen kann. — Bei eingeschalteter Freilaufsperre muß *1* gesperrt werden.

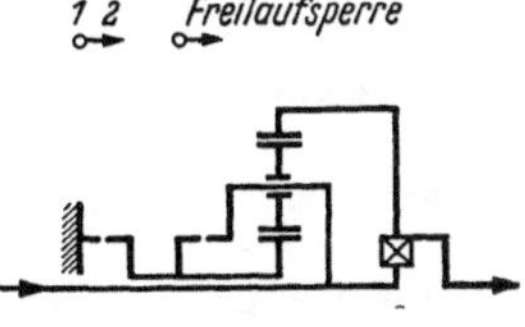

Abb. 74. Warner-Schnellgang.

Mit dieser Radialklauenbremse wird das Hochschalten ebenso durchgeführt wie mit der Abweisklauenkupplung 4.142. Als Doppelkupplung wird diese im kleineren Gang festgehalten, bis sie durch Gaswegnehmen entlastet wird. Eine Sicherung gegen gleichzeitiges Einschalten beider Gänge entfällt. Die Bremse Abb. 75 muß die genannten zusätzlichen Schaltsperren bekommen; der einfache Sperring *3* hat aber den Vorteil, daß er das ratschende Geräusch verhindert, das bei der Abweisklaue vom Augenblick der Gaswegnahme bis zum Einrücken bei Gleichlauf auftritt.

Zum Rückschalten wird der Schaltstift *1* aus dem Eingriff gezogen. Der Rückschaltbefehl — Unterschreiten der Bereitschaftsgeschwindigkeit oder kick-down — unterbricht kurzzeitig die Zündung, so daß die Klaue und der Schaltstift entlastet sind. Sobald der Schaltstift herausgezogen ist, wird die Zündung selbsttätig eingeschaltet, der Motor läuft hoch, bis bei Gleichlauf von Träger und Hohlrad der Freilauf die Kraftübertragung übernimmt. Das Rückschalten entspricht dem bei der Abweisklauenschaltung. Die nicht sinnfällige Bewegung des Gaswegnehmens ist jedoch vermieden und die Schaltzeit auf den geringstmöglichen Wert verkürzt.

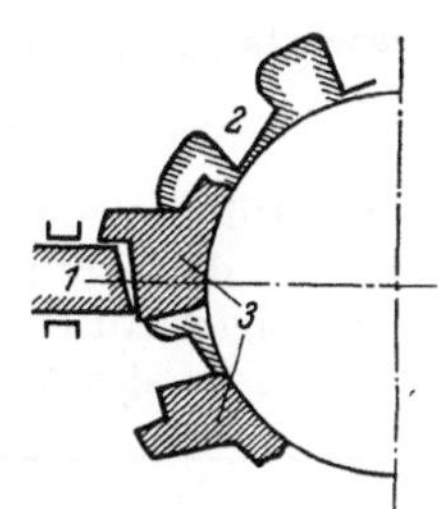

Abb. 75. Formschlüssige Bremse im Warner-Schnellgang.

Die Freilaufsperre wird durch axiales Verschieben des Sonnenrades in eine Innenverzahnung des Planetenträgers eingeschaltet. Im kleinen (direkten) Gang kann die Schaltsperre von Hand eingelegt werden. Für den Rückwärtsgang ist die Schaltbewegung für die Freilaufsperre mit der im Hauptgetriebe mechanisch gekuppelt.

4.23 Kraftschlüssige Bremsen und Kupplungen.

Das Schaltproblem ist bei Umlaufgetrieben das gleiche wie bei Standgetrieben, so daß ich auf die Bemerkungen unter 4.147 verweisen kann. Die Schaltung wird dadurch erleichtert, daß weitgehend Bremsen statt Kupplungen verwandt werden können; damit entfällt die Überleitung der Schaltbewegung und der Schaltkraft von einem feststehenden Teil in einen umlaufenden. Die Bremsen werden in der Regel kraftschlüssig ausgeführt als Band- oder Backenbremsen oder mit reibenden Stirnflächen, Ausführungsbeispiele s. unten. Werden für den Rückwärtsgang oder eine Parksperre formschlüssige Bremsen benutzt, gibt man den (meist radialen) Klauen oft eine Form, die eine schaltabweisende Wirkung hat.

4.231 Das Wilsongetriebe wird in der Anordnung Abb. 76 und ähnlichen als Personen-, Lastkraftwagen- und Omnibusgetriebe und, ohne den Rückwärtsgang, für Schienenfahrzeuge gebaut. Der Gang wird meist vom Fahrer durch Vorwählen bestimmt. Durch einen Fußhebel wird eine Federkraft freigegeben, durch die die vorgewählte Bremse angezogen wird.

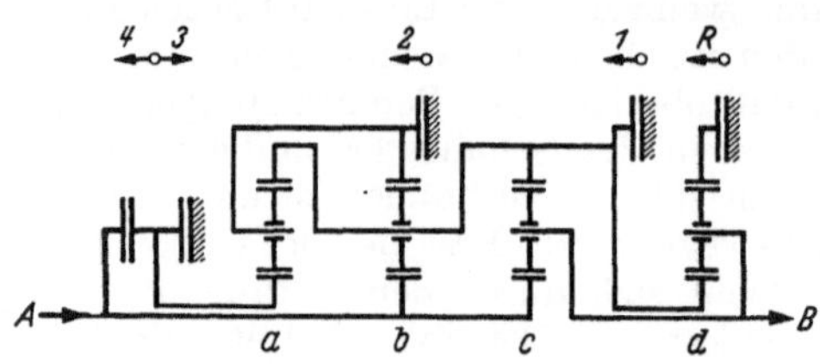

Abb. 76. Wilson-Getriebe für Personenkraftwagen.

Die Errechnung der Übersetzungen in zusammengesetzten Umlaufgetrieben ist nur auf den ersten Blick verwickelt. Nehmen wir zur Übung einmal an, das Getriebe Abb. 76 sei aus vier gleichen Umlaufgetrieben mit $z_H/z_S = 3$ aufgebaut. Dann gilt für jeden Teil a bis d nach Gl. (15)

$$3\,\omega_H + \omega_S = 4\,\omega_T\,.$$

Unter Beachtung der Kupplungen nach dem Schema ist dann

Erster Gang: $\omega_{Hc} = 0;\quad \omega_{Sc} = 4\,\omega_{Tc};\quad \omega_A = 4\,\omega_B;\quad \omega_A/\omega_B = i_{\mathrm{I}} = 4\,.$

Zweiter Gang: $\omega_{Hb} = 0;\quad \omega_{Sb} = 4\,\omega_{Tb};\quad \omega_A = 4\,\omega_{Hc}\,,$

$3\,\omega_{Hc} + \omega_{Sc} = 4\,\omega_{Tc};\quad 3/4\,\omega_A + \omega_A = 4\,\omega_B;\quad i_{\mathrm{II}} = 16/7\,.$

Dritter Gang: $\omega_{Sa} = 0;\quad 3\,\omega_{Ha} = 4\,\omega_{Ta};\quad 3\,\omega_{Tb} = 4\,\omega_{Hb}\,,$

$3/4\,\omega_{Tb} + \omega_{Sb} = 4\,\omega_{Tb};\quad \omega_A = 7/4\,\omega_{Hc}\,,$

$12/7\,\omega_A + \omega_{Sc} = 4\,\omega_{Tc};\quad 19/7\,\omega_A = 4\,\omega_B;\quad i_{\mathrm{III}} = 28/19\,.$

Vierter Gang: $\omega_{Sa} = \omega_A;\quad \omega_{Hb} = \omega_A;\quad \omega_A = \omega_B;\quad i_{\mathrm{IV}} = 1\,.$

Rückwärtsgang: $\omega_{Hd} = 0:\quad \omega_{Sd} = 4\,\omega_{Td};\quad \omega_{Hc} = 4\,\omega_B$

$12\,\omega_B + \omega_A = 4\,\omega_B\,,\qquad i_R = -8\,.$

Der Rückwärtsgang ist für einen Personenkraftwagen ungewöhnlich hoch übersetzt; dies kann man wohl kaum als Nachteil ansehen. Die Vorwärtsgänge in der obigen Auslegung a seien einmal mit Auslegung b nach Zahlentafel 7 und dem Getriebe des Mercedes 170 S, Auslegung c, verglichen

Auslegung	a	b	c
Erster Gang	4	4	4,025
Zweiter Gang	2,29	2,23	2,28
Dritter Gang	1,47	1,47	1,42
Vierter Gang	1	1	1

Man kann mit der Anordnung Abb. 76 auch beliebige andere Übersetzungen verwirklichen. Ein Gang ist mit $i = 1$ festgelegt. Für jeden weiteren Gang wird eine neue bisher nicht benutzte Übersetzung eingeschaltet, die frei wählbar ist.

Der Ausdruck „frei wählbar“ versteht sich bei Umlaufgetrieben nach Abb. 73 immer mit zwei Einschränkungen. Die erste ergibt sich aus übersichtlichen geometrischen Zusammenhängen. Die andre folgt aus der Überlegung, daß nach Wahl der Zähnezahlen für das Sonnenrad und die Planeten und der Stellung der Planeten auf dem Planetenträger die möglichen Zähnezahlen für das Hohlrad festgelegt sind, s. Zahlentafel 13, S. 77.

4.232 Das Umlaufgetriebe a in Abb. 77 unterliegt geringeren Beschränkungen, da durch Anordnung von zwei Hohlrädern zwei wählbare Getriebegrößen

z_{H1}/z_{P1} und z_{H2}/z_{P2} vorhanden sind. Bei dieser Form sind die Winkelgeschwindigkeiten gegen den Planetenträger

$$\omega_P' = z_{H1}/z_{P1} \cdot \omega_{H1}' = z_{H2}/z_{P2} \cdot \omega_{H2}'$$

und die Winkelgeschwindigkeiten gegen das Getriebegehäuse

$$z_{H1}/z_{P1} \cdot \omega_{H1} = z_{H2}/z_{P2} \cdot \omega_{H2} + (z_{H1}/z_{P1} - z_{H2}/z_{P2})\, \omega_T .$$

Bei dieser Anordnung läßt sich beispielsweise die Übersetzung 2 oder 1/2 verwirklichen, die der bisher behandelten verschlossen war.

Aus dem Umstand, daß das Gesamtgetriebe drei wählbare Getriebegrößen hat, folgt nun keineswegs, daß vier wählbare Gangübersetzungen vorliegen. Bei Abb. 77 handelt es sich um zwei selbständige Getriebe, die hintereinander geschaltet sind. Für solche Nachschaltgetriebe gilt die gleiche Beschränkung wie für zahnradarme Getriebe 4.133, die auch ebenso durch wechselweise Betätigung von zwei Schaltelementen geschaltet werden, nämlich

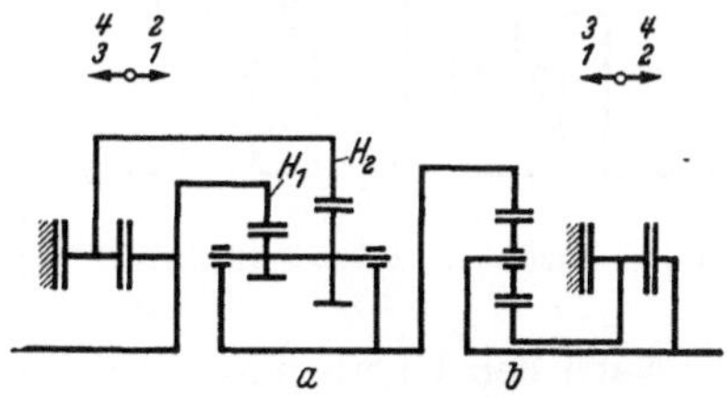

Abb. 77. Cotal-Getriebe für Schienenfahrzeuge.

$$i_{\mathrm{I}}\, i_{\mathrm{IV}} = i_{\mathrm{II}}\, i_{\mathrm{III}} .$$

4.233 Um drei wählbare Übersetzungen in einem Umlaufgetriebe unterzubringen, wurde die Anordnung Abb. 73 durch ein weiteres Sonnenrad und einen zweiten Planetensatz erweitert. Die Verbindung stellen in Abb. 78 die langen Planetenräder her, die außer mit der Sonne S_1 mit den Planeten der anderen Gruppe kämmen. Für das Ersatz-Standgetriebe gilt

$$\omega_{S1}' z_{S1} = \omega_H' z_H = -\omega_{S2}' z_{S2}$$

und für die absoluten Winkelgeschwindigkeiten

$$\frac{z_H}{z_{S1}} \omega_H = \left(\frac{z_H}{z_{S1}} - 1\right) \omega_T + \omega_{S1} ,$$

$$\frac{z_H}{z_{S2}} \omega_H + \omega_{S2} = \left(\frac{z_H}{z_{S2}} + 1\right) \omega_T .$$

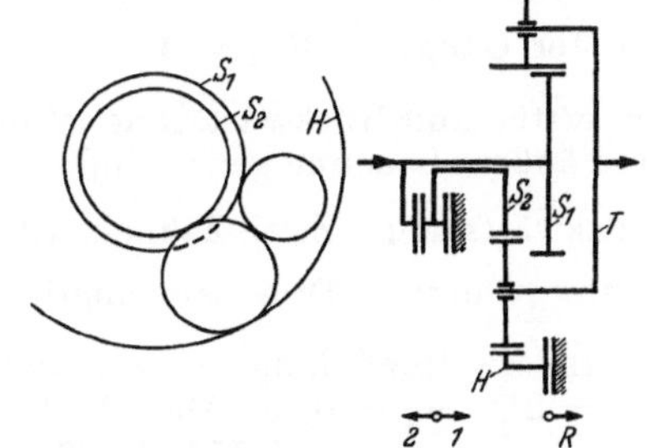

Abb. 78. Nachschaltgetriebe hinter Strömungswandlern. Dynaflow, Powerglide und Ultramatic.

Die letzte Beziehung entspricht Gl. (15), da es sich ja um die gleiche Anordnung handelt. — Es ist also eine vierte Leitung und eine zweite Bedingungsgleichung vorhanden, d. h. die Anzahl der Leitungen ist um eine gebundene Leitung erhöht. Antrieb und Abtrieb können bestehenbleiben. Geschaltet wird durch Stillsetzen der dritten und vierten Leitung und durch Kuppeln von zwei beliebigen Leitungen.

Bei der Schaltung Abb. 78 sind die Übersetzungen

$$i_{\mathrm{I}} = z_{S2}/z_{S1} + 1 ,$$

$$i_{\mathrm{II}} = 1 ,$$

$$i_R = -\left(\frac{z_H}{z_{S1}} - 1\right).$$

Mithin stehen zwei wählbare Zähnezahlverhältnisse zur Verfügung, so daß zwischen den Gangübersetzungen keine Zwangsbeziehungen bestehen.

4.234 Eine ähnliche Räderanordnung benutzt das Getriebe Abb. 79. Die langen Planetenräder stehen diesmal mit den kurzen Planeten, mit der einen Sonne und mit dem Hohlrad im Eingriff. Für die relativen und absoluten Winkelgeschwindigkeiten gelten die gleichen Beziehungen wie bei Abb. 78. Mit $z_H/z_{S1} = 2{,}44$ und $z_H/z_{S2} = 2$ — diese Getriebegrößen sind wählbar, da die drei Achsen nicht in einer Ebene zu liegen brauchen — ergeben sich aus den dargestellten Schaltungen

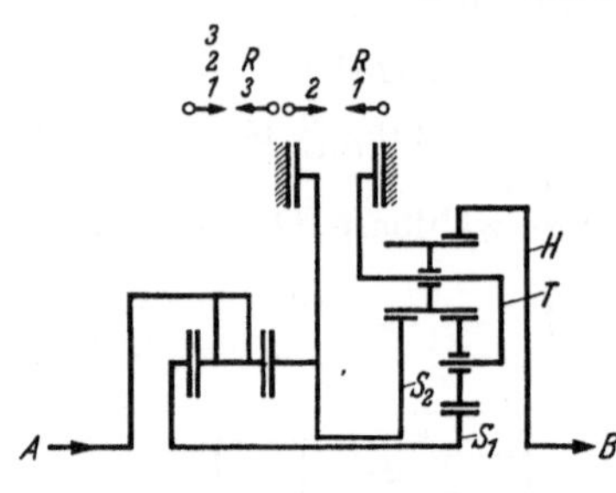

Abb. 79. Nachschaltgetriebe Ford-Mercury.

$$i_{\mathrm{I}} = z_H/z_{S1} = 2{,}44,$$

$$i_{\mathrm{II}} = z_H/z_{S1} - \frac{z_H}{z_{S2}} \frac{z_H/z_{S1} - 1}{z_H/z_{S2} + 1} = 1{,}48,$$

$$i_{\mathrm{III}} = 1,$$

$$i_R = -z_H/z_{S2} = -2.$$

Der Vergleich der beiden Abb. 78 und 79 zeigt, daß mit dem gleichen Aufwand an Zahnrädern durch Einbau einer Kupplung ein zusätzlicher Gang geschaffen ist. Da sich die Zahl der wählbaren Getriebegrößen nicht geändert hat, ist die Übersetzung des zusätzlichen Ganges nicht wählbar.

Nach den Überlegungen, die zu den Gln. (12) und (13) führten, können auch hier die Momente errechnet werden. Bequemer erhält man sie aus dem bekannten An- und Abtriebsmoment, das mit dem Moment der dritten Leitung, dem Stützmoment im Gleichgewicht sein muß. Vorzeichen beachten!

Rückwärtsgang: $M_{S2} = M_A = 1$; $M_H = M_B = 2$; $M_T = -3$.

Erster Gang: $M_{S1} = M_A = 1$; $M_H = M_B = -2{,}44$; $M_T = 1{,}44$,

Zweiter Gang: $M_{S1} = M_A = 1$; $M_H = M_B = -1{,}48$; $M_{S2} = 0{,}48$.

Dritter Gang: $M_{S1} = M_A = 1$; $M_H = M_B = -1$.

Im ersten und Rückwärtsgang ist der Planetenträger stillgesetzt, so daß die innere und äußere Leistung gleich sind.

Rückwärtsgang: Zwei Zahneingriffe; $V = (1 - 0{,}985^2) \approx 0{,}03$; $\eta_g = 0{,}97$.

Erster Gang: Drei Zahneingriffe; $V = (1 - 0{,}985^3) \approx 0{,}045$; $\eta_g = 0{,}955$.

Im zweiten Gang ist $\omega_{S2} = 0$, $\omega_{S1} = \omega_A = 1$, $\omega_H = 1/1{,}48 = 0{,}676$ und $\omega_T = 2/3 \cdot \omega_H = 0{,}45$. Die Winkelgeschwindigkeit des Ersatzstandgetriebes $\omega'_{S1} = \omega_{S1} - \omega_T = 0{,}55$. Mit $M_{S1} = 1$ ist die Zahnübertragungsleistung gleich 0,55. Da auch ω'_H und ω'_{S2} ungleich null, treten in drei Zahneingriffen Verluste auf.

Zweiter Gang: $V = 0{,}045 \cdot 0{,}55 = 0{,}025$; $\eta_g = 0{,}975$.

Dritter Gang: $V = 0$; $\eta_g = 1$.

Die Wirkungsgrade vermindern die oben angegebenen Abtriebsmomente M_B um 3,0 bzw. 4,5 bzw. 2,5%, so daß beispielsweise im zweiten Gang

$$M_{S1} = 1;\ M_H = -1{,}44;\ M_{S2} = 0{,}44.$$

4.24 Überblick über die Umlaufgetriebe, Bandbremsen.

In den Abschnitten 5 und 6 werden wir noch eine Anzahl Umlaufgetriebe kennenlernen, die alle ähnlich aufgebaut sind wie die dargestellten. Wenn ich auf die Beschränkungen hinwies, die sich für die Wahl der Gangübersetzungen ergeben, wenn man zusätzliche Gänge allein durch weitere Schaltungen schafft, so heißt dies nicht, daß ich ein Gegner der „zahnradarmen" Umlauf- oder Standgetriebe bin. Selbstverständlich soll der Getriebegestalter sich bemühen, die Übersetzungen, die sein Wagen braucht, mit möglichst geringem Aufwand zu erreichen. Mehrere Veröffentlichungen scheinen mir jedoch den Eindruck zu erwecken, als sei ein gutes Getriebe durch eine Vielzahl von Gängen bei möglichst wenigen Zahnrädern gekennzeichnet.

Bei Kupplung mehrerer Umlaufgetriebe besteht zuweilen die Möglichkeit, Getriebeteile gleich auszubilden, wie die Rechnung in 4.231 zeigte. Auch diese Frage sollte der Gestalter sorgfältig prüfen. Sie ist für den deutschen Getriebebau mit seinen verhältnismäßig kleinen Stückzahlen besonders wichtig.

Im Fahrzeuggetriebe werden zwei oder mehr gleichmäßig auf den Umfang verteilte Planetenräder verwandt. Um ein gleichmäßiges Tragen aller Zähne zu erzielen, sind mehrere Vorschläge gemacht und durchgeführt. Sie verwenden entweder bei der Montage nachstellbare Planeten oder federnde Zwischenglieder, die ein Ausweichen der Planeten zulassen. — Bei mehreren Planeten heben sich die Zahndrücke in den Lagern der Sonnenräder und des Planetenträgers auf. — Der mehrfache Zahneingriff verringert den Werkstoff- und Raumbedarf. — In dieser Hinsicht besonders günstig ist die Anordnung Abb. 73. Das Hohlrad ermöglicht außerdem eine billige Bremse, da die Bremstrommel durch das Hohlrad selbst gebildet wird. Diese Anordnung wird daher im Fahrzeuggetriebebau bevorzugt, wie eingangs erwähnt.

Als Bremse wird am meisten die einfache Bandbremse angewandt. Wir wollen dieses praktisch dem Umlaufgetriebe vorbehaltene Schaltelement an dieser Stelle betrachten, während wir die den Zahngetrieben gemeinsamen Bauteile im Abschn. 4.3 behandeln.

Das Federband in Abb. 80 wird durch die Feder und seine eigene Federkraft gespreizt und durch die Schaltkraft K_2 angezogen. Bei der eingezeichneten Drehrichtung ist die am Festpunkt angreifende Bandendkraft $K_1 = mK_2$ mit den Werten m nach Zahlentafel 9. Die Umfangsreibkraft $U_V = K_1 - K_2 = (m-1)K_2$ ergibt das Bremsmoment $M_V = R \cdot U_V$. — Bei Umkehr der Drehrichtung wird $K_2 = mK_1$ und $U_R = (1 - 1/m)K_2$ und $M_R = R \cdot U_R$. M_V verhält sich demnach zu M_R wie $m : 1$.

Zahlentafel 9. $m = e^{\mu\alpha}$ *in Abhängigkeit vom Reibbeiwert* μ *zwischen Bremsbelag des Federbandes und Bremstrommel für einige übliche Umschlingungswinkel* α *des Federbandes.*

α	252	270	350	630	710°
μ			$m =$		
0,10	1,55	1,60	1,84	3,0	3,5
0,15	1,93	2,03	2,51	5,2	6,4
0,20	2,41	2,56	3,39	9,0	12,0

Bei einfacher Umschlingung ergeben sich die auf der linken Seite der Zahlentafel 9 aufgeführten Umschlingungswinkel α. Der Reibbeiwert μ schwankt bei den in Spritzöl oder Öldunst laufenden Bremsen zwischen 0,1 und 0,2 je nach dem Bremsbelag auf dem Federband. Mit einem mittleren Beiwert $m = 2$ verhalten sich die Bremsmomente bei Vor- und Rücklauf wie 2 : 1. Da beim Hochschalten unter Vollgas das Bremsmoment M_V nicht nur zur Übertragung des Motorenhöchstmomentes, sondern auch zum Drücken der Motorendrehzahl ausreichen muß, ist die Bremse in der Lage, mit ihrem Bremsmoment M_R im Gefälle das volle Motorenbremsmoment zu übertragen.

Bei doppelter Umschlingung liegt das Bremsband auf dem $1^3/_4$- bis 2fachen Umfang an. Damit wächst das Verhältnis M_V/M_R auf 3 bis 12 an. Die Bandbremse bekommt die Charakteristik eines Freilaufs.

Für ein Zahlenbeispiel legen wir die Anordnung Abb. 79 zugrunde. Am Getriebeeingang stehen 80 PS = 6000 mkg/s bei 3820 U/min = 400 s^{-1} zur Verfügung. Das Vollastmoment M_A ist 6000/400 = 15 mkg, das maximale Moment $M_{A\,\max}$ sei 1,3 · 15 = 19,5 mkg. Im Augenblick des Hochschaltbeginnes vom ersten zum zweiten Gang ist — unter der Voraussetzung, daß die Bremse für den ersten Gang in diesem Augenblick völlig löst — an der Bremse für den zweiten Gang

$$\omega_{S2} = -2/2{,}44 \cdot 400 = -328\ \text{s}^{-1}; \quad M_{S2} = 0{,}44 \cdot 15 = 6{,}6\ \text{mkg}.$$

Am Ende des Schaltvorganges ist

$$\omega_{S2} = 0; \quad M_{S2} = 0{,}44 \cdot 19{,}5 = 8{,}6\ \text{mkg}.$$

Zu diesen Momenten von 660 bzw. 860 cmkg kommt noch das Moment aus dem Abbremsen des Motors von 400 s^{-1} auf 1,48/2,44 · 400 = 240 s^{-1} hinzu, das sich aus den Trägheitsmomenten und der Schaltzeit errechnen läßt. Die Rechnung ist jedoch wenig aufschlußreich, da die beste Schaltzeit sich nur aus Versuchen im Fahrzeug bestimmen läßt. Der Gestalter wird daher für die Versuchsausführung eine veränderliche Schaltkraft — auswechselbare Federn, Öldruckänderung usw. — vorsehen und die Bremse, wie die Hauptkupplung, zunächst für das doppelte Motorenmoment auslegen. Mit $M_V = 1500$ cmkg und einem Trommeldurchmesser von 200 mm ist $U_V = 150$ kg und bei $m = 2$ die Schaltkraft $K_2 = 150$ kg und die vom Festpunkt aufzunehmende Bandendkraft $K_1 = 300$ kg.

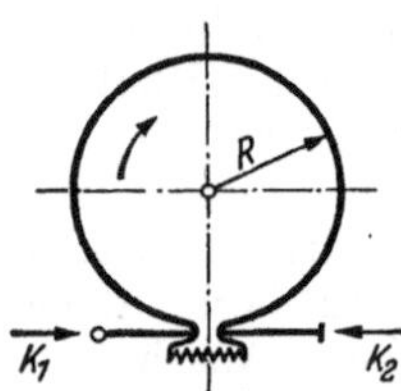

Abb. 80. Bandbremse.

Bei rechts treibendem Motor ist nach unserer Vereinbarung das Moment M_{S1} positiv, das Abtriebsmoment M_B negativ und das Stützmoment M_{S2} positiv. M_{S2} versucht also die Bremstrommel linksherum zu drehen, K_1 und K_2 müssen gegenüber Abb. 80 vertauscht werden. Bei rechts getriebenem Motor kehren sich alle Vorzeichen um. M_{S2} versucht die Trommel rechtsherum zu drehen. Das gleiche geschieht, wenn die beiden Kupplungen für den dritten Gang eingelegt werden. Der Rechtsdrehung setzt die Bremse ein $M_R = -750$ cmkg entgegen. Das vom Motor höchstfalls aufgebrachte Bremsmoment ist etwa — 1000 cmkg, mithin $M_B = M_H = 1480/0{,}97 = 1530$ und $M_{S2} = -530$ cmkg. Die Bremse für den zweiten Gang reicht also auch im Gefälle aus. Auf der anderen Seite ist die Freilaufwirkung gering; die Bremse muß gelöst werden, sobald die Kupplungen für den dritten Gang greifen.

Eine fühlbare Freilaufwirkung läßt sich erst durch Erhöhung von m auslösen. Bei $m = 6$ ist die Schaltkraft $K_2 = U_V\,(m-1) = 30$ kg und $K_1 = 180$ kg, wenn die Bremstrommel wieder mit $M_V = 1500$ cmkg gegen Linksdrehen gebremst wird. Dann ist $M_R = -250$ cmkg. Um den zweiten Gang auch im Gefälle voll wirksam zu machen, muß K_2 auf über das Doppelte erhöht werden (Erhöhung des Öldruckes o. ä.).

Die gleiche Freilaufwirkung erreicht man durch eine Differentialbandbremse Abb. 81. Die Bandendkraft K_1 wirkt an dem kürzeren Hebelarm a_1, K_2 an a_2. Die zusätzlich von außen aufzubringende Schaltkraft K ist nur noch $K_2 - K_1/x$, wenn man $x = a_2/a_1$ setzt. Mit den bisherigen Beziehungen und Bezeichnungen ist dann

$$U_V = \frac{m-1}{x-m}\,x\,K \quad \text{und} \quad U_R = \frac{m-1}{m\,x-1}\,x\,K.$$

Um mit der Differentialbremse mit $m = 2$ die Schaltkraft $K = U_V/5$ zu erreichen, muß $x = 2{,}5$ werden. Damit wird $U_V = 5\,K$, wie bei der doppelt umschlungenen Bremse, und $U_R = 5/8 \cdot K$. Die Freilaufwirkung wird also stärker. Die Gefahr bei der Differentialbremse liegt in der wechselnden Wirkung bei sich änderndem Reibwert μ — rauh werdender Bremsbelag, kaltes Getriebeöl. Steigt μ von 0,15 auf 0,2, ändert sich m von 2,03 auf 2,56 nach Zahlentafel 9. $(x - m)$ wird negativ, die Bremse selbstsperrend, sie setzt ruckartig ein, ohne daß es einer Schaltkraft K bedarf. Die Differentialbremse wird daher selten angewandt, z. B. um die großen Stützmomente beim Rückwärtsgang zu bewältigen. Es wird dann eine ausreichende Lösekraft vorgesehen, die die Bremse bei allen Betriebszuständen mit Sicherheit löst. Außerdem macht man den Lüftweg $s = \alpha l$ größer, so daß die radiale Bandlüftung $l \geqq 1$ mm wird, während man sich sonst mit dem sicheren Ausgleich der elastischen Verformung begnügt und ein leichtes Anliegen des entspannten Bremsbandes an einer Stelle in Kauf nimmt.

Für die einfache Bandbremse mit $m = 2$ ist noch die Breite B festzulegen. Man geht hier entweder von der größten Flächenpressung $p = K_1/RB$ oder einem Kennwert $C = p\mu v$ aus. Beide Werte sind, ebenso wie μ, stark von der Wahl des Bremsbelages abhängig und vom Hersteller zu erfragen. Mittlere zulässige Werte sind für Gangbremsen mit Bandbelägen aus Metall- oder Asbestfasergeweben $p = 10$ kg/cm² und $C = 40$ (p in kg/cm² und $v = v_{\max}$ in m/s).

Für $B = 4$ cm ist $p = 300/40 = 7{,}5$ kgcm².

$v_{\max} = R\omega_{S2} = 0{,}1 \cdot 328 = 32{,}8$ m/s; $C = 7{,}5 \cdot 0{,}15 \cdot 32{,}8 = 37$.

Eine Nachrechnung auf Erwärmung und Verschleiß wird im allgemeinen nicht für nötig gehalten.

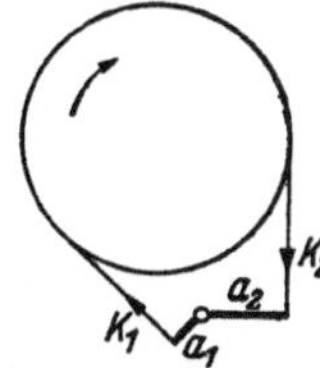

Abb. 81. Differential-Bandbremse.

4.3 Einige Einzelteile und ihre Berechnung.

4.31 Zahnräder.

Es tut mir leid, zu Beginn dieses Abschnittes erklären zu müssen, daß trotz aller Forschung die Spannungen in den Zahnrädern und die Bewegungen, die zur Geräuschbildung führen, voller Geheimnisse sind.

Zunächst eine Aufstellung der wichtigsten Normblätter:

DIN 780 Zahnräder, Modulreihe
867 Zahnform für Stirnräder und Kegelräder
868 Zahnräder, Begriffe, Bezeichnungen, Kurzzeichen
869 Blatt 1, Zahnräder, Richtlinien für die Bestellung von Stirnrädern
870 Zahnräder, Profilverschiebung bei Evolventenverzahnung
3960 Bestimmungsgrößen und Fehler an Stirnrädern
3961 und 3962 Entwurf. Toleranzen für Stirnräder mit Evolventenverzahnung nach DIN 867

4.311 Geradzahn-Stirnräder. *4.3111 Geometrie des Einzelzahnes.* Genormt ist in DIN 867 das Bezugsprofil mit $\alpha_0 = 20°$ Eingriffswinkel, der gemeinsamen Zahnhöhe $h = 2\,m$ (m = Modul in mm nach DIN 780) und einem Kopfspiel $S_K = 0{,}1$ m bis 0,3 m. Bei weniger als 17 Zähnen stellt sich bei Geradzahn-Stirnrädern, mit denen wir uns zunächst beschäftigen, ein „Unterschnitt" ein, Abb. 82. Um ihn zu vermeiden, wird die Mittellinie des Bezugsprofils vom Teilkreis mit dem Durchmesser $D_0 = mz$ abgerückt. Die Profilverschiebung $X = mx$ ist in dem in Abb. 83 und 84 gezeichneten Sinne positiv. Unter die „rechnerische Unterschnittsgrenze" bei 17 Zähnen setzt DIN 870 die „praktische Unterschnittsgrenze" bei 14

Zähnen und demgemäß den erforderlichen Profilverschiebungsfaktor

$$x = \frac{14 - z}{17}.$$

DIN 870, das auch Angaben über die 15°-Evolventenverzahnung enthält, ist auch heute noch gültige Grundlage für den Gestalter, lediglich die Auffassung über die Profilverschiebung, die Korrektur, hat sich gewandelt. Je mehr man dazu überging, die Zähne im Abwälzverfahren herzustellen, war man geneigt, die Profilverschiebung nicht als unvermeidliches Übel bei kleinen Zähnezahlen anzusehen, sondern sie zur Erhöhung der Festigkeit anzuwenden. Dadurch entsteht aus dem normgemäß korrigierten Zahn Abb. 83 der hochkorrigierte Zahn Abb. 84, der wegen seines stärkeren Zahnfußes offensichtlich bruchfester ist. Da die Evolventenstücke in der Nähe des Grundkreises (Durchmesser $D_g = D_0 \cos\alpha_0$) wegen der relativ kleinen und stark veränderlichen Krümmungsradien schwer genau herzustellen sind, versucht man gern, den Zahn so weit zu korrigieren, daß am Eingriff nur die flacher gekrümmten Teile der Evolvente beteiligt sind. Der positiven Korrektur setzt das Spitzwerden der Zähne eine Grenze; weitere Grenzen sehen wir später.

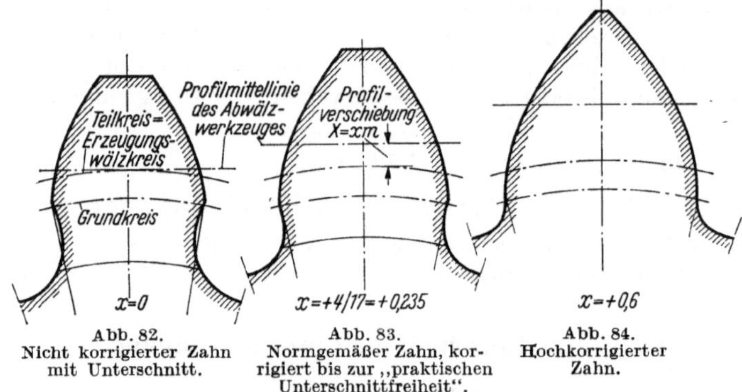

Abb. 82. Nicht korrigierter Zahn mit Unterschnitt.

Abb. 83. Normgemäßer Zahn, korrigiert bis zur „praktischen Unterschnittfreiheit".

Abb. 84. Hochkorrigierter Zahn.

Abb. 82 bis 84. Zahnbild eines Zahnrades mit 10 Zähnen. Herstellung ebenso wie bei den folgenden Zahnbildern mit einem geradflankigen Abwälzwerkzeug für 0,2 m Kopfspiel nach DIN 867.

Am „Einheitsrad" mit dem Modul $m = 1$ ist für $\alpha_0 = 20°$,

Halbmesser des Grundkreises $r_g = 0{,}47\,z$,

Halbmesser des Teilkreises $r_0 = 0{,}5\,z$,

Halbmesser des Fußkreises $r_f = 0{,}5\,z - 1{,}2 + x$,

Halbmesser des wirksamen Fußkreises $r'_f = 0{,}5\,z - 1 + x$,

Halbmesser des Kopfkreises $r_k = 0{,}5\,z + 1 + x - k'$,

Halbmesser des Betriebswälzkreises $r_w = r_t \dfrac{\cos\alpha_0}{\cos\alpha} = 0{,}47\,z/\cos\alpha$,

Kopfkürzung k' (bei V-Getrieben) $\leq k$ nach Gl. (19).

Die für die Zahnfußbeanspruchung wichtige Zahnfußstärke s_f ergibt sich mit den Bezeichnungen Abb. 85 und folgende, wenn man eine rechnerische Zahnfußstärke s_f am Fußkreis zugrunde legt, zu

$$s_f = 2\,r_f\,\beta_f\,,$$

$$\beta_f = \beta_g \text{ für } r_f \leq r_g \text{ (Minderung bei Unterschnitt)}$$

$$\beta_f = \beta_g - \sqrt{(r_f/r_g)^2 - 1} + \operatorname{arc\,tg}\sqrt{(r_f/r_g)^2 - 1} \text{ für } r_f > r_g\,,$$

$$\beta_g = \pi/2\,z + 0{,}01490 + 0{,}728\,x/z\,.$$

Nach Pulsatorversuchen [*50*] ist es richtiger, die Fußstärke in Höhe der Kopflinie des Bezugsprofiles zu messen. Diesen Wert von s_f' erhält man, indem man in die obigen Gleichungen r_f' für r_f setzt.

4.3112 Geometrie der Paarung. Die „Nullräder" mit $x = 0$ und die „V-Räder" mit Profilverschiebung werden zusammengesetzt zu

Nullgetrieben — zwei Nullräder, $x_1 = x_2 = 0$,

V-Nullgetrieben — ein außenverzahntes V_{plus}-Rad mit einem außenverzahnten V_{minus}-Rad, wobei $x_1 + x_2 = 0$, oder ein außen- und ein innenverzahntes Rad mit $x_2 - x_1 = 0$.

V-Getriebe — alle anderen Paarungen.

Der Achsabstand $A = ma$ ist bei Null- und V-Nullgetrieben gleich der Summe der Teilkreishalbmesser, am „Einheitsrad" mit dem Modul $m = 1$ also

$$a_0 = 0{,}5\,(z_1 + z_2)\,. \tag{16}$$

Bei V-Getrieben werden die Achsen zunächst um den Wert $x_1 + x_2$ auseinandergeschoben und um k zueinander gerückt, um spielfreien Lauf zu erzielen. Der Achsabstand ändert sich auf

$$a_v = 0{,}5\,(z_1 + z_2) + x_1 + x_2 - k\,, \tag{16a}$$

k ist nach den Näherungsgleichungen DIN 870 zu ermitteln oder nach den unten genannten Gleichungen. Der Betriebseingriffswinkel α stimmt nicht mehr mit dem Erzeugungseingriffswinkel α_0 überein, der Erzeugungswälzhalbmesser = Teilkreishalbmesser r_0 nicht mit dem Betriebswälzhalbmesser r_w, während der Grundkreishalbmesser $r_g = r_0 \cos\alpha_0$ unverändert bleibt. Am Einheitsrad ist

$$\text{ev}\alpha = \text{tg}\,\alpha - \alpha = 2\,\text{tg}\,\alpha_0 \frac{x_1 + x_2}{z_1 + z_2} + \text{ev}\alpha_0 \tag{17}$$

oder, wenn man die Zahlenwerte für $\alpha_0 = 20° = 0{,}34907$, $\text{tg}\,\alpha_0 = 0{,}36397$ und $\text{ev}\alpha_0 = 0{,}01490$ einsetzt

$$\text{ev}\alpha = 0{,}72794 \frac{x_1 + x_2}{z_1 + z_2} + 0{,}01490\,,$$

$$\cos\alpha = \frac{\alpha_0}{\alpha_v} \cos\alpha_0\,, \tag{18}$$

$$k = x_1 + x_2 - \frac{z_1 + z_2}{2}\left(\frac{\cos\alpha_0}{\cos\alpha} - 1\right). \tag{19}$$

Der Wert der Evolventenfunktion $\text{ev}\,\alpha$ ist aus Zahlentafeln zu entnehmen[1] oder nach $\text{ev}\,\alpha = \text{tg}\,\alpha - \alpha$ aus Kreisfunktionstafeln in den bekannten Handbüchern zu errechnen.

Weitere für die Zahnbemessung wichtige Größen erhält man aus der Betrachtung der Paarung im Doppel- und Einzeleingriffspunkt Abb. 85 und 86. Ein Eingriff, eine Berührung der Zahnflanken, ist nur auf der gemeinsamen Tangente an die Grundkreise (der Eingriffsgeraden) möglich. Die Eingriffsstrecke E_1E_2 wird durch den Wälzpunkt C in die durch den Kopfkreis des Kleinrades *1* bestimmte Strecke $e_1 = CE_1$ und $e_2 = CE_2$ geteilt.

$$e_1 = \sqrt{r_{k1}^2 - r_{g1}^2} - r_{w1} \sin\alpha$$

höchstens jedoch $e_{1\,\text{max}} = r_{w2} \sin\alpha$ (Minderung bei Unterschnitt).

[1] Zum Beispiel Buckingham-Olah: Stirnräder mit geraden Zähnen, Berlin 1932, oder J. Peters: Sechsstellige Werte der Kreis- und Evolventenfunktionen von Hundertstel zu Hundertstel des Grades nebst einigen Hilfstafeln für die Zahnradtechnik. Bonn 1951.

Die Werte für das Großrad *2* ergeben sich durch Vertauschung der Indizes. Die Eingriffsteilung E_2D ist beim Einheitsrad $t_e = \pi \cos \alpha_0 = 2{,}952$. Daraus die rechnerische Überdeckung

$$\varepsilon = \frac{e_1 + e_2}{t_e}. \tag{20}$$

Die Zahnfußbeanspruchung des Rades *1* ist im Doppeleingriffspunkt am größten. Der Biegehebelarm $l_1 = M_1F_1$,

$$l_1 = \frac{r_{g1}}{\cos(\alpha + \delta_1)} - r_{f1} \,(\text{bzw. } l_1' \text{ mit } r_{f1}' \text{ statt } r_{f1}), \tag{21}$$

$$\alpha + \delta_1 = \frac{r_{w1} \sin \alpha - e_2 + t_e}{r_{g1}} - \beta_{g1}.$$

Die Flankenpressung ist am größten, wenn der mittlere Krümmungshalbmesser ϱ am kleinsten ist, also im Einzeleingriffspunkt, wenn der rechte Ritzelzahn bei E_1

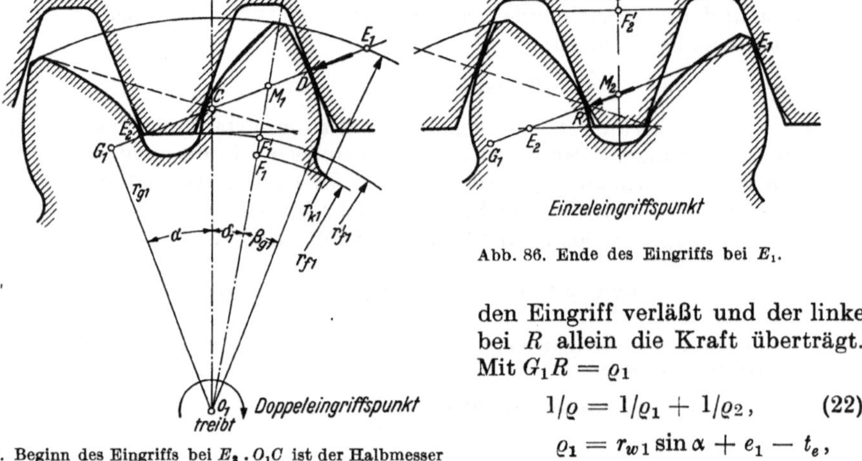

Abb. 85. Beginn des Eingriffs bei E_2. O_1C ist der Halbmesser r_{w1} des Betriebswälzkreises für das treibende Ritzel.

Abb. 86. Ende des Eingriffs bei E_1.

den Eingriff verläßt und der linke bei R allein die Kraft überträgt. Mit $G_1R = \varrho_1$

$$1/\varrho = 1/\varrho_1 + 1/\varrho_2, \tag{22}$$

$$\varrho_1 = r_{w1} \sin \alpha + e_1 - t_e,$$

$$\varrho_2 = r_{w2} \sin \alpha + t_e - e_1.$$

4.3113 Berechnung aus der Verzahnungsgeometrie. Von diesen noch verhältnismäßig übersichtlichen geometrischen Zusammenhängen ausgehend, betrachtete man die Verzahnung vornehmlich unter folgenden vier Gesichtspunkten:

1. Rechnerische Überdeckung nach Gl. (20). Mit größer werdender Bearbeitungsgenauigkeit nahmen die als erforderlich erachteten ε-Werte ab, und zwar von 1,3 (besser 1,5) im älteren Schrifttum auf neuerdings 1,1.

2. Schlupf. Senkrecht zur Eingriffsstrecke hat die Ritzelflanke die Geschwindigkeit $v_1 = \varrho_1\omega_1$. Die beiden Flanken gleiten mit der Geschwindigkeit $v_1 - v_2$ aufeinander. Theoretisch ist die Abnutzung der Zahnflanken und die Reibung der verhältnismäßigen Gleitgeschwindigkeit, dem spezifischen Schlupf

$$\frac{v_1 - v_2}{v_1} = \frac{\varrho_1 z_2 - \varrho_2 z_1}{\varrho_1 z_2} \quad \text{und} \quad \frac{v_2 - v_1}{v_2} = \frac{\varrho_2 z_1 - \varrho_1 z_2}{\varrho_2 z_1} \tag{23}$$

proportional. Hierbei sind ϱ_1 und ϱ_2 im Gegensatz zu Gl. (22) die während des Eingriffs wechselnden Krümmungshalbmesser der beiden Räder. Der Schlupf ist im Wälzpunkt C null und erreicht die größten (negativen) Werte im Punkt E_2 für Rad *1* und im Punkt E_1 für Rad *2*. Durch die Korrektur kann man den Schlupf beeinflussen, z. B. gleiche negative Schlupfwerte am Anfang und Ende der Eingriffstrecke erzielen.

3. Bruchfestigkeit. Zahnbrüche treten als Gewalt- und Dauerbrüche auf, und zwar vorwiegend an der gezogenen Seite des Zahnfußes. Vernachlässigt man nach BACH[1] die Schubbeanspruchung gegenüber der Biegebeanspruchung, so muß man eine Überschreitung der zulässigen Biegespannung für einen Bruch verantwortlich machen. Mit der Umfangskraft U in kg und den Werten für s_f oder s_f' nach S. 62 und l oder l' aus Gl. (21) ist die Biegebeanspruchung

$$\sigma_{b1} = \frac{U}{m\, b\, w_{b1}} \quad [\text{kg/mm}^2], \qquad (24)$$

$$w_{b1} = \frac{s_{f1}^2}{6\, l_1} \frac{\cos\alpha}{\cos(\alpha + \delta_1)}.$$

Die Zahnformwerte der Biegung w_{b1} und w_{b2} sind von der Profilverschiebung weitgehend abhängig. Sofern auf höchste Bruchfestigkeit korrigiert werden soll, müßten sich die Biege-Zahnformwerte verhalten wie die zulässigen Spannungen, bei gleichen Werkstoffen beider Räder also gleich sein.

4. Abnutzungsfestigkeit. Zur Vermeidung der Grübchenbildung und zu großen Gleitverschleißes wird empfohlen, eine von mehreren Faktoren abhängige zulässige Wälzpressung K nicht zu überschreiten. Die größte Wälzpressung tritt am Kleinrad auf, und zwar, wie wir sahen, im Einzeleingriffspunkt Abb. 86. Setzt man nur diese in Rechnung, ist

$$K = \frac{U}{m\, b\, w_k} \leqq K_{\text{zul}} \quad [\text{kg/mm}^2], \qquad (25)$$

$$w_k = 2\, \varrho \cos\alpha, \qquad (25\text{a})$$

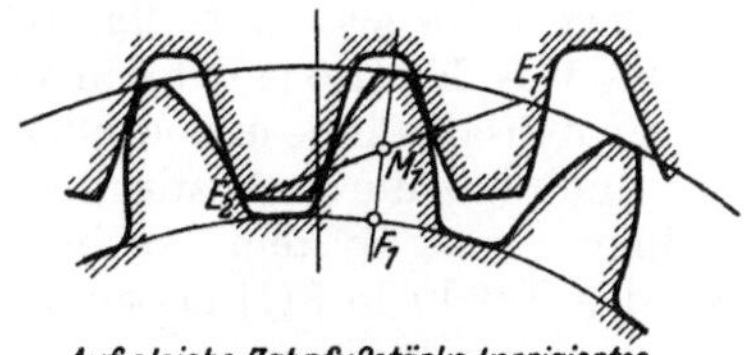

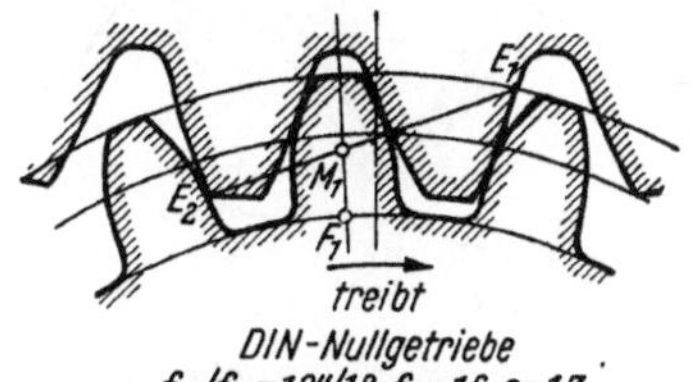

Abb. 87. 19 und 100 Zähne. Die Profilverschiebung auf gleiche Zahnfußstärke ergibt Räder ungleicher Bruchfestigkeit. f_b Kennzahl der Bruchfestigkeit (Zahnfußfestigkeit), f_w Kennzahl der Abnutzungsfestigkeit (Sicherheit gegen Grübchenbildung), ε Überdeckungsgrad.

ϱ nach (22) wird vornehmlich bestimmt durch den kleineren Krümmungshalbmesser ϱ_1. Dieser wächst mit positiver Korrektur des Kleinrades.

4.3114 Einige Profilverschiebungssysteme. Die verschiedenen Korrektursysteme, von denen ich nachfolgend zwei V-Null- und zwei V-Systeme anführe, gehen durchweg von der Annahme aus, daß zwei gleiche Werkstoffe gepaart werden. Um das bei dieser Paarung besonders bruchgefährdete Kleinrad zu kräftigen, wird dieses positiv korrigiert. Damit wächst immer auch die Abnutzungsfestigkeit.

Die in VDE-Norm 3226 festgelegte Verzahnung ist ein V-Nullgetriebe mit $x_1 = +0{,}5$ und $x_2 = -0{,}5$. Bei Fahrzeuggetrieben, deren Übersetzung zum großen Teil zwischen 1 und 2 liegt, ist die Anwendungsmöglichkeit dieses ursprünglich für Bahnmotorengetriebe geschaffenen Systems sehr beschränkt.

LENTZ [*44*] empfiehlt ein V-Nullgetriebe, bei dem auf gleiche Zahnfußstärke korrigiert wird. Die Verschiedenheit des Biegehebelarmes ist nicht berücksichtigt. Diese Vereinfachung ist theoretisch bei größeren Übersetzungen nicht ohne Bedenken, wie Abb. 87 zeigt. In den Abb. 87 bis 89, die dem Gestalter eine gewisse

[1] Hütte I. Bd. S. 702. 27. Aufl. Berlin 1941. Die Grenze, oberhalb derer die Biegebeanspruchung maßgebend ist, liegt danach bei $l = 0{,}325\, s_f$.

Vorstellung von der Änderung der Zahnprofile durch die Korrektur vermitteln sollen, sind statt der Beiwerte w_{b1} und w_{b2} nach (24) und w_k nach (25) Kennzahlen verwandt, die auch den Einfluß der Zähnezahl umfassen, s. Abb. 95. Sie dienen hier als Vergleichswerte für die Biege- und Abnutzungsfestigkeit. Das korrigierte Kleinrad Abb. 87 ist fast doppelt so biegefest wie das Nullrad. Durch die Korrektur $x_2 = -0{,}6$ ist aber das Großrad so geschwächt, daß die Biegefestigkeit der korrigierten Paarung nur 27% über dem Nullgetriebe liegt. Gleiche Biegefestigkeit beider Räder erhält man bei $x_1 = +0{,}34$ und $x_2 = -0{,}34$. Dieses V-Nullgetriebe ist mit $f_{b1} = f_{b2} = 1{,}56$ um 50% biegefester als das Nullgetriebe.

Das V-Nullgetriebe hat den Vorteil, daß die Achsabstände unverändert bleiben, und daß durch Festlegung *einer* Bedingung das System bestimmt ist. Aus den Tafeln in [*44*] lassen sich für alle Zähnezahlen Kopf- und Fußstärken, Profilverschiebung, Biegebeanspruchung, Flankenpressung und kleinstes spezifisches Gleiten ablesen. Sie sind auch für den Gestalter von Wert, der die Korrektur auf gleiche Fußstärke im V-Nullgetriebe nicht wählt.

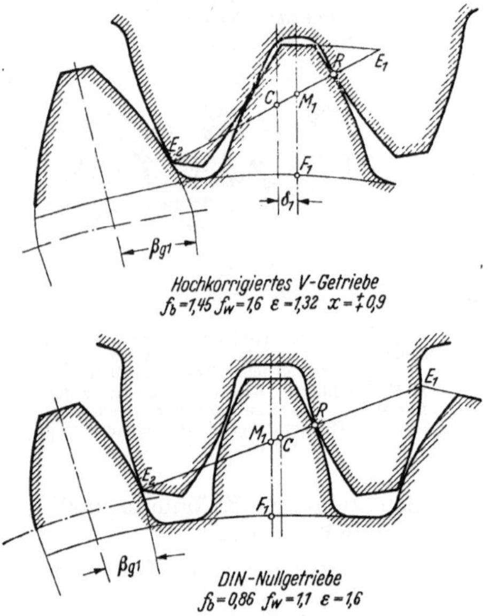

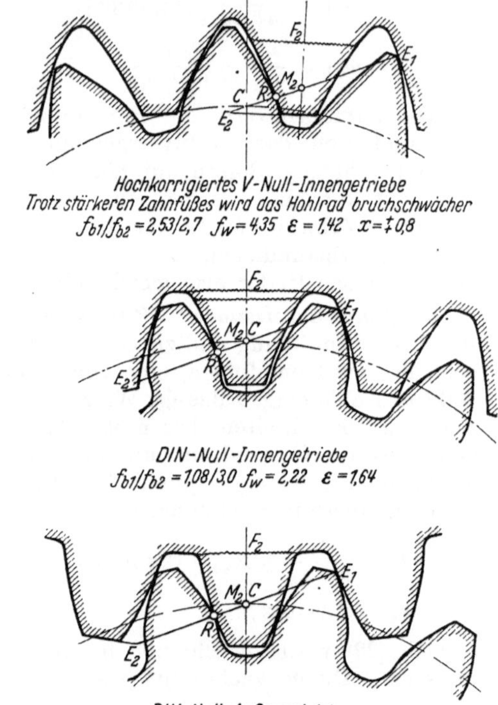

Hochkorrigiertes V-Getriebe
f_b = 1,45 f_w = 1,6 ε = 1,32 x = ±0,9

DIN-Nullgetriebe
f_b = 0,86 f_w = 1,1 ε = 1,6

DIN-Null-Außengetriebe
f_{b1}/f_{b2} = 1,07/1,8 f_w = 1,57 ε = 1,62

Abb. 88. 25 und 25 Zähne.

Abb. 89. 16 und 50 Zähne.

Der Nachteil des V-Nullgetriebes liegt darin, daß bei den kleinen Übersetzungen des Fahrzeuggetriebes die Vorteile der Profilverschiebung nicht ausgenutzt werden. Bei $i = 1$ wird das V-Nullgetriebe (immer bei gleichem Werkstoff) nicht korrigiert, ist also ein Nullgetriebe. Aus dem Beispiel Abb. 88 ergibt sich, daß im V-Getriebe Bruch- und Abnutzungsfestigkeit wesentlich erhöht werden können — hier um 70 bzw. 40%.

Bei Innengetrieben liegen die Verhältnisse insofern anders, als gleiche Profilverschiebung zu V-Nullgetrieben führt. Die gleich große positive Korrektur verstärkt beim Kleinrad wie beim Hohlrad den Zahnfuß. Trotzdem kann, wie Abb. 89 zeigt, das Hohlrad bruchschwächer werden, weil der Kraftangriff im Einzeleingriffspunkt erheblich zum Zahnkopf rückt. Die höchste Biegebeanspruchung liegt jetzt nicht mehr beim Übergang zur Fußausrundung. Bemerkenswert ist, daß bei dem Übergang vom Null-Außen- auf Null-Innengetriebe sich Beginn und Ende des Eingriffs kaum ändern. Da aber beim Innengetriebe die Flankenkrümmungen in der gleichen Richtung liegen, steigt die Abnutzungsfestigkeit um 40%. Das Ritzel bleibt gleich, daher auch die Bruchfestigkeit der Paarung. Erst durch die Korrektur steigt auch diese, so daß das Innengetriebe etwa die $2^1/_2$fache Umfangskraft ertragen kann.

Das V-Getriebe braucht eine weitere Bedingung, um definiert zu sein. Die bekannte Maag-Verzahnung korrigiert so, daß einmal die Größtwerte des Schlupfes an den Enden der Eingriffsstrecke etwa gleich werden und zum anderen der Fuß des Ritzels etwas stärker ist als der des Großrades. Die Verschiedenheit der Biegehebelarme wird auch hier nicht berücksichtigt.

Das V-X-Getriebe geht aus von dem Achsabstand des Nullgetriebes. Die Zähnezahl wird um 1, 2 oder 3 Zähne verringert, so daß das V-1-, V-2- und V-3-Getriebe entsteht. Durch Wahl des Achsabstandes und der Zähnezahl ist die Summe der Profilverschiebungen $x_1 + x_2$ bestimmt. Als zweite Bedingung wird für die V-3-Verzahnung in [*48*] vorgeschlagen, das Kleinrad so weit zu korrigieren, daß $r_f = r_g$ wird. Daraus ergeben sich die Profilverschiebungen nach Zahlentafel 10

Zahlentafel 10. *Profilverschiebungen am Kleinrad. Fußkreis gleich Grundkreis.*

z_1	12	13	14	15	16	17
x_1	0,84	0,81	0,78	0,75	0,72	0,69

In [*48*] ist für die in der Zahlentafel genannten Zähnezahlen des Kleinrades und die Übersetzungen $i = 2$ bis 10 die Biegebeanspruchung (mit Berücksichtigung des Biegehebelarmes), die Flankenpressung und der Größtwert des spezifischen Schlupfes ausgerechnet und mit den Werten des Nullgetriebes und des V-Nullgetriebes nach VDE 3226 verglichen. Offenbar liegen die Vorteile auch dieses Korrektursystems im Gebiet größerer Übersetzungen.

4.3115 Berechnung der gehärteten Getrieberäder. Außer der Maag-Verzahnung sind die genannten Korrektursysteme mit normgerechten Werkzeugen durchzuführen. Es sind aber auch Vorschläge gemacht, von der 20°-Verzahnung abzugehen und den Eingriffswinkel auf 15° zu ermäßigen oder ihn auf 30° zu erhöhen. Wenn ich entgegen meiner bisherigen Übung Stellung nehme, so beziehen sich meine Bemerkungen ausschließlich auf Fahrzeughauptgetriebe. Ich halte diesen Abschnitt über Zahnräder so ausführlich, wie es im Rahmen dieses Bandes noch vertretbar ist, um dem Konstrukteur die Möglichkeit zu geben, die vielen Vorschläge über Berechnung und Profilverschiebung und auch meine Anmerkungen kritisch zu beurteilen und eigene Beobachtungen einzugliedern.

Fahrzeuggetriebe sind hoch belastete oder besser hoch belastbare Präzisionsgetriebe. Die dynamische Zahnkraft als Folge der Zahnfehler kann gegenüber der sogenannten statischen Kraft aus dem höchsten Motorenmoment vernachlässigt werden. Welcher Zuschlag zu diesem zu machen ist für außergewöhnliche Beanspruchungen durch hartes Bremsen und Kuppeln, richtet sich vornehmlich nach der Bemessung der Hauptkupplung, die in der Regel das doppelte Motorenhöchstleistungsmoment übertragen kann. Für die Flanken- und Dauerbruchfestigkeit erscheint es ausreichend, das Motorenhöchstmoment M_3 ohne weitere Sicherheitszuschläge zugrunde zu legen. Eine Nachrechnung auf Sicherheit gegen

Gewaltbruch erübrigt sich, da die in Zahlentafel 15 genannten Werte der dauernd ertragenen Schwellspannung $\sigma_{v\,UrD}$ genügend weit unter der Fließgrenze liegen. Bei Rädern, deren Zähne nach beiden Seiten im steten Wechsel gebogen werden (Zwischenräder auf der Kehrwelle, Planetenräder), ist die Wechselfestigkeit $\sigma_{v\,WD} \approx 0{,}75\,\sigma_{v\,UrD}$ einzusetzen.

Ohne Härtung der Zähne kommt man selten aus. Es ist zu hoffen, daß die Entwicklung des Brenn- und Induktionshärtens den Härteverzug so gering werden läßt, daß das Schleifen der Zähne wenigstens für die wenig benutzten Gänge entbehrt werden kann. Als Faustregel wird angegeben, daß die Brenn- oder Induktionshärtung die Gesamtherstellkosten um 10% erhöht und die Belastbarkeit auf das Zwei- bis Dreifache steigert. Gehärtete Stähle haben eine Brinellhärte von 450 bis 650 kg/mm² (47 bis 63 Rockwellhärte) gegenüber 150 bis 200 kg/mm² bei ungehärteten (s. Zahlentafel 14, S. 79). Damit wird die Wälzfestigkeit so groß, daß in der Regel nicht der Gleitverschleiß und die Grübchenbildung die Grenze für die Belastbarkeit bilden.

Die Berechnung der gehärteten Zähne hat daher in erster Linie die Zahnfußfestigkeit zur Grundlage. Die Korrektur zielt in erster Linie auf ihre Erhöhung. Unsere Kenntnis über die Spannungsverteilung in gehärteten Zähnen ist noch mangelhaft, ebenso über den Einfluß der Kernfestigkeit im Zahnfuß, der Einhärtetiefe, über das beste Verhältnis dieser beiden Größen, der Kaltverformung, des Hochtrainierens, der Abnahme der Wechselfestigkeit gegenüber der Schwellfestigkeit u. a. m. — Nach Versuchen [*56*] ist der Einfluß der Fußausrundung gering, dagegen kann durch Polieren des Zahngrundes die Festigkeit um 40% gesteigert werden.

Durch Mithärten des Zahngrundes steigt die Bruchfestigkeit; jedoch bringt eine Erhöhung der Brinellhärte am Zahnfuß über 300 kg/mm² kaum eine weitere Steigerung der Zahnfußfestigkeit [*56*]. — Die Stärke des Zahnkranzes und des Steges ist für die Belastbarkeit ohne Bedeutung, solange sie nicht unter 1,6 m sinkt.

Der Einfluß des Überdeckungsgrades und somit der Zähnezahl des Gegenrades auf die Zahnfußtragfähigkeit ist zur Zeit noch nicht genügend geklärt. Die Berechnung der Zahnfußfestigkeit nach NIEMANN ([*56*], hier auch Angaben über die durchgeführten Pulsator- und Laufversuche), die im folgenden übernommen wurde, legt daher einen Beiwert q_v fest, der nur von der Zähnezahl und der Profilverschiebung des betrachteten Rades abhängig, von der Paarung also unabhängig ist. Abb. 94 (Tasche) enthält die Kehrwerte $w_v = 1/q_v$, so daß mit höherem Zahnformbeiwert w_v die Belastbarkeit wächst[1]. Die Rechnung berücksichtigt die Biegespannung σ_b, die Druckspannung σ_d und die Schubspannung τ und bildet daraus die Vergleichsspannung

$$\sigma_v = \sqrt{(\sigma_b + \sigma_d)^2 + (2{,}5\,\tau)^2}\,.$$

Es ist die Zahnfußstärke s_f' nach S. 63 eingesetzt und ein Biegehebelarm $l' = 1$. Mit dem Zahnformwert der Vergleichsspannung w_v ist, entsprechend Gl. (24),

$$\sigma_v = \frac{U}{m\,b\,w_v} \leqq \sigma_{v\,UrD} \quad \text{bzw.} \quad \sigma_{v\,WD}\,.$$

[1] Durch diese Änderung wurde der Schönheitsfehler beseitigt, daß der „Widerstandsbeiwert gegen Zahnbruch" q_v im Zähler steht, während der „Widerstandsbeiwert gegen Flankenverschleiß" y im Nenner ist — s. Gl. (30) —. Inzwischen ist y in den Zähler gerutscht; die neuen Veröffentlichungen der „Forschungsstelle für Zahnräder und Getriebebau" rechnen mit einem y, das der Kehrwert des alten y ist. Eine Normung ist nötig, wobei es wünschenswert erscheint, daß man in der Zahnradberechnung mit den Widerstandsbeiwerten ebenso rechnen kann wie in der übrigen Festigkeitslehre, etwa mit dem „Widerstandsmoment gegen Biegebruch".

Bei Anwendung großer und unterschiedlicher Profilverschiebungen, wie sie im V-Nullgetriebe mit hoher Übersetzung vorkommen können, empfehle ich die Errechnung der Biegehebelarme nach Gl. (21). Bei gleichen Werkstoffen ist in solchen Fällen etwa zu setzen $w_{v1}/w_{v2} \approx \sqrt{l_1'/l_2'}$.

Welche Rolle wir dem Gleiten der Zahnflanken zuweisen müssen, ist zur Zeit recht zweifelhaft. Die alte Vorstellung, daß Belastbarkeit und Wirkungsgrad in dem Maße steigen, in dem der relative Schlupf sinkt, dürfte nicht haltbar sein. Es scheint vielmehr, als ob durch Erhöhen der absoluten Gleitgeschwindigkeit der Wirkungsgrad verbessert werden kann. Wenn auch der Zustand der Vollschmierung in Fahrzeuggetrieben kaum erreichbar ist, so scheint doch der Anteil der durch den Öldruck übertragenen Kraft gegenüber der durch unmittelbare Flankenberührung übertragenen steigerbar zu sein. Ferner ist bekannt, daß die Empfindlichkeit gegen Grübchenbildung bei geringem negativen relativen Schlupf — etwa 20% — am größten ist. Außerdem vermutet man, daß das durch Extrapolation ermittelte Geräusch, das fehlerfreie Getriebe anscheinend haben, mit dem Kraftrichtungswechsel im Wälzpunkt zusammenhängt. Es ist demnach zur Zeit als möglich anzusehen, aber nicht bewiesen, daß Belastbarkeit, Wirkungsgrad und Laufruhe wachsen, wenn man den Wälzpunkt aus der Eingriffstrecke herauskorrigiert.

Auf der anderen Seite scheint die absolute Gleitgeschwindigkeit $v = v_1 - v_2$ nicht beliebig steigerbar zu sein, ohne daß eine andere Form des Verschleißes auftritt, das „Anfressen". ALMEN[1] gibt als Grenzwert das Produkt $pev = 1500000$ an; oberhalb dieses Grenzwertes bestehe Anfreßgefahr. Hierin ist p die Hertzsche Pressung in Pfund/Quadratzoll, v die Gleitgeschwindigkeit in Fuß/Sekunde und e der größte Abstand des Eingriffspunktes vom Wälzpunkt in Zoll. Umgerechnet in deutsche Dimensionen ist der Grenzwert

$$(p\,e\,v)_{\text{zul}} = 8160 \approx 8000$$

mit Hertzscher Pressung p in kg/mm², die sich aus der Wälzpressung K nach Gl. (25) errechnet:

$$K = 2{,}86\,\frac{p^2}{E} = 1{,}36\left(\frac{p}{100}\right)^2; \quad p = 85{,}7\,\sqrt{K}\,.$$

Abstand e des Eingriffspunktes vom Wälzpunkt in mm.

Absolute Gleitgeschwindigkeit v in m/s, die sich analog der relativen Gleitgeschwindigkeit nach Gl. (23) ergibt.

Für ein später benutztes Beispiel einer Zahnpaarung sind die obigen Werte in Abb. 90 eingetragen; die unter der Abszisse angegebenen Buchstaben entsprechen Abb. 85 und 86. Die Entlastung des einen Zahnpaares durch das zweite (während des Doppeleingriffs im Eingriff liegende) Zahnpaar wird in der Rechnung nach ALMEN nicht berücksichtigt. Tatsächlich tritt nur der stark ausgezogene Teil der p-Linie und der pev-Kurve zwischen den Punkten R und D auf.

Andere Berechnungsverfahren — [*47*], [*61*], [*62*] u. a. m. — empfehlen die Nachrechnung auf „Anfreßsicherheit", „Temperatursicherheit" und „Blitztemperatur". Die Ergebnisse stimmen nicht immer überein. Wie sich die Freßerscheinungen mit dem Schmieröl ändern, welche Eigenschaften des Öles ausschlaggebend sind, welche zahlenmäßigen Zusammenhänge zwischen Belastbarkeit und Reibwert einerseits, Gleitgeschwindigkeit, Flankenkrümmung, Schmieröl und Schmiersystem andrerseits bestehen, darüber vermögen wir wenig für den Konstrukteur Verwertbares auszusagen.

---

[1] ALMEN, J. O.: Surface Detoriation of Gear Teeth. Chap. XII of „Mechanical Wear". Published by the American Society for Metals 1950.

Aus diesen Gründen habe ich — nicht ohne Bedenken; die Rechnung nach ALMEN ist das Ergebnis vieler Versuche — als Grundlage der Zahnradberechnung und der Korrektur[1] nur die Bruch- und Abnutzungsfestigkeit gewählt, und zwar in der Definition unter 4.3113. Die Bruchfestigkeit ist die Zahnfußfestigkeit. Zu ihrer Ermittlung wird bestimmt eine Vergleichsspannung

$$\sigma_v = \frac{U}{m\, b\, w_v}; \quad w_v = \frac{1}{q_v}; \tag{26}$$

nach NIEMANN [*56*] und [*46*].

Als Maß für die Abnutzungsfestigkeit wird die Wälzpressung

$$K = \frac{U}{m\, b\, w_k}; \quad w_k = 2 \cdot \varrho \cos\alpha$$

errechnet und mit der zulässigen Wälzpressung, der Wälzfestigkeit, verglichen. Die Wälzpressung K und die Hertzsche Spannung p sind verbunden durch

$$K = 2{,}86 \frac{p^2}{E}$$

mit $E = 21000$ kg/mm²

für die hier behandelten Stähle.

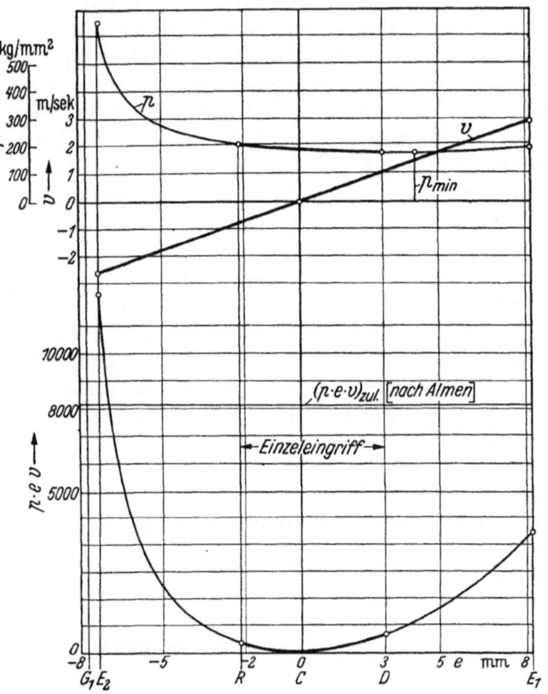

Abb. 90. Hertzsche Pressung p und Gleitgeschwindigkeit v und Almen-Wert pev über dem Abstand e vom Wälzpunkt C.

4.3116 Grenzen der Profilverschiebung. Wie wir sahen, erhöht die positive Korrektur des Kleinrades sowohl w_b nach (24) bzw. w_v nach (26), als auch w_k nach (25). Diesem wohltätigen Einfluß der Kleinradkorrektur sind Grenzen gesetzt dadurch, daß

1. die Zähne des Kleinrades spitzer werden,
2. die Bruchbelastbarkeit des Großrades im V-Nullgetriebe fällt,
3. der Überdeckungsgrad im V-Getriebe sinkt,
4. die Wellendurchbiegung wächst.

1. Wenn die Zahnkopfstärke so gering wird, daß sie durchgehärtet wird, besteht die Gefahr des Absplitterns. Die Zahnkopfstärke wird durch die positive Profilverschiebung geringer, sie steigt wieder durch die Kopfkürzung, die entweder zur Erzielung des nötigen Kopfspieles S_k im V-Getriebe durchgeführt werden muß oder so weit durchgeführt werden kann, wie es der Überdeckungsgrad zuläßt. In [*44*] wird als geringste Zahnkopfstärke ein einheitliches Maß von 0,4 · m angegeben. Bei großem Modul und kleiner Einhärtetiefe — [66] empfiehlt, mit Rücksicht auf Verschleiß und Grübchenbildung nicht unter 0,45 mm zu gehen — erscheint 0,4 · m unnötig hoch[2].

[1] Unter „Korrektur" ist hier immer die Korrektur durch Profilverschiebung verstanden. Die ausschließliche Benutzung des eindeutigen Ausdrucks Profilverschiebung führt die DIN-Blätter zu Wendungen wie „nicht profilverschobenes Rad".

[2] Im Oktober 1954 erschien H. WINTER: Die tragfähigste Evolventen-Geradverzahnung. Antriebstechnik Heft 15. Hier wird die kleinste Zahnkopfstärke gleich 0,25 m gesetzt.

2. Bei gleichem Werkstoff ist im V-Nullgetriebe so weit zu korrigieren, daß nach Abb. 94 (in der Tasche am Schluß des Buches) $w_{v1} = w_{v2}$ bzw. $w_{v1}/w_{v2} \approx \sqrt{l'_1/l'_2}$ wird.

3. Die Angaben über den geringsten erforderlichen Überdeckungsgrad schwanken so stark, daß wir uns mit dieser Frage näher beschäftigen müssen. Im Zusammenhang damit steht das *Eingriffsflankenspiel.*

Im Doppeleingriffspunkt Abb. 85 bewirkt die Kraft bei D eine Abplattung der Zahnflanken und ein Verbiegen des Zahnes und des Radkörpers. Infolgedessen kann der Zahn des Großrades bei E_2 nur dann stoßfrei in die Eingriffstrecke einlaufen, wenn er am Kopf oder der Gegenzahn am Fuß zurückgenommen wird. Zweckmäßig und üblich ist es, am Zahnkopf von der Evolvente abzuweichen.

Daß das Flankeneintrittspiel die Laufruhe erhöht, ist unbestritten. Verschieden sind die Ansichten über das richtige Maß der Flankenrücknahme. Wenn man bei der Zahnherstellung im Abwälzverfahren die Flankenrücknahme ohne zusätzlichen Arbeitsgang durchführen will, muß man das Bezugsprofil ändern. Die Normung des geänderten Bezugsprofils ist seit Jahrzehnten beabsichtigt, aber noch nicht durchgeführt. Die englische Norm ersetzt die theoretisch richtige Exponentialkurve für die Flankenrücknahme durch den genügend genau passenden

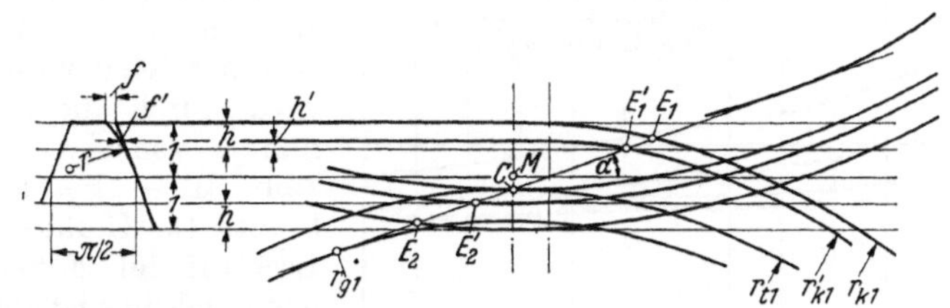

Abb. 91. Erzeugung des Flankeneintrittspiels durch Änderung des Bezugsprofils. Einheitsrad mit $m = 1$.

Kreisbogen und bestimmt für hochwertige gefräste Zahnräder und geschliffene und ungeschliffene Präzisionsräder in British Standard Specification 436/1940 folgende Werte für die Maße des Einheitsrades Abb. 91

$$f = 0{,}009, \quad h = 0{,}493, \quad r = 15{,}75.$$

Die Flankenrücknahme f des Bezugsprofils bewirkt am erzeugten Rade die kleinere Flankenrücknahme f'. f' soll die Flankenverschiebung f_A durch Abplatten und Verbiegen infolge des größten Zahndruckes und den größten in gleicher Richtung auftretenden Zahnfehler f_B ausgleichen — die Möglichkeit, daß an beiden Rädern gleichzeitig größte, gleichgerichtete Fehler auftauchen können, wird als unwahrscheinlich in der Regel vernachlässigt. — Überschlägig gelten für Fahrzeuggetriebe folgende Werte von f_A und f_B.

DIN 3962 läßt für $m = 1{,}6$ bis 4 mm einen Wälzfehler bei Einflankenwälzprüfung von 0,006 bis 0,009 mm zu. Bei einem mittleren Modul $m = 3$ mm wäre der Fehler am Einheitsrad $f_B = 0{,}002$ bis 0,003.

Die Verschiebung in mm ist mit φ nach Abb. 92

$$F_A = m f_A = \frac{U}{b} \frac{\varphi}{220000}.$$

Mit $U/b = m w_v \sigma_v$ nach Gl. (26)

$$f_A = \frac{w_v \sigma_v \varphi}{220000}.$$

Für $z_1 = z_2 = 22$ finden wir beispielsweise aus Abb. 94 (in der Tasche am Schluß des Buches) $w_v = 0{,}475$, aus Zahlentafel 14, S. 79, $\sigma_{v\,U r D} = 20$ bis 43 für gehärtete Zähne und aus der Meßwertkurve Abb. 92 $\varphi = 100$. Mithin ist am Einheitsrad $f_A \approx 0{,}004$ bis $0{,}009$.

Die Gesamtverschiebung $f_A + f_B = 0{,}006$ bis $0{,}012$ wird durch eine Flankenrücknahme nach der B. S. S. auch bei großen Zähnezahlen kaum aufgenommen. Einer Vergrößerung von f und damit von f' steht aber die Schwierigkeit entgegen, daß damit entweder r verkleinert oder h vergrößert werden muß. Gegen ein Verkleinern von r spricht der Umstand, daß man einen möglichst sanften Übergang von der Flankenabrundung zur Evolvente braucht; der Zusammenhang zwischen Geräusch, Abrundungshalbmesser und Umfangsgeschwindigkeit ist allerdings nicht bekannt. h wiederum ist durch den Überdeckungsgrad an enge Grenzen gebunden.

Wenn die Verzahnung Abb. 85 fehlerfrei hergestellt wäre, so würde sich an dem Eingriff nichts ändern, wenn die Flankenrücknahme so groß ist, daß sie die Verschiebung durch den höchsten Zahndruck gerade ausgleicht, solange dieser Zahndruck auftritt. Wird er geringer, wird die Flankenrücknahme zum Flankeneintrittspiel. Bei Leerlauf ist erst dann ein fehlerfreier Eingriff möglich, wenn der unverletzte Teil der Flankenevolvente in die Eingriffsgerade einläuft. Der durch das Großrad bestimmte Teil der Eingriffstrecke wird durch die Flankenrücknahme von E_2C auf $E_2'C$ — Abb. 91 — bei Leerlauf verkürzt. Da Geräuscharmut bei Leerlauf im Fahrzeuggetriebe noch wichtiger ist als bei Höchstlast — das Getriebegeräusch wird um so unangenehmer, je geringer das Motorengeräusch —, wird man die Forderung aufstellen müssen, daß der Überdeckungsgrad auch bei Leerlauf nicht unter 1 liegt. Daraus ergeben sich die Grenzen für h.

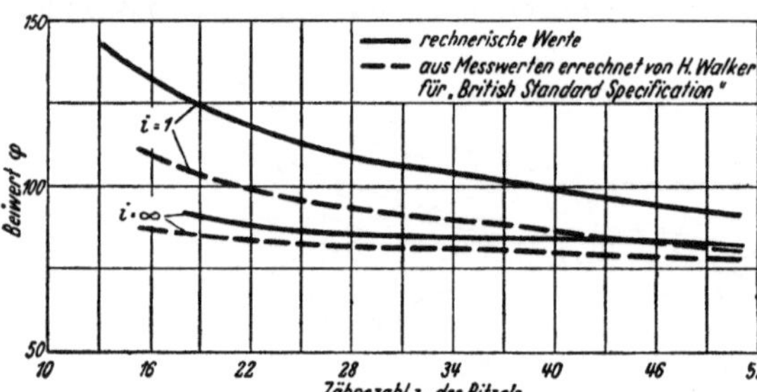

Abb. 92. Beiwerte φ für die Verschiebung $\vartheta_x = m f_A$ bei Außengetrieben (nach F. KARAS, aus Z. VDI Bd. 91 S. 560).

Hierbei sind zwei Fälle zu unterscheiden. In der Regel wird ein Zahnradpaar im Fahrzeuggetriebe in der Weise beansprucht, daß die Belastung zwischen dem höchsten Vollgasmoment und dem höchsten Bremsmoment schwankt. Bei getriebenem Motor wechselt der Eingriff Abb. 85 und 86 von der ausgezogenen auf die gestrichelte Eingriffstrecke. Jetzt verursacht die linke Kopfkante des Kleinrades den Kantenschlag und muß zurückgenommen werden. Der zweite Fall ist der, daß ein Rad rechts- und linksherum treibt und getrieben wird, beispielsweise das rechte Schieberad in Abb. 28. Hier müssen beide Flanken am Kopf gerundet werden. Die Erzeugung des Flankeneintrittspiels an beiden Kopfkanten durch ein Abwälzwerkzeug hat noch andere Vorteile und sei zunächst betrachtet.

Die Eingriffstrecke wird von E_1E_2 auf $E_1'E_2'$ verkleinert (Abb. 91). $E_1'E_2'$ bestimmt die Überdeckung im Leerlauf, darf also nicht geringer als $\pi \cdot \cos\alpha_0$ sein. Daraus der Größtwert von $h = 1 - \pi/2 \cdot \sin\alpha_0 \cos\alpha_0$ und die folgende Zahlentafel.

Zahlentafel 11. *Größtwerte von h (Abb. 91) bei verschiedenen Eingriffswinkeln α_0, um einen Leerlauf-Überdeckungsgrad $\varepsilon' = 1$ zu erreichen.*

α_0	= 15	20	30°
h_{max}	= 0,61	0,50	0,32

Der Leerlaufüberdeckungsgrad $\varepsilon' = 1$ ist unabhängig von der Zähnezahl, wenn beim Bezugsprofil mit $\alpha_0 = 20°$ das Maß $h = 0{,}50$ eingehalten wird, solange Erzeugungs- und Betriebseingriffswinkel übereinstimmen, also beim Null- und V-Nullgetriebe. Beim V-Getriebe ist er im allgemeinen größer und nach Gl. (20) zu errechnen, indem man statt r_k den „wirksamen Kopfkreishalbmesser" r'_k setzt

$$r'^2_k = \frac{(0{,}5 + x)^2}{0{,}117} + (z/2)^2 + (0{,}5 + x)\,z\,. \qquad (27)$$

Dem Gestalter kommt es letztlich auf die Flankenrücknahme f' an. Wie groß diese sein muß, ist wie gesagt umstritten. Der Ansicht, daß f' die Summe $f_A + f_B$ erreichen müsse, steht der Vorschlag von LENTZ [*44*] gegenüber, der einheitlich $f' = 0{,}001$ setzt. Ein zu großes Flankeneintrittspiel vermeide zwar das singende Geräusch des Kopfkanteneingriffs, bewirke dafür aber ein Klappern. Diese Bemerkung spricht für die Richtigkeit unsrer Beschränkung von h, so daß ε' nicht unter 1 sinkt.

f' sinkt schnell mit h', wie es Abb. 97 (S. 84) für $h = 0{,}5$ und $r = 5$ und 15 zeigt. Will man, um einen ausreichenden Wert von f' zu erhalten, wenigstens $h' = h/2 = 0{,}25$ erzielen, besteht zwischen der größtmöglichen Profilverschiebung und der kleinstmöglichen Zähnezahl die Beziehung

$$z_{\min} = 30{,}2\,x^2 + 28{,}2\,x + 6{,}3\,,$$

so daß nur Profilverschiebungen bis zu den in Zahlentafel 12 angegebenen Werten möglich sind.

Zahlentafel 12. *Größter positiver Profilverschiebungsfaktor der Geradverzahnung mit Rücksicht auf die Flankenrücknahme.*

$h' = 0{,}25$ nach Abb. 91 und 97								
$z =$ 10	12	14	16	20	24	28	32	40
$x =$ 0,12	0,17	0,22	0,27	0,35	0,43	0,50	0,57	0,69

Betrachtet man nur den ersten Fall, den Regelfall, genügt die Flankenrücknahme an *einer* Kopfkante jedes Rades nach Abb. 85 und 86. Dann könnte etwa $h' = 0{,}5$ werden, um $f' = 0{,}009$ zu erreichen. Das würde bedeuten, daß man die Flankenrücknahme entweder durch einen zusätzlichen Arbeitsgang erzeugen oder das Bezugsprofil und das Abwälzwerkzeug nach der Zähnezahl und Profilverschiebung ändern müßte. Abgesehen von dieser Schwierigkeit ist auch bei diesem Verfahren die Möglichkeit, kleine Zähnezahlen mit großen Profilverschiebungen, etwa nach Zahlentafel 10, zu erzielen, sehr beschränkt. Wenn nämlich h'_2 wächst, sinkt $r'_{k2} = r_{k2} - h'_2$, somit $e'_2 = \sqrt{r'^2_{k2} - r^2_{g2}} - r_{w2}\sin\alpha$.

Damit $\varepsilon' = (e_1 + e'_2)/t_e = 1$ wird, muß $e_1 = \sqrt{r^2_{k1} - r^2_{g1}} - r_{w1}\sin\alpha$ entsprechend größer werden. Das macht besonders bei den kleinen Übersetzungen des Fahrzeuggetriebes die Verwendung kleiner Zähnezahlen unmöglich, wie ein Zahlenbeispiel zeigen möge. Um die Übersetzung 1 mit der V-3-Verzahnung — sie ist für solch kleine Übersetzungen nicht gedacht, sei aber wegen ihrer rechnerischen Übersichtlichkeit als Beispiel verwandt — zu verwirklichen, muß die Zähnezahl jedes Rades wenigstens 40 sein. Für diese Paarung ist

$$x_1 = x_2 = 0{,}84;\; r_t = 20;\; r_g = 18{,}80;\; r_w = 20{,}75;\; \alpha = 25{,}1°;\; k = 0{,}18.$$

Mit $h'_2 = 0{,}5$ ist $r_{k1} = 21{,}66$ und $r'_{k2} = 21{,}15$, $e_1 = e_2 = 1{,}95$ und $e'_2 = 0{,}89$. Daraus der rechnerische Überdeckungsgrad $\varepsilon = (e_1 + e_2)/2{,}95 = 1{,}32$ und der Leerlaufüberdeckungsgrad $\varepsilon' = (e_1 + e'_2)/2{,}95 = 0{,}96$, so daß zweckmäßig das Kopfspiel verringert wird, um $\varepsilon' = 1$ zu erreichen.

Wir können daraus den Schluß ziehen, daß auch durch Anpassung des Bezugprofils kleine Zähnezahlen, große Profilverschiebungen und kräftige Flankenrücknahmen nicht vereint werden können, und daß ein rechnerischer Überdeckungsgrad $\varepsilon = 1{,}1$ keineswegs immer ausreichend ist, um die Mindestforderung für geräuscharmen Leerlauf $\varepsilon' = 1$ zu erfüllen.

Wenn nun aber große Profilverschiebungen nur bei großen Zähnezahlen durchzuführen sind, wird ihr Wert überhaupt fraglich. Abb. 95 soll dem Konstrukteur die Kleinradauslegung erleichtern. Hier sind die w_v-Werte aus Abb. 94 (in der Tasche am Schluß des Buches) in f_v-Werte umgerechnet, die die vergleichsweise Bruchbelastbarkeit für gegebenen Kleinraddurchmesser angeben. Beispielsweise läßt sich für die obige V-3-Verzahnung mit $z_1 = 40$ und $x_1 = 0{,}84$ eine Kennzahl $f_b = 0{,}62$ ablesen. Die gleiche Kennzahl erreicht man mit einem Nullrad mit 30 Zähnen. Geht man nach Zahlentafel 12 auf $z_1 = 14$ mit $x_1 = 0{,}22$, so steigt f_b auf 1,2, die Bruchbelastbarkeit also auf fast den doppelten Wert.

Die Rücksicht auf die Flankenrücknahme (Flankenabrundung, Eingriffsflankenspiel, Flankeneintrittspiel) und die hierdurch bewirkte Verringerung des Leerlauf-Überdeckungsgrades beschränkt die Anwendung großer Profilverschiebungen auf schrägverzahnte Räder. Bei diesen ist eine Flankenrücknahme zur Vermeidung des Kopfschlages nicht nötig. Ein ausreichender Überdeckungsgrad läßt sich durch die Sprungüberdeckung erzielen, so daß bei der Schrägverzahnung der Überdeckungsgrad als Korrekturgrenze nicht beachtet zu werden braucht.

4. In den Abschn. 4.32 und 4.33 wird die radiale Belastung der Lager und Wellen und die größte Wellendurchbiegung aus dem Zahndruck $P = U/\cos\alpha$ errechnet. Läßt man durch eine große Profilverschiebung den Eingriffswinkel von $\alpha_0 = 20°$ auf $\alpha = 30°$ wachsen, ändert der Zahndruck sich nur um 8,5%. Große Profilverschiebungen erscheinen daher zunächst unbedenklich. — Einige Ansichten und Überlegungen sprechen jedoch dafür, daß nicht oder nicht nur die größte Wellendurchbiegung in Richtung der Eingriffslinie für die Laufruhe maßgebend ist, sondern daß das Geräusch mit der Abstandsvergrößerung in der beiden Wellen gemeinsamen Ebene oder mit der Verschiebung senkrecht zur Eingriffslinie, d. h. mit $\operatorname{tg}\alpha$ oder $\sin\alpha$ wächst. Da diese Werte sich in den angegebenen Grenzen um 60 bzw. 50% erhöhen, erscheint es zur Zeit doch ratsam, große Betriebseingriffswinkel nur da anzuwenden, wo die Lagerung große Verschiebungen nicht zuläßt, also unmittelbar neben den Wellenlagern, oder in den Gängen, in denen auf Geräuscharmut kein großer Wert gelegt wird.

4.312 Schrägzahn-Stirnräder. *4.3121 Geometrie und Berechnung.* Bei Schrägzahnrädern stehen die Zahnflanken um den Winkel β schräg gegen die Achse des Rades. Man unterscheidet den Stirnschnitt senkrecht zur Achse mit dem Modul m und den Normalschnitt senkrecht zur Zahnflanke mit dem Modul m_n. Die beiden Schnitte schließen den Winkel β ein. Wird das Werkzeug im Normalschnitt angestellt, ist m_n nach DIN 780 in runden Maßen zu wählen. Dann ergeben sich zunächst in der Regel unrunde Maße für

den Stirnmodul $m = m_n/\cos\beta$,

den Stirneingriffswinkel α_0 nach $\operatorname{tg}\alpha_0 = \operatorname{tg}\alpha_n/\cos\beta$ mit $\alpha_n = 20°$, (28)

den Achsabstand $A_0 = 0{,}5\, m_n\,(z_1 + z_2)/\cos\beta$. (28a)

Ein vorgeschriebener Achsabstand kann durch Profilverschiebung erreicht werden; a_v und α nach den Gln. (16a) bis (19). Daraus die Profilverschiebungen x im Stirnschnitt und die Werkzeugabrückung $x_n = x/\cos\beta$ im Normalschnitt, so daß $m\,x = m_n\,x_n$.

Zu der Überdeckung im Stirnschnitt ε nach Gl. (20) kommt hinzu die

Sprungüberdeckung $$\varepsilon_{sp} = \frac{b \operatorname{tg}\beta}{t} = \frac{b \sin\beta}{\pi\, m_n}, \tag{29}$$

Überdeckungsgrad der Schrägzahn-Stirnräder $\varepsilon_s = \varepsilon + \varepsilon_{sp}$.

Bei der Berechnung der Schrägverzahnung [*58*] geht man zweckmäßig von dem geradverzahnten Rad mit gleichem Modul $m = m_n$ und gleicher Breite b aus und berücksichtigt die höhere Belastbarkeit durch Beiwerte q_s und y_s nach Zahlentafel **14**. Hiernach steigt der Wälzpressungsbeiwert y_s stark mit β, so daß in der Regel auf die genaue Errechnung der Wälzpressung nach Gln. (22) und (25) verzichtet und auch bei V-Getrieben die Zahlentafel **16** angewandt werden kann. Die Wälzpressung

$$K_1 = \frac{U}{b\, D_{01}\, y_s\, y_1} \leqq K_{eD} \text{ bzw. } K_{ex}, \tag{30}$$

$$D_{01} = \frac{z_1}{z_1 + z_2} A_0; \quad A_0 \text{ nach (28a)}.$$

Die Zahnfußvergleichsspannung

$$\sigma_v = \frac{U}{m\, b\, q_s\, w_v} \leqq \sigma_{v\,UrD} \quad \text{bzw.} \quad \sigma_{v\,WD} \tag{31}$$

nach Abb. 94 (in der Tasche am Schluß des Buches), und zwar für die „rechnerische Zähnezahl“

$$z_n = z/\cos^3\beta. \tag{31a}$$

4.3122 Wahl des Schrägungswinkels. Für die Wahl des Schrägungswinkels β gelten mehrere Gesichtspunkte:

1. In der Regel fällt die Tonhöhe und die Tonstärke mit wachsendem β. Beides spricht für große Schrägungswinkel von etwa 45°.

2. Die in Achsrichtung wirkende Kraft $P_L = U \operatorname{tg}\beta$ muß bei jeder Welle in einem Lager aufgenommen werden, sofern nicht

Pfeilverzahnung verwendet wird (nur bei großen Drehmomenten angewandt; breite Räder, lange Wellen, Zwischenlager; nur *eine* Welle axial festlegen) oder die Axialkräfte anderweitig aufgenommen werden (z. B. „Kragen“ am Zahnrad, Ausführung B. B. C. für ortsfeste Getriebe) oder

die Axialkräfte sich aufheben.

Die letztere Maßnahme ist möglich, wenn in jedem Gang zwei schrägverzahnte Radpaare die Leistung übertragen und soweit keine Trennstelle in der Welle den Kraftfluß unterbricht. Bei Kugellagern erhöht ein gewisser Axialschub die Lebensdauer, weil er zu einer satteren Anlage der Kugeln in den Ringen führt; hier ist eine genaue Einhaltung der Bedingung für Ausgleich der Axialkräfte an einer Welle $R_{wa}/R_{wb} = \operatorname{tg}\beta_b/\operatorname{tg}\beta_a$ nicht erwünscht.

Wenn in einem Gang der volle Axialschub im Lager aufgenommen werden muß, pflegt man $\beta = 10$ bis höchstens 30° zu wählen.

3. Die günstigsten Eingriffsverhältnisse ergeben sich bei ganzzahliger Sprungüberdeckung nach Gl. (29). Bei Fahrzeuggetrieben führt diese Rücksicht auf gleichmäßige Beanspruchung und ruhigen Lauf in der Regel zu der Forderung

$$b \sin\beta \approx \pi\, m_n \text{ (für } \varepsilon_{sp} = 1). \tag{32}$$

Sprungüberdeckungen von zwei und mehr sind nur bei großen Leistungen möglich.

4.313. Rechenbeispiel. Rechentafeln. Nachdem wir gelernt haben, unsre Rechnungsgrundlagen mit einer gesunden Skepsis zu betrachten, wollen wir sie nachfolgend an einem Rechenbeispiel verwerten. Hierfür ist das Getriebe eines mittleren Personenwagens benutzt; der Getriebegestalter wird aus den Begründungen für die Wahl der Zahnradgrößen ersehen können, ob sie auch für die ihm vorliegende Aufgabe gelten oder ob andere Gesichtspunkte andere Lösungen erheischen.

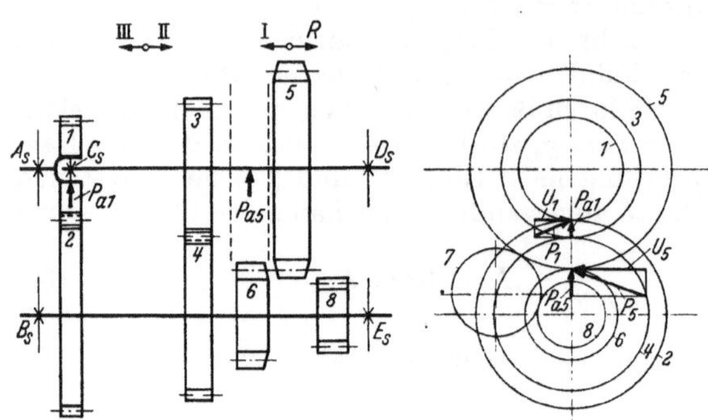

Abb. 93. Beispiel Zahnberechnung.

Nach Abzug der Hilfsantriebe stehen am Getriebeeingang 48 PS = 3600 mkg/s zur Verfügung bei 4300 U/min ($\omega = 450\,s^{-1}$). Das Moment M_1 ist 3600/450 = 8 mkg, das höchste Vollgasmoment $M_3 = 1{,}3 \cdot M_1 = 10{,}4$ mkg. Dieses bestimmt die Getriebeabmessungen.

Der Wagen ist leicht und wird über eine Strömungskupplung angefahren. Das Getriebe mit fluchtender An- und Abtriebswelle braucht daher für die Normalfahrt nur zwei Gänge. Der große Gang ist durch die Bauart mit $i_{III} = 1$ festgelegt. Durch Ermitteln des Beschleunigungsvermögens und Aufzeichnen des Weg-Zeit-Schaubildes für verschiedene Übersetzungen i_{II} sei $i_{II} \approx 1{,}6$ als beste Zwischen- (und Anfahr-) Gangübersetzung gefunden. Für außergewöhnliche Steigungen brauchen wir noch einen Berggang mit $i_I = 4$ und einen Rückwärtsgang mit $i_R \geqq 2{,}8$.

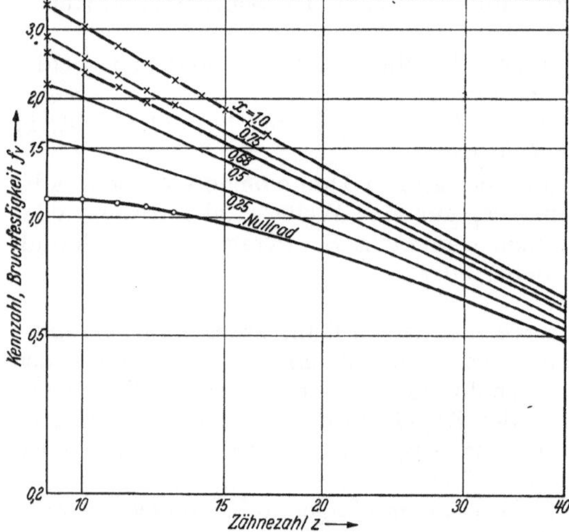

Abb. 95. Hilfskurven zur Wahl der Zähnezahl und der Profilverschiebung.

Da diese beiden Gänge nur selten und fast ausschließlich im Stillstand geschaltet werden, begnügen wir uns mit einem Schieberad, Abb. 93. Dies hat außer der Kostenersparnis den Vorteil, daß bei Normalfahrt am Schieberand keine Leerlaufgeräusche und keine Quetschölverluste auftreten. Wollen wir das Schieberad schräg verzahnen, müssen wir den Keilnuten einen Drall mit der gleichen Steigung geben, damit der Axialschub aufgehoben ist und nicht die Schaltgabel belastet. Auch diesen Aufwand wollen wir vermeiden und verzahnen die Räder *5* bis *8* gerade. — Die Räder *1* bis *4* für den zweiten Gang werden schräg verzahnt und über Kupplungen mit Gleichlaufeinrichtungen geschaltet.

Bei den gerade verzahnten Rädern *5* bis *8* sind kräftige Zähne erwünscht, also kleine Zähnezahlen mit großen Modulen. Nach Abb. 94 (in der Tasche am Schluß des Buches) und 95 ist ein Zahnrad mit 9 Zähnen noch ohne Unterschnitt und ohne Spitzwerden ausführbar, so daß wir das kleinste Ritzel *8* mit dieser Zähnezahl versehen. Damit Schieberad *5* im Rückwärtsgang mit *7* kämmt und *8* nicht berührt, darf der wirksame Fußkreisdurchmesser von *6* nicht kleiner sein als der Kopfkreisdurchmesser von *8*. Also wenigstens $z_6 = z_8 + 4 = 13$.

Sonstige Beschränkungen hinsichtlich der Zähnezahlen ergeben sich aus der Rechnung. Um möglichst oft jeden Zahn mit jedem des Gegenrades kämmen zu lassen, werden ungerade Übersetzungen in einer Paarung bevorzugt und Primzähnezahlen bei einem Rad.

Bei Innenverzahnung ist Zahlentafel 13 zu beachten.

Zahlentafel 13. *Innengetriebe.*

1. Allgemein für Hohlrad mit z_2 und außenverzahntes Rad mit z_1 (nach WISSMANN)[1]

$z_2 - z_1 \geq 10$, Zahnkopfhöhe h_{k2}

z_2	20 bis 22	23 bis 26	27 bis 31	32 bis 39	40 bis 51
h_{k2}	0,60	0,65	0,70	0,75	0,80
z_2	52 bis 74	75 bis 130	über 130		
h_{k2}	0,85	0,90	0,95		

2. Bei Paarung von Hohlrad mit z_3, n gleichmäßig verteilten Planetenrädern mit z_2 und Sonne mit z_1, muß $z_3 + z_1$ durch n und $z_3 - z_1$ durch 2 teilbar sein.

Man wird sich nun einen ungefähren Begriff über die Abmessungen des Getriebes machen müssen. Ein empfindlicher Punkt ist die Lagerung der Hauptwelle an der Trennstelle. Sie muß in das Gehäuselager oder, da dies meist ohne unzulässige Vergrößerung dieses Lagers nicht geht, möglichst nahe an die Gehäusewand, also in das Ritzel *1* gelegt werden. Das Hauptwellenlager wird, um den Durchmesser klein zu halten, als Nadellager, Walzenkranz oder Gleitlager ausgebildet. Trotzdem ist der Ritzelfußkreis nach unten beschränkt, damit eine genügende Kranzstärke von 1,6 m bleibt. Eine überschlägige Ermittlung der Wälzkreisdurchmesser der Ritzel *1* und *6* ergibt die Aufteilung von $i_{\mathrm{I}} = 4$ in die Teilübersetzungen z_2/z_1 und z_5/z_6. Setzen wir $D_{01} \approx D_{06}$, ist $z_6/z_5 \approx 2$; daraus $z_6 = 27$, um aus $0{,}5\,(z_1 + z_2)$ m einen runden Wert für den Achsabstand zu bekommen. Nun haben wir den Modul oder den Achsabstand einzuschätzen. Das gelingt bei einer Neukonstruktion selten auf Anhieb. In der Regel müssen wir uns die Mühe machen, das Getriebe mehrere Male durchzurechnen, bis Durchmesser und Breiten der Zahnräder, Abmessungen der Wellen und Lager und des Gehäuses, Werkstoffe und Einbau zueinander passen.

Legen wir der weiteren Rechnung einen Achsabstand $A_0 = m a_0 = 70$ mm zugrunde, ist für die Paarung $z_6/z_5 = 27/13$ im Null- und V-Nullgetriebe nach Gl. (16) $m = 3{,}5$; dieser Modul entspricht DIN 780, er gilt für die geradverzahnten Räder *5* bis *8*. Den Modul der schrägverzahnten müssen wir im Zusammenhang mit dem Schrägungswinkel β bestimmen. Im ersten und Rückwärtsgang muß der Axialschub aus dem schrägverzahnten Radpaar *1—2* in beiden Wellen durch die Lager aufgenommen werden; im dritten Gang wäre ein Ausgleich für die Zwischenwelle möglich. Wählen wir der Laufruhe wegen die obere Grenze zwischen 10 und 30° und entscheiden uns für $\beta = 25°$, so ergibt sich aus Gl. (32) für die genormten Normalschnittmodule m_n und die Radbreiten b in mm

m_n	1	1,25	1,5	1,75	2	2,25	2,5	2,75	3
b	7,4	9,3	11,2	13	14,9	16,7	18,6	20,4	22,3

Große Module und kleine Zähnezahlen, die bei dem Schieberad wünschenswert sind, führen bei den schrägverzahnten Zähnen zu unnötig großen Radbreiten.

[1] Genauere Rechnung nach [*45*]

Greifen wir aus der Aufstellung etwa $m_n = 2$ und $b = 15$ mm heraus, gibt uns Gl. (28a) die Zähnezahlsumme des Nullgetriebes mit $70 \cdot \cos\beta = 63{,}4$ an. Welche Zähnezahl wir wählen, richtet sich nach der gewünschten Profilverschiebung oder umgekehrt.

Auch wenn die Korrektur aus geometrischen Gründen nicht nötig ist, werden wir sie durchführen, um in einer Paarung gleiche, das heißt beste Werkstoffausnutzung zu erzielen. Von den verschiedenen Möglichkeiten, Achsabstand, Schrägungswinkel, Modul und Korrektur anzupassen, wählen wir eine aus: runde Achsabstände und Schrägungswinkel, genormte Module im Normalschnitt, unrunde Profilverschiebungen. Schrägungswinkel und positive Korrektur vergrößern den Eingriffswinkel. Ob das zu unzulässigen Durchbiegungen[1] führt, zeigt erst die Berechnung der Welle.

Wir können zunächst nach dem Schemabild 93 Grundsätze aufstellen, nach denen wir unsre „angepaßte Profilverschiebung" ausrichten.

Im Rückwärtsgang sind die beiden Radpaare an den Gehäusewänden belastet. Große Eingriffswinkel sind zulässig, weil sie nur geringe Wellendurchbiegungen hervorrufen. Im ersten Gang ist ein großer Eingriffswinkel an Radpaar *5* bis *6* gefährlich, er vergrößert die Durchbiegung merkbar, und zwar so, daß am Paar *5* bis *6* der Abstand vergrößert wird, die Radachsen aber ziemlich parallel bleiben, während die Räder *1* und *2* schräg gestellt werden. Da man von der Möglichkeit, V-Getriebe mit Eingriffswinkeln unter 20° zu bauen, selten Gebrauch macht, ergibt sich für das Radpaar *5* bis *6*: V-Nullgetriebe (der Achsabstand bleibt also $A_0 = 70$ mm), breite Räder und für *1* bis *2*: V-Getriebe, schmale Räder. Für den zweiten Gang gilt die gleiche Überlegung und Folgerung, für die Räder *1* und *2*: große Profilverschiebung im V-Getriebe, schmale Räder und für die Räder *3* und *4* (ein Null- oder V-Nullgetriebe mit 63,4 Zähnen ist nicht durchzuführen): V-Getriebe mit kleinem Eingriffswinkel, breite Räder. Die Schrägstellung des Rades *8* im zweiten und ersten Gang ist ungefährlich, da sie das unbelastete Rad trifft. Es ist daher kein Zwang, dieses Rad besonders schmal zu machen, aber auch keiner, große Eingriffswinkel zu meiden.

Eine Vergrößerung der Zähnezahl des Nullgetriebes von 63,4 führt zu einer Verkleinerung des Eingriffswinkels und umgekehrt. Daher sei $z_5 + z_6 = 64$, um die Erhöhung von α durch die Schrägung auszugleichen, und $z_1 + z_2 = 61$, um positive Profilverschiebungen zu erhalten. Aus den vorgeschriebenen Übersetzungen folgt für die Aufteilung der Zähnezahlsumme: $z_1 = 21$, $z_2 = 40$, $z_3 = 29$ und $z_4 = 35$, so daß

$$i_R = -\frac{40}{21}\cdot\frac{27}{9} = -5{,}71; \quad i_{\text{I}} = \frac{40}{21}\cdot\frac{27}{13} = 3{,}96; \quad i_{\text{I}} = \frac{40}{21}\cdot\frac{29}{35} = 1{,}58; \quad i_{\text{III}} = 1\,.$$

Aus den Achsabständen und Zähnezahlen errechnen wir nun die Summe der Profilverschiebungen. Die Aufteilung nehmen wir so vor, daß beide Räder gleiche Zahnfußfestigkeit haben, indem wir die σ_v-Werte nach Gl. (31) mit den Beiwerten

[1] Wie auf S. 74, Punkt 4, auseinandergesetzt, ist mit „Durchbiegung" nicht die absolute Größe der Durchbiegung, die sich mit wachsendem Eingriffswinkel nur wenig ändert, gemeint, sondern die Abstandsänderung der Wellenachsen, die der Bewegung senkrecht zur Eingriffslinie etwa (Unterschied zwischen $\sin\alpha$ und $\operatorname{tg}\alpha$) gleich ist. Ich bin hier von der Vorstellung ausgegangen, daß Bewegungen senkrecht zur Eingriffslinie, also zusätzliche Gleitbewegungen der Zahnflanken, die Laufruhe gefährden, weil sie als schwingende Bewegungen auftreten. Der gleichen Ansicht ist Apitz: „Durch die großen Korrekturen ... treten erhöhte Radialdrücke auf, die erhöhte Schwingungen erzeugen. Die Laufruhe der Räder wird hierdurch ungünstig beeinflußt." (Fachtagung Zahnradforschung 1950. Braunschweig 1952. S. 44.) — Niemann hält diese Auffassung für zweifelhaft. — Ein experimenteller Nachweis fehlt zur Zeit.

aus Abb. 94 (in der Tasche am Schluß des Buches) und Zahlentafel 15 mit den $\sigma_{v\,Ur\,D}$-Werten in Zahlentafel 14 vergleichen. Sicherheitshalber rechnen wir die Abnutzungsfestigkeit nach, indem wir den K_1-Wert und bei verschiedenen Werkstoffen einer Paarung auch den K_2-Wert nach Gl. (30) mit den Beiwerten aus den Zahlentafeln 15 und 16 mit dem K_{eD}-Wert in Zahlentafel 14 vergleichen.

Zahlentafel 14. *Werkstoffangaben für Stirn- und Kegelräder*[1].

Zahnfuß-Dauerschwellfestigkeit $\sigma_{v\,Ur\,D}$ [entsprechend Gl. (31)]. Die Werte gelten für gefräste Zähne mit Kopfspielrundung des Werkzeugs $= 0{,}2 \cdot m$.

Zahnflanken-Dauerwälzfestigkeit K_{eD} [entsprechend Gl. (30)]. Die Werte gelten beim Lauf gegen Stahl gleicher Härte und bei Ölschmierung von 13,5 Englergrad. Bei anderem Gegenwerkstoff (E-Modul E_2) als Stahl ist der angegebene K_{eD}-Wert mit dem Beiwert $y_1 = 0{,}5 + \frac{2{,}1 \cdot 10^4}{2\,E_2}$, z. B. beim Lauf gegen Gußeisen mit $y_1 \approx 1{,}5$, malzunehmen.

Werkstoff				An Probe im Endzustand		Am Zahnrad			
						Härte		Dauerfestigkeit	
Nr.	Art und Behandlung	Bezeichnung bisher	Bezeichnung neu	Zugfestigkeit σ_B kg/mm²	Biegewechselfestigkeit σ_{bW} kg/mm²	Kern H_B kg/mm²	Flanke H_B kg/mm²	Flanke K_{eD} kg/mm²	Zahnfuß $\sigma_{v\,Ur\,D}$ kg/mm²
1	Grauguß	Ge 18.91	GG 18	18	9	170		0,16	5,0
2		Ge 26.91	GG 26	26	12	210		0,28	6,7
3	Stahlguß	Stg 52.81	GS 52	52	21	150		0,183	17
4		Stg 60.81	GS 60	60	24	175		0,25	19,5
5	Masch. Stahl unlegiert ungehärtet	St 42.11	St 42	42—50	20—24	125		0,17	18
6		St 50.11	St 50	50—60	23—28	150		0,25	21
7		St 60.11	St 60	60—70	28—33	180		0,32	23,5
8		St 70.11	St 70	70—85	33—40	208		0,43	27
9	Vergüteter Stahl	St C 25.61	C 22	50—60	22—27	140		0,21	20,5
10		St C 45.61	C 45	65—80	30—34	185		0,34	25,5
11		St C 60.61	C 60	75—90	34—41	210		0,48	28,5
12		VC 135	34 Cr 4	75—90	36—44	260		0,70	33
13		VMS 135	37 MnSi 5	80—95	38—46	260		0,70	34
14		VCMo 140	42 CrMo 4	95—110	46—54	340		1,1	35
15		VCN 45	35 NiCr 18	100—160	40—70	400		1,7	36,5
16	Einsatzgehärteter Stahl	St C 10.61	C 10	45—60	25	170	590	3,75	23
17		St C 16.61	C 15	50—65	27	190	637	4,20	25
18		EC 80	16 NnCr 5	80—110		270	650	4,50	38
19		EC 100	20 MnCr 5	100—130		360	650	4,50	43
20		EN 15	13 Ni 6	60—80		200	600	3,96	30
21		ECN 45	13 NiCr 18	120—140	50	400	615	4,00	43
22			15 CrNi 6	90—120		310	650	4,50	40
23			18 CrNi 8	120—145		400	650	4,50	43
24	Flammen- oder induktionsgehärteter Stahl		Ck 45	65—80		220	595	3,80	35
25			Cf 56	75—90		230	615	4,0	36
26			Cf 70	80—100		240	637	4,2	37
27		VMS 135	37 MnSi 5	90—105		270	560	3,4	38
28			53 NnSi 4	90—110		275	615	4,0	39
29		VC 140	41 Cr 4	90—110		275	587	3,7	39
30	Zyanbadgehärteter Stahl	VC 140	41 Cr 4	140—180		460	595	3,8	36
31		VMS 135	37 MnSi 5	150—190		470	550	3,27	39
32		VCN 45	35 NiCr 18	160—210		500	590	3,75	43

[1] Nach NIEMANN u. GLAUBITZ [57].

Zahlentafel 15.

Beiwerte q_s und y_s nach Versuchen Niemann und Glaubitz [58] für Schrägverzahnung.

β = 0	5	10	15	20	25	30	35	40	45°
q_s = 1,0	1,20	1,28	1,30	1,31	1,31	1,30	1,29	1,28	1,27
y_s = 1,0	1,11	1,22	1,31	1,40	1,47	1,54	1,60	1,66	1,71

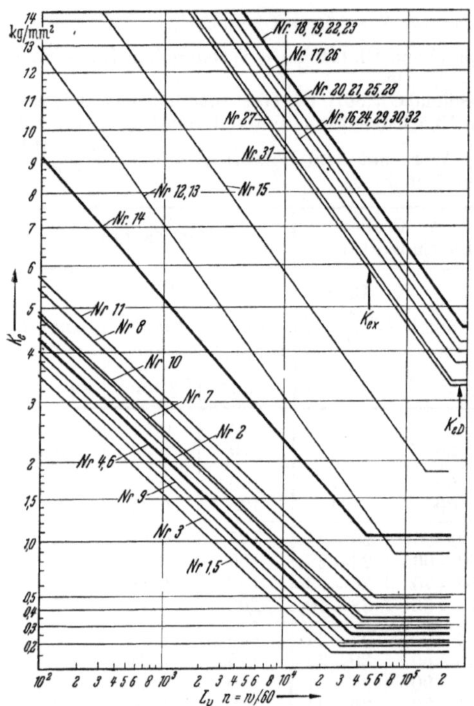

Abb. 96. Zeit-Wälzfestigkeit K_{ex} und Dauer-Wälzfestigkeit K_{eD} in Abhängigkeit von Lebensdauer L_v (s. Zahlentafel 17) in Stunden und n in Umdr./min für die Werkstoffe Zahlentafel 14 nach Niemann und Glaubitz [57]. Versuchswerte dick ausgezogen. Stahl gegen Stahl gleicher Härte. Ölzähigkeit 13,5° E.

Bei wenig benutzten Gängen legen wir statt der dauernd ohne Grübchenbildung ertragenen Wälzfestigkeit K_{eD} den Zeitwert K_{ex} nach Abb. 96 zugrunde. Auf der Abszisse ist die ungewöhnliche, aber leicht zu rechnende Dimension $L_v n$ aufgetragen mit der Lebensdauer L_v in Stunden — in Zahlentafel 17 sind rechnerische L_v-Werte nach Erfahrung eingetragen — und der Drehzahl je Minute n des betrachteten Rades. In Grenzfällen ist darüber hinaus eine Errechnung der geometrischen Verhältnisse nach Gln. (20) bis (22) und genaue Ermittlung der Wälzpressung und des Biegehebelarmes nach Gln. (24) und (25) zu empfehlen.

Die Amerikaner[1] rechnen auf Grund umfangreicher Vergleichsversuche mit folgenden Lastwechseln, die von den Zahnrädern bei maximalem Motorenmoment M_3 ertragen werden müssen:

Personenkraftwagen . .	1. Gang	100000
	2. Gang	300000
Lastkraftwagen	1. Gang	500000
Omnibus	1. Gang	1000000
		Lastwechsel w

Bei Zahnrädern, die in mehreren Gängen die Leistung übertragen, werden die Lastwechselzahlen addiert.

Entsprechend dem durch Randstrich hervorgehobenen Rechnungsgang (S. 78) verfahren wir nun zunächst bei den *Zahnrädern 1 und 2.*

Wir hatten bereits gewählt

$$z_1 = 21;\; z_2 = 40;\; z_1 + z_2 = 61;\; \beta = 25°;\; \alpha_n = 20°;\; A_v = 70\,\text{mm}$$

und finden die Profilverschiebungssumme $x_1 + x_2$ und die rechnerischen Zähnezahlen z_{1n} und z_{2n} aus

Gl. (28) $\quad \operatorname{tg}\alpha_0 = \operatorname{tg}\alpha_n/\cos\beta = 0{,}4016;\quad \alpha_0 = 0{,}3819;\quad \operatorname{ev}\alpha_0 = 0{,}0197,$

Gl. (28a) $\quad A_0 = 0{,}5 \cdot m_n\,(z_1 + z_2)/\cos\beta = 67{,}31\,\text{mm},$

[1] Almen, J. O. und Straub, J. C.: Durability of Automobil Transmission Gears, Part. II und Almen, J. O.: Durability . . . Part. I Spiral Bevel Gears. Beide in Automotive Industries Nov. 16 und 23. 1935.

Zahlentafel 16. *Beiwerte y_1 und y_2 zur Errechnung der Wälzpressung K_1 und K_2 nach Gl. (30) der Nullgetriebe mit Kleinradzähnezahl z_1* (aus [*46*])

	y_1 für							y_2 für						
	$z_2/z_1 =$							$z_2/z_1 =$						
z_1	1	1,4	2	3	5	10	∞	1	1,4	2	3	5	10	∞
9	—	—	0,103	0,107	0,111	0,114	0,118	—	—	0,241	0,289	0,319	0,335	0,329
10	—	0,117	0,122	0,130	0,135	0,141	0,148	—	0,182	0,240	0,282	0,311	0,239	0,329
11	—	0,130	0,137	0,147	0,154	0,162	0,170	—	0,186	0,238	0,277	0,306	0,323	0,328
12	0,098	0,140	0,148	0,160	0,167	0,177	0,187	0,098	0,189	0,236	0,237	0,301	0,320	0,327
13	0,126	0,148	0,158	0,171	0,181	0,192	0,202	0,126	0,190	0,235	0,269	0,297	0,317	0,327
14	0,142	0,154	0,165	0,179	0,190	0,203	0,216	0,142	0,192	0,233	0,266	0,294	0,314	0,327
15	0,146	0,158	0,171	0,186	0,199	0,211	0,226	0,146	0,192	0,231	0,264	0,291	0,313	0,326
17	0,150	0,165	0,180	0,197	0,212	0,227	0,243	0,150	0,192	0,229	0,260	0,287	0,308	0,326
20	0,155	0,178	0,189	0,207	0,225	0,241	0,260	0,155	0,192	0,226	0,255	0,282	0,302	0,325
24	0,157	0,177	0,196	0,216	0,236	0,254	0,275	0,157	0,191	0,223	0,251	0,278	0,300	0,324
30	0,159	0,180	0,201	0,224	0,246	0,266	0,289	0,159	0,190	0,221	0,248	0,275	0,297	0,324
45	0,160	0,184	0,207	0,232	0,256	0,278	0,304	0,160	0,189	0,217	0,244	0,273	0,295	0,325
70	0,161	0,186	0,211	0,237	0,263	0,286	0,313	0,161	0,188	0,216	0,243	0,269	0,293	0,322
150	0,160	0,187	0,213	0,239	0,265	0,289	0,318	0,160	0,187	0,215	0,243	0,265	0,290	0,322

Zahlentafel 17. *Anhaltswerte für Vollast-Lebensdauer L_v in Stunden.*

	1.	2.	3.	4.	5. Gang
Personenkraftwagen	9	81	300	2600	—
Lastkraftwagen	15	30	105	390	2460
Schlepper	150	450	1950	450	—

Gl. (18) $\cos\alpha = a_0/a_v \cdot \cos\alpha_0 = A_0/A_v \cdot \cos\alpha_0 = 67{,}31/70 \cdot 0{,}9280,$

$\cos\alpha = 0{,}8922; \quad \mathrm{tg}\,\alpha = 0{,}5061; \quad \alpha = 0{,}4685; \quad \mathrm{ev}\,\alpha = 0{,}0376,$

Gl. (17) $x_1 + x_2 = (\mathrm{ev}\,\alpha - \mathrm{ev}\,\alpha_0)(z_1 + z_2)/2\,\mathrm{tg}\,\alpha_0 = 1{,}358,$

Gl. (31a) $z_{1n} = 28$ und $z_{2n} = 54.$

Für diese rechnerischen Zähnezahlen suchen wir aus Abb. 94 (Tasche) passende Profilverschiebungen heraus, deren Summe den errechneten Wert von 1,358 ergibt, und finden bei gleichen Werkstoffen $x_1 = 0{,}680$ und $x_2 = 0{,}678$ mit $w_{v1} = w_{v2} = 0{,}654$. Daraus die Werkzeugabrückungen $x_n = x/\cos\beta$ und $X_n = m_n x_n$.

Für die Ermittlung der Umfangskraft $U_1 = U_2$ legen wir das Motorenhöchstmoment von 10,4 mkg zugrunde. Zur Bestimmung der Wälzkreishalbmesser teilen wir den Achsabstand A_v im Verhältnis der Zähnezahlen; also $R_{w1} = 70 \cdot 21/61 = 24{,}1$ mm und $U_1 = 10400/24{,}1 = 430$ kg. Nach Zahlentafel 15 ist $q_s = 1{,}31$. Aus der Aufstellung auf S. 77 zur Erzielung einer Sprungüberdeckung von 1 hatten wir probeweise $m_n = 2$ und $b = 15$ mm gewählt und erhalten als Zahnfußvergleichsspannung nach Gl. (31)

$$\sigma_{v1} = \sigma_{v2} = \frac{430}{2 \cdot 15 \cdot 1{,}31 \cdot 0{,}654} = 17\,\mathrm{kg/mm^2}.$$

Bei gehärteten Rädern ist dieser Wert erheblich niedriger als der nach Zahlentafel 14 zulässige. Wenn wir uns beispielsweise an den für verschiedene Werkstoffe gültigen Wert $\sigma_{v\,UrD} = 43\,\mathrm{kg/mm^2}$ heranpirschen wollen, können wir eine Überschlagsrechnung aufstellen unter der Voraussetzung, daß wir den Profilverschiebungsfaktor von 0,68 ungefähr beibehalten, so daß w_v von der Zähnezahl unabhängig ist. Für K_1 nach Gl. (30) läßt sich gleichfalls eine vereinfachte Rechnung aufstellen, da D_{01} sich mit Modul und Zähnezahl nicht und y_1 nach Zahlentafel 16 für die in Frage kommenden Zähnezahlen wenig ändert, so daß — durch die nicht berücksichtigte positive Profilverschiebung wird K_1 in Wirklichkeit kleiner — $K_1 < 30/b$. Wir ergänzen die Aufstellung und setzen für b Normzahlen aus der Reihe R 20 DIN 323

$m_n =$	1,25	1,5	1,75	2	mm
$b =$	9	11,2	12,5	14	mm
$\sigma_v \approx$	45	30	23	18	kg/mm²
$K_1 <$	3,3	2,7	2,4	2,1	kg/mm²

Aus der Aufstellung und Zahlentafel 14 ergibt sich, daß wir im zweiten Rechnungsgang nur σ_v zu berücksichtigen brauchen. Für den ersten Rechnungsgang begnügen wir uns mit dem Ergebnis: Zahnbreite etwa 10 mm, Fußkreisdurchmesser am Ritzel $\geqq$ 40 mm, so daß für das im Ritzel liegende Lager mindestens 33 mm Außendurchmesser bleiben.

Räder 3 und 4. Für $z_3 + z_4 = 64$ ist entsprechend der vorigen Rechnung $\alpha_0 = 0{,}3819$; $\operatorname{ev}\alpha_0 = 0{,}0197$; $A_0 = 70{,}615$ mm; $\alpha = 0{,}3594$; $\operatorname{ev}\alpha = 0{,}0163$. $x_3 + x_4 = -64 \cdot 0{,}0034/0{,}8032 = -0{,}271$.

Für $z_{3n} = 39$ und $z_{4n} = 47$ finden wir aus Abb. 94 $w_{v3} = w_{v4} = 0{,}533$ für $x_3 = -0{,}071$ und $x_4 = -0{,}200$.

Das Kleinrad mit $z_3 = 29$ sitzt auf der Abtriebswelle, die im dritten Gang mit $1{,}58 \cdot 10{,}4$ mkg beansprucht wird. Mit $R_{w3} = 70 \cdot 29/64$ ist $U_3 = 518$ kg. Daraus mit $b = 14$ mm

$$\sigma_{v3} = \sigma_{v4} = \frac{518}{2 \cdot 14 \cdot 1{,}31 \cdot 0{,}533} = 27 \text{ kg/mm}^2.$$

Für die oft gebrauchten Werkstoffe 14 und 21, Zahlentafel 14, liegt die Beanspruchung wieder unnötig niedrig. Eine Vergrößerung von β wäre möglich, da der Axialschub aus Rad *4* gegen den von *2* wirkt, wenn man beide Räder in gleicher Richtung schrägt. Es braucht also nur die Axialkraft aus Rad *3* im Abtriebslager der Hauptwelle aufgenommen zu werden. Da dieses ohnehin kräftig bemessen werden muß, wird man ihm den Axialschub zumuten dürfen. Eine Erhöhung von β bedingt bei gleichbleibendem Modul, gleicher Zähnezahl und gleichem Achsabstand eine weitere Verkleinerung des Eingriffswinkels und eine Erhöhung der negativen Profilverschiebung, die hier zulässig ist (Grenzen s. DIN 870).

Aus $b = 12{,}5$ mm nach (32) $\beta = 30°$; $\alpha_0 = 0{,}3979$; $\operatorname{ev}\alpha_0 = 0{,}0224$; $A_0 = 73{,}90$ mm; $\alpha = 0{,}2319$; $\operatorname{ev}\alpha = 0{,}0042$; $\operatorname{tg}\alpha = 0{,}2362$. $x_3 + x_4 = -0{,}0182 \cdot 64/0{,}8406 = -1{,}383$.

Für $x_3 = -0{,}5$ und $x_4 = -0{,}883$ ist $w_{v4} \approx w_{v3} = 0{,}457$.

$$\sigma_{v4} \approx \sigma_{v3} = \frac{518}{2 \cdot 12{,}5 \cdot 1{,}30 \cdot 0{,}457} = 35 \text{ kg/mm}^2.$$

Damit wäre die Sicherheit gegen Dauerbruch bei den beiden genannten Werkstoffen 1,20 bis 1,23, so daß wir diese Bemessung beibehalten wollen. Aus

$$K_1 = \frac{518}{12{,}5 \cdot 67 \cdot 1{,}54 \cdot 0{,}159} = 2{,}53 \text{ kg/mm}^2$$

ergibt sich, daß die Sicherheit gegen Grübchenbildung und zu hohen Gleitverschleiß wesentlich höher ist.

Da schon die Sprungüberdeckung gleich 1 ist, brauchen wir den Überdeckungsgrad nicht nachzuprüfen. Eine Errechnung der Biegehebelarme kann gleichfalls entfallen.

Aus dem Vergleich der letzten Auslegung des Radpaares *3* bis *4* mit der vorläufigen von *1* bis *2* möge der Konstrukteur entnehmen, was unter der „angepaßten Profilverschiebung" verstanden werden soll. Alle vier Räder werden mit einem normgerechten 20°-Werkzeug hergestellt, bei dem linken Paar entsteht eine Verzahnung mit einem Betriebseingriffswinkel $\alpha \approx 27°$, bei dem rechten mit $\alpha \approx 13°$. Dadurch ändert sich die Radialkomponente der Umfangskraft von $0{,}506 \cdot U$ auf $0{,}236 \cdot U$. Dafür muß man eine Verringerung des w_v-Wertes von 0,654 auf 0,457 in Kauf nehmen. Man muß also, rund gerechnet, das Rad in Wellenmitte um 30% breiter machen, um eine Halbierung der Radialkraft[1] zu erreichen.

Bei den gerade verzahnten *Rädern 5 und 6* hatten wir uns zu kleinen Zähnezahlen und großen Modulen entschlossen, um sie gegen Gewaltbruch bei ungeschickter Bedienung möglichst unempfindlich zu machen. Im Leerlauf, im zweiten und dritten Gang sind die beiden Räder außer Eingriff. Der erste Gang ist nur „Notgang für außergewöhnliche Verhältnisse". Die Strömungskupplung ermöglicht das Anfahren auf normalen Straßen im zweiten Gang. Der Laufruhe brauchen wir daher im ersten Gang nicht die gleiche Sorgfalt zuzuwenden, können bei den Rädern *5* und *6* größere Radialdrücke und damit Achsabstandserhöhungen zulassen als bei *3* und *4* und es bei der Wahl: V-Nullgetriebe mit $\alpha = \alpha_0 = 20°$ für $z_5 = 27$ und $z_6 = 13$ belassen.

Wenn wir die bei der Geradverzahnung nötige Flankenrücknahme der einfachen Herstellung wegen durch Änderung des Bezugsprofils durchführen wollen, ist nach Zahlentafel 12 für $z_6 = 13$ höchstens $x_6 = 0{,}2$ möglich. Für $z_5 = 27$ mit $x_5 = -0{,}2$ ist zufällig $w_{v5} = w_{v6} = 0{,}45$. Da Zähnezahlen und Korrekturen sehr verschieden sind, besteht der Verdacht, daß auch die Biegehebelarme l_5 und l_6 so verschieden sind, daß eine andre Wahl der w_v- und x-Werte getroffen werden muß, damit bei gleichen Werkstoffen beide Räder ungefähr gleich beansprucht sind. Machen wir uns also einmal die Mühe, die geometrischen Beziehungen nach Gl. (16) bis (22) zu errechnen. Zunächst die Abmessungen der Einheitsräder:

$$r_{06} = r_{w6} = 6{,}5; \quad r_{g6} = 6{,}11; \quad r_{k6} = 7{,}7; \quad r'_{f6} = 5{,}7; \quad r_{w6} \sin\alpha = 2{,}22;$$
$$r_{05} = r_{w5} = 13{,}5; \quad r_{g5} = 12{,}69; \quad r_{k5} = 14{,}3; \quad r'_{f5} = 12{,}3; \quad r_{w5} \sin\alpha = 4{,}62;$$
$$\beta_{g6} = \pi/2 \cdot 13 + 0{,}0149 + 0{,}728/13 \cdot 0{,}2 = 0{,}147;$$
$$\beta_{g5} = \pi/2 \cdot 27 + 0{,}0149 + 0{,}728/27 \cdot 0{,}2 = 0{,}066;$$
$$e_6 = \sqrt{7{,}7^2 - 6{,}11^2} - 2{,}22 = 2{,}47; \quad e_5 = \sqrt{14{,}3^2 - 12{,}69^2} - 4{,}62 = 1{,}97;$$
$$\alpha + \delta_6 = (2{,}22 - 1{,}97 + 2{,}95)/6{,}11 - 0{,}147 = 0{,}377; \quad \cos(\alpha + \delta_6) = 0{,}930;$$
$$\alpha + \delta_5 = (4{,}62 - 2{,}47 + 2{,}95)/12{,}69 - 0{,}066 = 0{,}336; \quad \cos(\alpha + \delta_5) = 0{,}944;$$
$$l'_6 = 6{,}11/0{,}930 - 5{,}7 = 0{,}87 \quad \text{und} \quad l'_5 = 12{,}69/0{,}944 - 12{,}3 = 1{,}14.$$

Der Faustregel $w_{v5}/w_{v6} \approx \sqrt{l'_5/l'_6}$ würde man mit $x_6 = 0{,}12$, $x_5 = -0{,}12$ und $w_{v6} = 0{,}48$, $w_{v5} = 0{,}42$ gerecht. Die Verringerung der Profilverschiebung bewirkt am Ritzel *6* eine Erhöhung des Bereichs und damit der Größe der Flankenrücknahme, also von h'_6 und f'_6, und eine Minderung von h'_5 und f'_5. Wie wir aus der Betrachtung der Abb. 85 und 86 wissen, verhindert bei treibendem Ritzel die Zurücknahme am Zahnkopf des Großrades den Kopfschlag. Ein ausreichendes f'_5 ist uns für den Berggang wichtiger als f'_6, da Talfahrt mit getriebenem Motor im ersten Gang ein sehr seltener Betriebszustand ist. Entschließen wir uns für $x_6 = 0{,}15$

[1] Siehe Fußnote 1, S. 78.

und $x_5 = -0{,}15$ *, wird $r_{k6} = 7{,}65$ und $r_{k5} = 14{,}35$ und nach Gl. (27) $r'_{k6} = 7{,}37$ und $r'_{k5} = 13{,}88$. Damit wird der Bereich der Flankenrücknahme $h'_6 = 0{,}28$ und $h'_5 = 0{,}47$.

Ich wiederhole, daß bei Geradverzahnung die Flankenrücknahme erwiesenermaßen die Laufruhe erhöht, daß aber weder für den Abrundungshalbmesser r noch für das erforderliche Maß f' ausreichende Versuche vorliegen. Um dem Konstrukteur einen Anhalt zu geben, ist in Abb. 97 die Abhängigkeit von h' und f' angegeben. Die untere Kurve entspricht den abgerundeten Werten der britischen Norm, die obere stellt eine vielleicht erreichbare obere Grenze dar; bei beiden ist $h = 0{,}50$, um einen Leerlaufüberdeckungsgrad $\varepsilon' = 1$ zu bekommen.

Für die Räder *5* bis *6* liest man $f'_6 = 0{,}003$ bzw. $0{,}010$ und $f'_5 = 0{,}009$ bzw. $0{,}028$ ab. Die Flankenrücknahme am Rad in mm ist $F' = mf'$; $\varepsilon' = 1$, wie immer bei Anwendung dieses Herstellungsverfahrens für die Flankenrücknahme. Die Bestimmung des rechnerischen Überdeckungsgrades ε erübrigt sich. Er sei trotzdem angegeben, um noch einmal zu zeigen, daß die Betrachtung von ε ohne Rücksicht auf das Eingriffsflankenspiel im Leerlauf zu Irrtümern führt.

Durch die Änderung von r_{k6} und r_{k5} wird $e_6 = 2{,}34$ und $e_5 = 2{,}09$. Nach (20) $\varepsilon = (2{,}33 + 2{,}12)/2{,}95 = 1{,}50$.

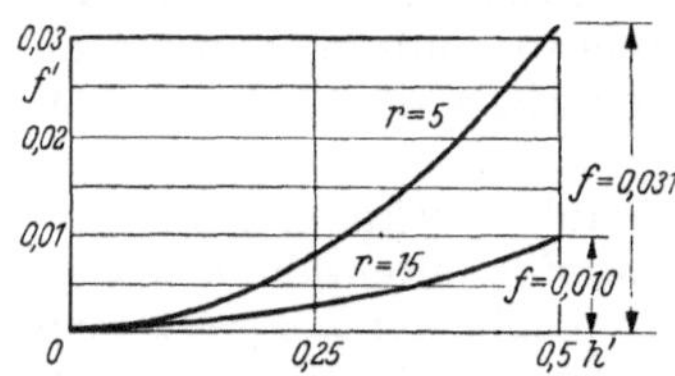

Abb. 97. Flankenrücknahme f' am Kopf des Einheitsrades. Bezeichnungen nach Abb. 91.

Nach (22) $\varrho_6 = 2{,}22 + 2{,}34 - 2{,}95 = 1{,}61$; $\varrho_5 = 4{,}62 + 2{,}95 - 2{,}35 = 5{,}23$; $1/\varrho = 1/1{,}61 + 1/5{,}23$; $\varrho = 1{,}23$.

Nach (25a) $w_k = 2 \cdot 1{,}23 \cdot 0{,}94 = 2{,}32$.

Das Ritzelmoment ist $40/21 \cdot 10{,}4$ mkg, $R_{w6} = 3{,}5 \cdot 6{,}5$ mm, $U_6 = 870$ kg. Für den gewählten Profilverschiebungsfaktor von $\pm 0{,}15$ ist der kleinere Wert $w_{v6} = 0{,}43$. Da bei geraden Zähnen b nicht von den anderen Zahnradgrößen abhängt, rechnen wir von den zulässigen Spannungen zurück. Wenn $\sigma_v = 42$ kg/mm², ist $b = 870/(3{,}5 \cdot 4{,}3 \cdot 42) = 13{,}8$ mm. Um das Einschieben des Rades *5* zu erleichtern, werden die Flanken angespitzt oder abgerundet; um die Gefahr des Zahneckbruches zu mindern, werden sie seitlich abgeschrägt, wie Abb. 93 zeigt. Machen wir für diesen nicht tragenden Teil der Flankenbreite — Rad *6* wird rechts, Rad *5* beiderseits abgeschrägt — einen Zuschlag von 2 mm, wird $b_6 = 16$ und $b_5 = 18$ mm.

Die Wälzpressung im Einzeleingriffspunkt ist nach (25)

$$K_6 = \frac{870}{3{,}5 \cdot 14 \cdot 2{,}32} = 7{,}7 \text{ kg/mm}^2$$

und scheint nach Zahlentafel 14 sehr hoch. Für den ersten Gang können wir nach Zahlentafel 17 $L_v = 9$ Stunden ansetzen; bei unserm nicht zum Anfahren in der Ebene gebrauchten Berggang ist dieser Wert eher zu hoch als zu niedrig. Mit $n_6 = 20/41 \cdot 4300$ ist $L_v n = 1{,}9 \cdot 10^4$. Nach Abb. 96 müßten wir einen der Werk-

---

* Diese Verzahnung ist in Abb. 90 dargestellt, jedoch nicht für das Motorenhöchstmoment von 10,4 mkg, sondern für das Moment bei Höchstleistung $M_1 = 8$ mkg. Index 1 auf der Abbildung entspricht Rad *6*, Index 2 dem Rad *5*. Um den nach ALMEN unzulässigen *pev*-Wert zu vermeiden, müßte $CE_2 = me_5 = 35 \cdot 2{,}09 = 7{,}3$ mm auf 6,9 mm verkürzt werden, mithin $e_5 = 6{,}9/3{,}5 = 1{,}97$, also wieder $x_5 = -0{,}2$ und $x_6 = +0{,}2$. In der folgenden Rechnung würde dann $\varrho_6 = 1{,}74$; $\varrho_5 = 5{,}10$ und $\varrho = 1{,}30$ werden, weiter $w_k = 2{,}44$ und die Wälzpressung $K_6 = 7{,}3$ kg/mm². — Die Tabellen in [*44*] empfehlen $x = \pm 0{,}21$ als Korrektur auf gleiche Zahnfußstärke s_f. Ein Qualitätsunterschied dürfte für die Verzahnungen mit $x = \pm 0{,}12$ bis $\pm 0{,}21$ nicht meßbar sein.

stoffe mit den Nummern 16 und höher wählen. — Die amerikanische Rechnung nach Zahlentafel 17 S. 81 ergibt $w = 100000$ Lastwechsel; $w/60 = 1{,}7 \cdot 10^3$; somit nach Abb. 96 auch Werkstoff Nr. 15 noch voll ausreichend.

Räder 7 und 8. Für den Rückwärtsgang ist die Bemessung der Zähne auf der Grundlage der Zahnfußfestigkeit ein Anhalt, um die Sicherheit gegen Gewaltbruch durch eine unbekannte Zahnkraft abzuschätzen. Für unser $i_R = -5{,}71$ gibt es keine Steigung, auf der wir im Rückwärtsgang mit Vollgas fahren können; selbst eine kurzzeitige Beschleunigung mit Vollgasmoment würden wir sehr unangenehm empfinden. Wir verzichten daher auf die Ermittlung der Wälzpressung, lassen außer acht, daß das Zwischenrad *7* nicht schwellend, sondern wechselnd beansprucht wird, daß der kleinere Ritzeldurchmesser von *8* gegenüber *6* den Zahndruck vergrößert, und bemessen die Räder *5* bis *8* mit gleicher tragender Breite von 14 mm und $w_{v8} = w_{v6} = 0{,}43$.

Es liegt nahe, das Rad *7* auf der Kehrwelle ebenso auszulegen wie Rad *6*, also $z_7 = 13$ und $x_7 = 0{,}15$. Eine größere Zähnezahl würde die Getriebeabmessungen vergrößern, eine kleinere dürfte Schwierigkeiten machen, weil $z_7 = 13$ mit $z_8 = 9$ gepaart ist.

Für die Paarung *5* bis *7* können wir die vorher gefundenen Werte übernehmen. V-Nullgetriebe mit $\alpha_0 = 20°$, $A_0 = 70$ mm. $\varepsilon = 1{,}50$, $\varepsilon' = 1$. Rad *5* wird linksherum getrieben, auch die andere Kopfkante muß zurückgenommen werden. Die Flankenrücknahme ist wieder $f_5' = 0{,}009$ bzw. $0{,}028$ und $f_7' = 0{,}003$ bzw. $0{,}010$.

Nach einer Überschlagsrechnung schätzen wir, daß wir zwischen Rad *7* und *8* einen runden Achsabstand von 40 mm bekommen können, also $a_v = 40/3{,}5 = 11{,}429$; $\cos\alpha = 11/11{,}429 \cdot 0{,}93969 = 0{,}90442$. $\alpha = 0{,}44070$, $\operatorname{tg}\alpha = 0{,}47163$, $\operatorname{ev}\alpha = 0{,}03093$; $\operatorname{ev}\alpha_0 = 0{,}01490$.

$x_7 + x_8 = 0{,}01603 \cdot 22/0{,}728 = 0{,}484$, $x_7 = 0{,}150$; $x_8 = 0{,}334$. Nach Abb. 94 ist das Rad mit 9 Zähnen bei einem Profilverschiebungsfaktor von 0,334 praktisch unterschnittfrei. — Der ungekürzte Kopfhalbmesser $r_{k8} = 4{,}5 + 1 + 0{,}334 = 5{,}834$ läßt sich nicht unterbringen, da $r_{k5} = 14{,}35$. Begnügt man sich mit einem Spiel zwischen den Kopfkreisen von 0,1 (0,35 mm), darf $r_{k8} = 20 - 14{,}45 = 5{,}55$ sein.

Nach Gl. (27) ist $r_{k8}' = 5{,}81$, also größer als r_{k8}, d. h. die Flankenabrundung des Bezugsprofils trifft das Rad nicht mehr. Bei diesem Ritzel können wir ausnahmsweise auf die Flankenrücknahme verzichten, da sich der Kopfschlag nur bei getriebenem Motor auswirkt und dieser Betriebszustand, Talfahrt mit bremsendem Motor im Rückwärtsgang, nicht beachtet zu werden braucht.

Die durch Rad *8* bestimmte Teileingriffstrecke ist daher bei Vollast und Leerlauf gleich,

$$e_8 = e_8' = \sqrt{5{,}55^2 - 0{,}47^2 \cdot 9^2} - 9/22 \cdot 11{,}43 \cdot \sin 0{,}4407 = 1{,}57\,.$$

Die Achszusammenschiebung $k = 0{,}484 - 0{,}429 = 0{,}055$ macht bei Rad *7* eine Kopfkürzung nicht nötig, da das restliche Kopfspiel $0{,}2 - 0{,}055 = 0{,}145$ noch ausreicht. Daher $r_{k7} = 7{,}65$ und $r_{k7}' = 7{,}37$,

$$e_7 = \sqrt{7{,}65^2 - 0{,}47^2 \cdot 13^2} - 13/22 \cdot 11{,}43 \cdot \sin 0{,}4407 = 1{,}73\,,$$

$$e_7' = \sqrt{7{,}37^2 - 37{,}33} - 2{,}87 = 1{,}25\,.$$

Der bei Vollast wirksame Überdeckungsgrad $\varepsilon = 3{,}30/2{,}95 = 1{,}12$, der bei Leerlauf wirksame Überdeckungsgrad $\varepsilon' = 2{,}82/2{,}95 = 0{,}96$.

Der zu geringe Leerlaufüberdeckungsgrad führt zum Klappern der Räder *7* und *8*. Er ist daher zu erhöhen, indem man r_{k8} größer als 5,55 werden läßt und das nötige Spiel durch Verkleinern von r_{k5} herstellt. Diese Maßnahme verringert

h'_5 und f'_5, sie macht aber das Schieberad unempfindlicher gegen Gewaltbruch durch Bedienungsfehler.

Die endgültige Festlegung werden wir einem zweiten Rechnungsgang vorbehalten und zunächst unser Augenmerk darauf richten, ob wir mit dem Außendurchmesser von 33 mm für das Lager in Rad *1* auskommen (entsprechend einem Walzenkranz $25 \times 33 \times 20$ mit $d = 33$ mm nach DIN 5407 oder einem Nadellager Na 30 nach DIN 617) und mit einem Fußkreisdurchmesser $D_{f8} = 2 \cdot 3{,}5\ (4{,}5 - 1{,}2 + 0{,}334) = 25{,}438$ mm für das auf das Wellenende aufgeschnittene Ritzel.

4.32 Lager.

Die Berechnung der übrigen Bauteile ist in den dem Ingenieur geläufigen Handbüchern und in den „Konstruktionsbüchern" ausführlich und ausreichend übereinstimmend dargestellt, so daß ich mich auf einige Andeutungen beschränken kann.

Aus den berechneten Werten für die Umfangskraft U und den Betriebseingriffswinkel α ermittelt man die auf die Lager und Wellen wirkenden Kräfte, und zwar am besten in zwei zueinander senkrechten Richtungen, wie in Abb. 93 dargestellt. Nun hat man die Wellenlängen abzuschätzen. In Abb. 103 ist nach Schätzung eingesetzt: Lagermitte bis Zahnradrand 10 mm, freier Raum zwischen *1* und *3* für zweiseitige Zahnkupplung mit beidseitiger Gleichlaufeinrichtung durch Reibkegel 50 mm, freier Raum zwischen *4* und *6* für Schaltgabel und Gleitring am Schieberad 10 mm, beiderseitiges Spiel beim Leerlauf des Schieberades 2 mm. Ferner ist die Lagerentfernung an der Eingangswelle so einzusetzen, daß die Hauptkupplung untergebracht werden kann.

Auch ohne Rechnung läßt sich meistens übersehen, bei welcher Schaltung die einzelnen Bauteile am stärksten belastet werden. In unserem Beispiel ist für die Berechnung der Lager D und E der Rückwärtsgang zugrunde zu legen, für die Lager A, B und C der erste Gang. Dieser ist auch maßgebend für die Bemessung der Wellen nach der zulässigen Spannung und Durchbiegung.

Beispielsweise erhält man aus $P_{a5} = U_5 \operatorname{tg} \alpha_5$ und dem Gleichgewicht der Momente um D die senkrechte Komponente C_s, aus U_5 die waagerechte Lagerkraft C_w, aus C_s und C_w die gesamte radiale Lagerkraft $C_r = \sqrt{C_s^2 + C_w^2}$. Die Gewichte der Räder und Wellen können gegenüber den Kräften vernachlässigt werden.

Die Längsbelastung durch die Schrägverzahnung des Rades *3* pflegt man im Lager D aufzunehmen, $D_a = U_3 \operatorname{tg} \beta_3$, die axiale Lagerkraft in A ist $A_a = U_1 \operatorname{tg} \beta_1$. Die gleiche Längskraft wirkt in B, sofern dieses Lager in Achsrichtung festgelegt wird. Im dritten Gang wird diese Längskraft um $U_3 \operatorname{tg} \beta_3 = U_4 \operatorname{tg} \beta_4$ vermindert, wenn die Schrägungen der Räder *1* und *3* einerseits, der Räder *2* und *4* andrerseits gleichgerichtet sind.

Im Fahrzeuggetriebe verwendet man sowohl Gleit- als Wälzlager. Üblich ist es, axiale Belastungen in Wälzlagern aufzunehmen, bei denen wie erwähnt eine gewisse (von der Lagerluft abhängige) Längskraft die Lebensdauer erhöht. Vorzugsweise verwandt werden Ringlager DIN 625, leichte und mittelschwere Reihen.

Bei besonders beschränktem Außendurchmesser, wie beim Lager C Abb. 93, werden Walzenkränze nach DIN 5407, seltener Nadellager nach DIN 617, oder Gleitlager eingebaut.

Bei Einsetzen des Lebensdauerfaktors ist zu berücksichtigen, daß bei nicht fluchtenden Wellen stets ein Zahnradpaar belastet ist, während im direkten Gang eines Getriebes nach Abb. 1 die Lager nur durch Gewichte und Unwuchten belastet sind. Für das Verhältnis der Laufzeiten in den einzelnen Gängen kann der

Konstrukteur die Zahlentafel 17 und 19 (S. 114) heranziehen. Als obere und untere Grenze der erforderlichen Lebensdauer gibt MUNDT an:

Personenkraftwagen . . . . . . 250 bis 1000 Betriebsstunden,
Lastkraftwagen . . . . 1500 bis 4000 Betriebsstunden.

4.33 Wellen.

Die Anwendung hochwertiger Stähle erhöht die Wellensteifigkeit nicht und die Wechselfestigkeit nur dann, wenn Kerbwirkungen weitgehend vermieden werden können. Der Getriebebauer wird versuchen, das Ritzel *1* aus legiertem Stahl nach Zahlentafel 14 auf eine Welle aus St 42, St 50 usw. aufzuschrumpfen, wenn die verfügbaren Durchmesser das zulassen. Zwingen ihn in die Welle eingeschnittene Zähne oder Keilnuten zur Wahl eines hochwertigen Wellenwerkstoffes, sollte er auf den Abbau von Spannungsspitzen besonders bedacht sein.

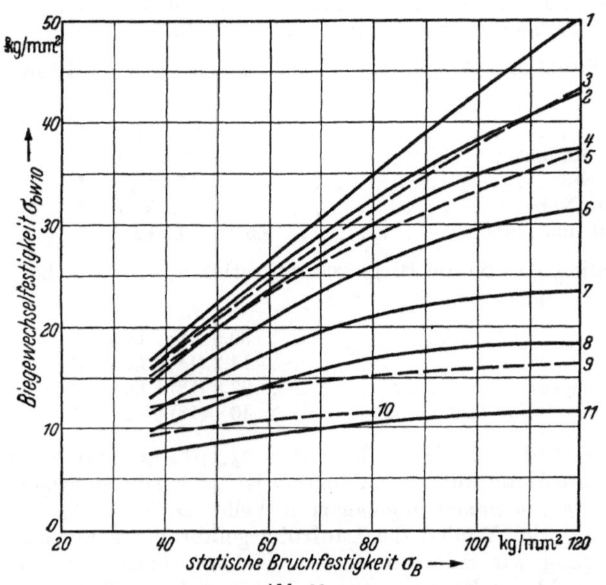

Abb. 98a.

Abb. 98b.

Abb. 98. Biegewechselfestigkeit $\sigma_{bW_{10}}$ für Stahlwellen mit $d = 10$ mm nach Versuchen LEHR und THUM aus (73).

Kurve *1* glatte Stahlwelle poliert,
Kurve *3* glatte Stahlwelle geschliffen oder fein geschlichtet,
Kurve *5* platte Stahlwelle geschruppt,
Kurve *2* Stahlwelle, vom Durchmesser D auf d abgesetzt, mit Abrundungshalbmesser r. $D/d = 2$; $r/d = y = 0,5$,
Kurve *4* Wie vor, jedoch $y = 0,3$,
Kurve *6* Wie vor, jedoch $y = 0,2$,
Kurve *7* Wie vor, jedoch $y = 0,1$,
Kurve *8* Wir vor, jedoch $y = 0,05$,
Kurve *11* Wie vor, jedoch $y = 0$,
Kurve *9* Stahlwelle mit aufgepreßter Nabe ohne Keil,
Kurve *10* Stahlwelle mit aufgekeilter Nabe.

Bei anderem Durchmesser ist $\sigma_{bW} \approx b_0 \cdot \sigma_{bW_{10}}$ mit

$b_0 =$	1	0,9	0,8	0,7	0,6
$d =$	10	20	30	50	100 mm

Bei anderem Durchmesserverhältnis D/d gilt für abgesetzte Wellen $y = r/d + q$ mit

$q =$	0	0,022	0,04	0,052	0,07	0,1	0,13
$D/d =$	2	1,6	1,4	1,3	1,2	1,1	1,05

Die Wellendurchmesser werden zunächst nach der zulässigen Vergleichsspannung ausgelegt und dann auf Durchbiegen nachgerechnet. An der Abtriebswelle tritt das größte Vergleichsmoment M_v an der Angriffsstelle von $P_5 = U_5/\cos\alpha_5$ auf. Das Biegemoment M_b aus der Lagerkraft C und dem Abstand P_{a5} bis C, das Drehmoment M_d aus dem Motorenhöchstmoment M_3 und der Übersetzung im ersten Gang i_{I}. Daraus das Vergleichsmoment $M_v = \sqrt{M_b^2 + (a/2 \cdot M_d)^2}$ mit dem Faktor a für die Umwertung der Spannungen. a ist für den Regelfall — wechselnde Biegespannung σ_b und schwellende Drehspannung τ_d — $a = \sigma_{b\,\mathrm{zul}}/\tau_{d\,\mathrm{zul}} \approx 1,0$ und für σ_b und τ_d wechselnd $a \approx 1,7$. Daraus $d = 2,17\,\sqrt[3]{M_v/\sigma_{b\,\mathrm{zul}}}$; $\sigma_{b\,\mathrm{zul}} < \sigma_{bw}$ nach Abb. 98.

Aus den ebenso errechneten Wellendurchmessern für die anderen Kraftangriffe erhält man die zulässige Schwächung der Welle nach den Enden zu (schwächere Wellendurchmesser oder andere Nabenbefestigungen, z. B. Scheibenfedern u. a. m.). Für den umgekehrten Fall, daß der verfügbare Durchmesser nicht ausreicht, um genügend große Abrundungshalbmesser unterzubringen, gibt es einige erprobte Auswege. — „Oberflächendrücken" durch schmale Rollen, „Hochtrainieren" durch langsames Steigern der Belastung und Härten der gefährdeten Stellen. Als Anhalt diene:

Hochtrainieren, Erhöhung von σ_{bW} um	20%
Oberflächendrücken, Erhöhung von σ_{bW} um	40%
Örtliches Härten, Erhöhung von σ_{bW} um	100%

ferner: nach Versuchen von Thum mit Wellen aus St 50.11 mit $d = 14$ bis 18 mm betrug σ_{bw} [73].

Glatte Welle	24,5 kg/mm²
Mit auslaufender Keilnut	19,5 kg/mm²
Mit Paßfeder in Nut	14,5 kg/mm²
Ohne Keilnut mit Nabe	13,0 kg/mm²
Mit Keilnut, Keil und Nabe	9,5 bis 10,5 kg/mm²

und bei einem Si-Mn-Stahl mit $\sigma_B = 56$ die Biegewechselfestigkeit (Drehwechselfestigkeit)

Glatte Welle	30,5 (18)	kg/mm²
Mit aufgepreßter Nabe	14,2 (14,7)	kg/mm²
Ebenso, aber Nabensitz gewalzt	27,8 (18)	kg/mm²
Ebenso, aber Nabensitz mit Brennstahl gehärtet . . .	> 40 (18)	kg/mm²

Die letzten Zahlen zeigen, daß sich der Faktor $a = \sigma_{b\,zul}/\tau_{d\,zul}$ sehr stark ändern kann. — Bei der Nachprüfung auf Durchbiegung ist zu berücksichtigen:

Wir wissen aus der Erfahrung mit mehrfach gelagerten Wellen (z. B. ZF-Aphongetriebe), daß die Durchbiegung der Wellen die Laufruhe gefährdet; wir wissen aber nicht, welche Durchbiegung wir zulassen dürfen. Sicher arbeiten bei der Geräuschbildung eine ganze Anzahl von Faktoren zusammen, von denen die Durchbiegung nur einer ist. — Betrachtet man die Verformung zweier Wellen in der gemeinsamen Ebene, so setzt sich die Abstandsvergrößerung der Zahnräder aus der Durchbiegung f_1, der einen Welle und f_2 zusammen; f_1 und f_2 sind proportional der Kraft U tgα. Die Abstandserhöhung $f_a = f_1 + f_2$ bewirkt auf der Eingriffstrecke eine Entfernung der Zahnflanken voneinander um den Betrag $f_c = f_a/\sin\alpha$, so daß f_c proportional $U/\cos\alpha$ ist. Der den fehlerfreien Eingriff schädigende Wert f_c wächst also mit dem Eingriffswinkel in den in Frage kommenden Grenzen wenig, die Abstandsvergrößerung f_a stark[1].

Rein statisch gesehen, ist die Evolventenverzahnung unempfindlich gegen Abstandsvergrößerung. Die Durchbiegung hat bei Geradzahnrädern sogar den Vorteil, daß sie die Gefahr des Kopfschlages mindert. Man könnte ruhig laufende Geradzahnräder ohne Flankenrücknahme herstellen, indem man die Verschiebung f_c aus der Welldurchbiegung der Verschiebung $f_A + f_B$ aus den Zahnfehlern und der Zahnverformung gleich macht; bei Leerlauf sind f_c und f_A null. Da wir jedoch kaum errechnen können, mit welcher Amplitude die Räder um die durch die statische Rechnung bestimmte Mittellage schwingen, können wir uns diese Überlegung nur insofern zunutze machen, daß wir bei den Rädern in Wellenmitte die Korrektur bis zu der Grenze in Zahlentafel 12 ausdehnen können, während wir

[1] Siehe Fußnote 1, S. 78.

bei den Rädern an den Gehäusewänden uns in achtungsvoller Entfernung von ihr halten, weil sich diese Räder nur innerhalb des Lagerspiels voneinander zu drücken vermögen.

Im übrigen läßt unsre mangelhafte Kenntnis höchstens eine Faustregel für die auf die Eingriffslinie bezogenen Fehler und Verformungen zu. Die Zahnfehler f_B sollten kleiner sein als die Verbiegungen f_A. Diese Bedingung erfüllen hoch belastbare Präzisionsgetriebe, wie wir sahen. Die Verschiebungen f_c aus der Abstandsvergrößerung sollten ebenfalls kleiner sein als f_A. Diese Forderung können wir bei Wellen ohne Zwischenlager in der Regel nicht befriedigen und müssen uns damit

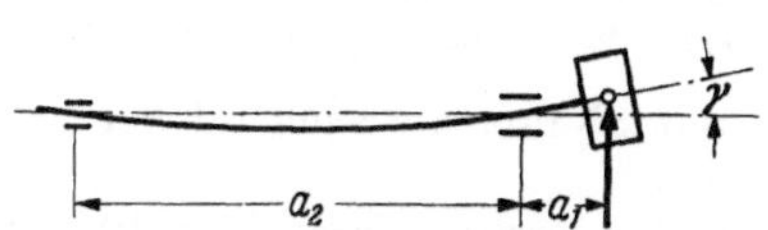

Abb. 99. Gleichbleibender Wellendurchmesser d.

$$\operatorname{tg}\gamma = \frac{a\,P}{E\,I} = \frac{a}{d^4}\,P\cdot 10^{-3}, \quad a = \frac{a_1\,a_2}{3} + \frac{a_1^2}{2}$$

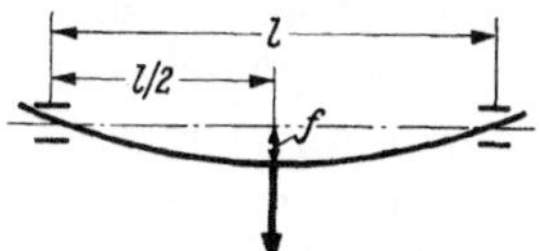

Abb. 100. d = const.

$$f = 0{,}02\,\frac{l^3}{d^4}\,P\cdot 10^{-3}\ [\mathrm{mm}]$$

begnügen, f_c in die Größenanordnung von f_A zu bringen. Bei dem Personenwagengetriebe unsres Rechenbeispiels dürften mithin f_c und f_a — wir messen diese Werte im folgenden nicht am Einheitsrad, sondern in mm — einige Hundertstel mm betragen. Die Rechnung müßte (ebenso wie die Messung) die Tausendstel mm erfassen.

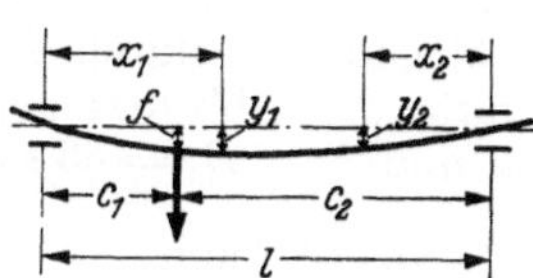

Abb. 101. d = const.

$$f = \frac{c_1^2\,c_2^2}{3\cdot l\cdot d^4}\,P\cdot 10^{-3}$$

$$y_1 = \frac{c_1^2\,c_2^2\,x_1}{6\cdot l\cdot d^4}\left(\frac{2}{c_1} + \frac{1}{c_2} - \frac{x_1^2}{c_1^2\,c_2}\right)P\cdot 10^{-3}$$

$$y_2 = \frac{c_1^2\,c_2^2\,x_2}{6\cdot l\cdot d^4}\left(\frac{2}{c_2} + \frac{1}{c_1} - \frac{x_2^2}{c_1\,c_2^2}\right)P\cdot 10^{-3}$$

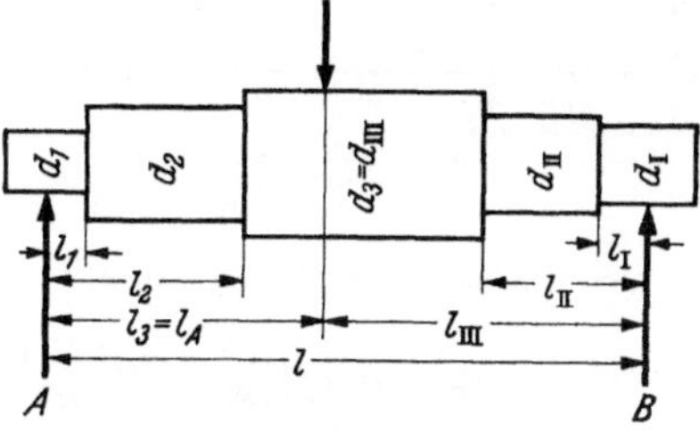

Abb. 102. Wellenabsätze.

$$f_A = 0{,}32\left(\frac{l_1^3}{d_1^4} + \frac{l_1^3 - l_2^3}{d_2^4} + \frac{l_3^3 - l_2^3}{d_3^4}\cdots\right)$$

$$f_B = 0{,}32\left(\frac{l_I^3}{d_I^4} + \frac{l_{II}^3 - l_I^3}{d_{II}^4} + \frac{l_{III}^3 - l_{II}^3}{d_{III}^4}\cdots\right)$$

$$f = f_A + \frac{f_A - f_B}{l/l_A}$$

Absätze an den Wellenenden beeinflussen die Durchbiegung kaum, so daß die Näherungsrechnung Abb. 99 bis 101 oft ausreicht. Die Rechnung an der abgesetzten Welle Abb. 102 ist [*73*] entnommen.

Wir hatten oben für das Getriebe Abb. 93 errechnet

$U_1 = U_2 = 430$ kg; $\operatorname{tg}\alpha = 0{,}506$; $P_{a1} = P_{a2} = 218$ kg;

$U_3 = U_4 = 518$ kg; $\operatorname{tg}\alpha = 0{,}236$; $P_{a3} = P_{a4} = 125$ kg; $\sin\alpha = 0{,}230$;

$U_5 = U_6 = 870$ kg; $\operatorname{tg}\alpha = 0{,}364$; $P_{a5} = P_{a6} = 317$ kg.

Für die Bemessung der Zwischenwelle sind die Verhältnisse im ersten Gang maßgebend (s. a. Abb. 103, das den zweiten Gang zeigt).

$158\cdot B_s = 143\cdot P_{a2} + 57\cdot P_{a6}$; $B_s = 312$ kg; $E_s = 223$ kg;

$158\cdot B_w = 143\cdot U_2 - 57\cdot U_6$; $B_w = 75$ kg; $E_w = 515$ kg;

$E = \sqrt{E_s^2 + E_w^2} = 561$ kg. Das größte Biegemoment $M_b = 57 \cdot E = 32 \cdot 10^3$ mmkg, das Drehmoment $M_d = 40/21 \cdot 10400 = 20 \cdot 10^3$ mmkg. Das Vergleichsmoment $M_v = \sqrt{32^2 + 10^2} \cdot 10^3 = 33500$ mmkg.

Bei einem Fußkreisdurchmesser $D_{f6} = 2 \cdot 3{,}5\,(6{,}5 - 1{,}2 + 0{,}15) = 38{,}15$ mm und einem Wellendurchmesser d von 30 mm wäre ein Abrundungshalbmesser r von 4 mm möglich. Die Werte für Abb. 98 wären also

$$D/d = 38/30 = 1{,}3; \qquad r/d = 4/30 = 0{,}133;$$
$$q = 0{,}052; \qquad y = 0{,}133 + 0{,}052 = 0{,}185.$$

Durch Interpolieren zwischen den Kurven *6* und *7* findet man (für $\sigma_B = 120$ kg/mm²) $\sigma_{bW10} = 30$ kg/mm²; $\sigma_{bW} = b_0 \cdot \sigma_{bW10} = 0{,}8 \cdot 30 = 24$ kg/mm². Der Wellendurchmesser $d = 2{,}17\sqrt[3]{33500/24} = 24{,}2$ wäre mit 25 mm ausreichend bemessen, da sich y und b_0 gegenüber der Annahme erhöhen.

Die Wellendurchbiegung errechnen wir für den ersten Gang Abb. 103. Das Ritzel *1* wird durch P_{a1} und C_s belastet. $C_s = 82/143 \cdot 125 = 72$ kg. Die Kraft P in Abb. 99 ist $218 + 72 = 290$ kg. Bei $d = 25$ mm für die Eingangswelle und einem Abstand $a_1 = 15$ und $a_2 = 145$ mm ist $\operatorname{tg}\gamma = 0{,}62 \cdot 10^{-3}$, bleibt also unter dem üblichen Anhaltswert von 0,001. Die Lagerstelle C hebt sich um $15 \cdot 0{,}62 \times \times 10^{-3}$ mm $= 9{,}3 \cdot 10^{-3}$ mm. Das wirkt sich bei Rad *3* um den Betrag $f_3' = 82/143 \cdot 9{,}3 \cdot 10^{-3} = 5{,}4 \cdot 10^{-3}$ mm aus.

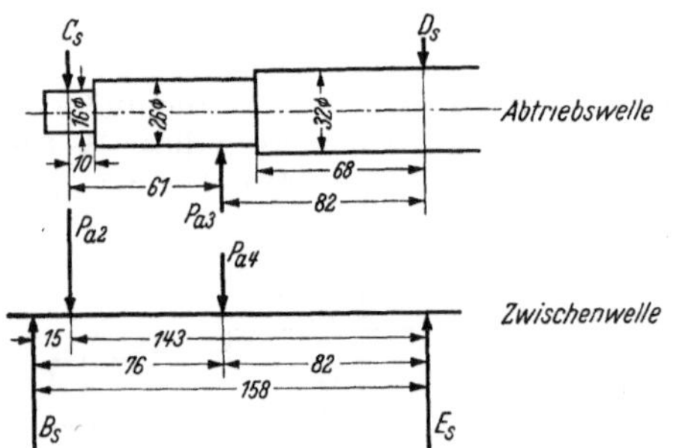

Abb. 103. Beispiel Wellenberechnung.

Außerdem hebt sich Rad *3* infolge der Durchbiegung f_3'' durch P_{a3}. Die Auflagerkräfte der Abb. 102 sind $A = C_s = 72$ kg und $B = D_s = 53$ kg.

$$f_C = 0{,}32\left(\frac{10^3}{16^4} + \frac{61^3 - 10^3}{26^4}\right) \cdot 72 \cdot 10^{-3} = 11{,}75 \cdot 10^{-3}\,\text{mm};$$

$$f_D = 0{,}32\left(\frac{68^3}{32^4} + \frac{82^3 - 68^3}{26^4}\right) \cdot 53 \cdot 10^{-3} = 13{,}88 \cdot 10^{-3}\,\text{mm};$$

$$f_3'' = \left(11{,}75 + \frac{2{,}13 \cdot 61}{143}\right) \cdot 10^{-3} = 12{,}66 \cdot 10^{-3}\,\text{mm}.$$

Die gesamte senkrechte Verschiebung des Rades *3* ist $f_3 = (5{,}4 + 12{,}7) \cdot 10^{-3} = 18 \cdot 10^{-3}$ mm.

Die Zwischenwelle wird durch P_{a2} und P_{a4} nach unten gebogen. Für die Durchbiegung durch P_{a2} an der Stelle $x_1 = 76$ mm können wir nach Abb. 101 setzen — die beiden letzten Klammerglieder können vernachlässigt werden

$$f_4' = y_1 = \frac{2 \cdot c_1 c_2^2 x_1}{6 \cdot l\, d^4} P \cdot 10^{-3} = \frac{15 \cdot 143^2 \cdot 76}{3 \cdot 158 \cdot 25^4} \cdot 218 \cdot 10^{-3} = 27 \cdot 10^{-3}\,\text{mm}.$$

P_{a4} greift etwa in der Mitte an, so daß wir Abb. 100 anwenden können:

$$f_4'' = 0{,}02 \cdot 158^3/25^4 \cdot 125 = 25 \cdot 10^{-3}\,\text{mm}.$$

Die Gesamtverschiebung $f_4 = 52 \cdot 10^{-3}$ mm und die Achsabstandsvergrößerung $f_a = f_3 + f_4 = 70 \cdot 10^{-3}$ mm. Bezieht man diese auf die Eingriffslinie, ist $f_c = f_a/\sin\alpha = 300 \cdot 10^{-3}$ mm, also in einer zu hohen Größenordnung.

Die Rechnung geht von der Annahme aus, daß sich die Wellen um die Lagermitten drehen und der Kraftangriff in der Mitte der Radbreite bleibt. Tatsächlich wird durch die Schrägstellung der Welle im Lager das Biegemoment kleiner. Die Werte f_3' und f_4' sind daher zu hoch, während f_3'' und f_4'' Zutrauen verdienen. Aber auch wenn man die erstgenannten Durchbiegungen mit der Hälfte einsetzt, wird man sich entschließen müssen, die Zwischenwelle zu verstärken. Geht man von 25 mm auf den mit Rücksicht auf D_{f6} höchst zulässigen Wellendurchmesser von 35 mm, wächst die Wellensteifigkeit auf das $(35/25)^4 = 3{,}84$fache. Unter der obigen Annahme ist $f_3' = 2{,}7$ und $f_3'' = 12{,}7$ und $f_3 = 15 \cdot 10^{-3}$ mm. $f_4' = 13{,}5/3{,}84 = 3{,}5$ und $f_4'' = 25/3{,}84 = 6{,}5$ und $f_4 = 10 \cdot 10^{-3}$ mm. $f_a = 25$ und $f_c = 109 \cdot 10^{-3}$ erscheinen zwar nicht voll befriedigend, aber tragbar. Eine weitere Verminderung wäre durch Verstärken der Abtriebswelle, Erhöhen der Maße 26 und 32 ∅, möglich, ferner durch Vergrößern des Wellendurchmessers der Eingangswelle im Gehäuselager. Alle drei Wellen würden dann der Steifigkeit wegen stärker bemessen sein, als es die Beanspruchung erfordert, so daß besondere Anstrengungen zum Abbau der Spannungsspitzen entbehrlich werden.

4.34 Naben.

Mit Rücksicht auf einfache Demontage, die allerdings kaum je nötig ist, werden Preßsitze und Schrumpfsitze zur festen Verbindung von Nabe und Welle selten angewandt — DIN 7190 Preßpassungen, Berechnung. Keile sind nicht beliebt, weil sie einen Rundlauffehler des Zahnrades hervorrufen. Üblich sind

Scheibenfedern nach DIN 6888. Billig, schwächen aber die Welle stark, daher nur neben den Lagern anwenden.

Paßfedern nach DIN 496, neuerdings auch das auf Sondermaschinen leicht genau herstellbare K-Profil.

Für verschiebbare Naben werden bevorzugt Keilwellen und -naben nach DIN 5462 bis 5464, auch Vielnutwellen genannt.

Zur formschlüssigen Verbindung von Naben werden eine Anzahl von Elementen benutzt: Klauenkupplungen mit radialen, meist rechteckig ausgebildeten Zähnen, Bolzen- und Stiftekupplungen, ferner Kupplungen mit verzahnten Mantelflächen. Die Zähne dieser Zahnkupplungen sind rechteckig, seltener dreieckig (Kerbzahnprofil nach DIN 5481), neuerdings evolventenförmig (Zahnwellen- und Zahnnabenprofil nach DIN 5482, Entwurf).

5. Föttinger-Kupplung.

5.1 Grundgesetze der Föttinger-Kupplung.

In Abb. 104 ist das Pumpen- und das Turbinenrad einer Strömungskupplung (Flüssigkeitskupplung, hydraulischen Kupplung, Föttinger-Kupplung) dargestellt. Gestaltung und Fertigung der Strömungskupplungen sollen uns hier nicht beschäftigen, sondern die Verwendung als Getriebebauelement.

Das Pumpenrad wird angetrieben und gibt seine Leistung an die Arbeitsflüssigkeit — meist ein dünnflüssiges Öl, das auch zur Schmierung der Lager und Zahnräder verwendet wird — ab. Im Turbinenrad erfolgt die Umsetzung in mechanische Leistung. Bei der zweimaligen Umsetzung entstehen Verluste, die als Wärme abgeführt werden müssen, und zwar entweder über die Kupplungsschalen an die umgebende Luft oder über Wärmeaustauscher an das auch zur Motorenkühlung verwendete Wasser.

Bei der Strömungskupplung ist zur Aufnahme eines Differenzdrehmomentes kein Bauteil vorhanden. Das vom Pumpenrad aufgenommene Moment M_p ist daher dem vom Turbinenrad abgegebenen Drehmoment M_t gleich, wenn man die geringen Verluste durch Luft- und Lagerreibung vernachlässigt. Für geometrisch und hydraulisch ähnliche Kupplungen gilt

$$M_p = -M_t = f_m\, n_p^2\, D^5 . \tag{33}$$

D ist eine kennzeichnende Abmessung, meist der äußere Durchmesser des Flüssigkeitsringes in m. VOITH rechnet für die aufgenommene Leistung N_p in PS mit der Beziehung

$$N_p = k \left(\frac{n_p}{100}\right)^3 D^5 . \tag{34}$$

Abb. 104. Föttingerkupplung Bauart Voith. Links Pumpenrad, Mitte Turbinenrad, rechts das an das Pumpenrad angeflanschte Gehäuse (Werksfoto).

Zwischen den beiden Festwerten besteht die Beziehung

$$f_m = 7{,}162 \cdot 10^{-4} k .$$

Diese Festwerte sind für eine bestimmte Bauart und Flüssigkeit vom Schlupf zwischen Pumpen- und Turbinenrad abhängig, wie in Abb. 105 und 106 dargestellt. Der Schlupf

$$s = 1 - n_t/n_p$$

ist, da $M_p = -M_t$, unmittelbar ein Maßstab für den Wirkungsgrad η_s der Strömungskupplung

$$\eta_s = \frac{n_t}{n_p} = 1 - s .$$

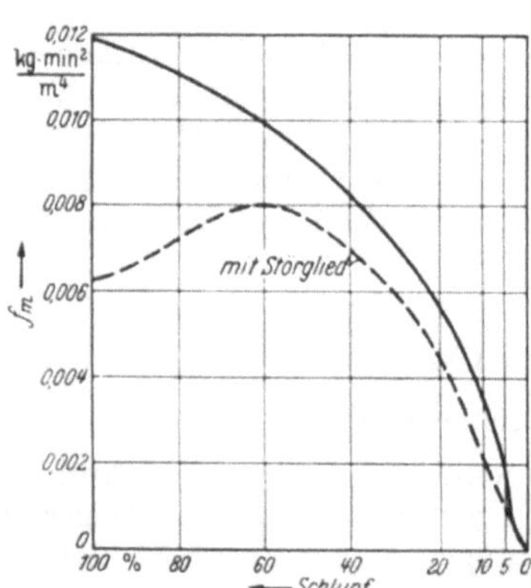

Abb. 105. Kennlinie einer Föttingerkupplung nach Spannhake. Festwert f_m nach Gl. (33).

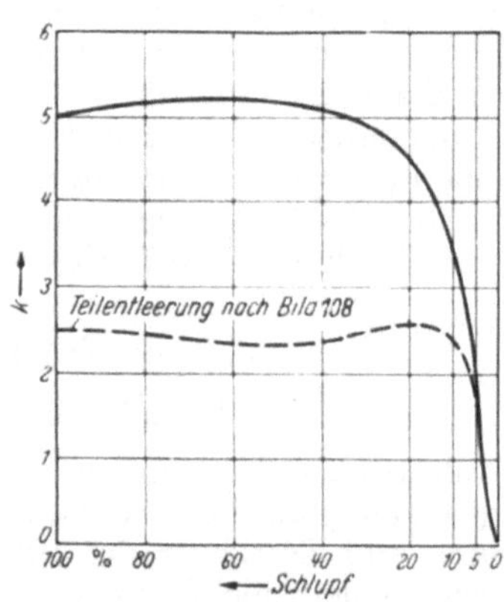

Abb. 106. Kennlinie einer Föttingerkupplung Bauart Voith. Festwert k nach Gl. (34).

Beim Gleichlauf von Pumpe und Turbine — $\eta_s = 1$ und $s = 0$ — wird kein Drehmoment übertragen und keine Flüssigkeit umgewälzt. Bei größer werdendem Schlupf werden Drehmoment und Verlust größer; die umgewälzte Flüssigkeitsmenge steigt, ein Umstand, der die Abführung der Verlustwärme erleichtert.

5.2 Bauarten der Föttinger-Kupplung.

5.21 Normale Ausführung.

Für die Auslegung der Strömungskupplung brauchen wir die Abhängigkeit des von der Kupplung übertragenen Drehmomentes M_p von der Motorendrehzahl.

Setzen wir die Strömungskupplung an die Stelle der Reibungskupplung D in Abb. 1, läuft das Pumpenrad, die Primärschale, mit Motorendrehzahl um; $n_A = n_p$. In Abb. 107 sind die f_m-Werte aus Abb. 105, ausgezogene Kurve, über $n_p = 1$ aufgetragen. Die Linien des bei gleichem Wirkungsgrad und Schlupf übertragenen Drehmomentes sind gemäß Gl. (33) quadratische Parabeln $M_p = C n_p^2$, wobei der Ordinatenmaßstab für M_p zunächst offenbleibt.

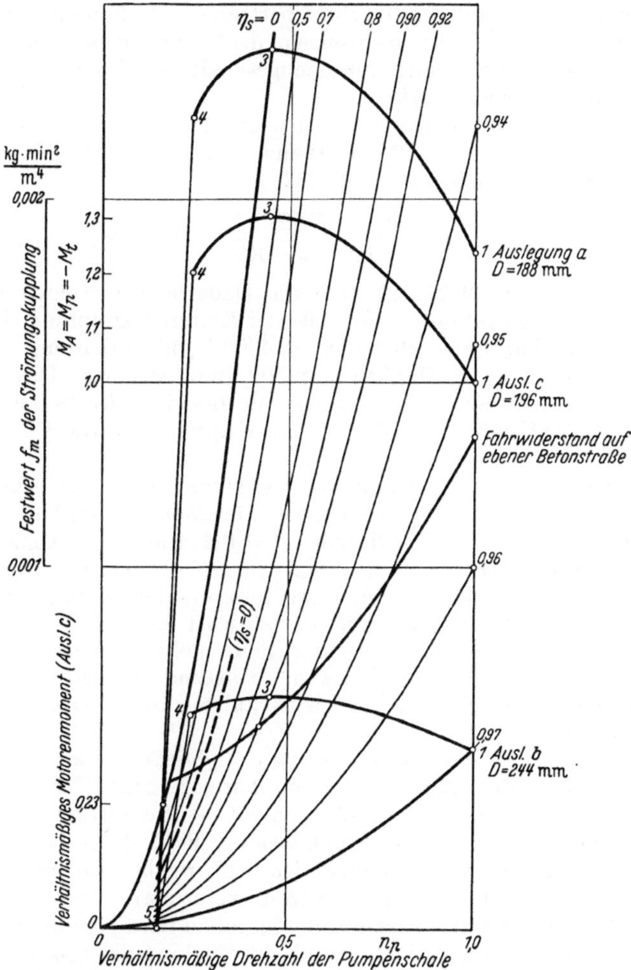

Abb. 107. Föttingerkupplung nach Abb. 105 mit Motor nach Abb. 5. Wahl der Kupplungsgröße.

In diese Abbildung zeichnet man das bei Vollgas verfügbare Motorenmoment, etwa unseres Viertakt-Ottomotors, mit dem der Dauerhöchstleistung entsprechenden Moment $M_1 = 1$ bei $n_1 = 1$, dem höchsten Moment $M_3 = 1{,}3$ bei $n_3 = 0{,}45$, dem Moment M_4 bei der niedrigsten Vollgasdrehzahl $n_4 = 0{,}24$ und die sichere Leerlaufdrehzahl $n_5 = 0{,}15$ ein.

Bei Stillstand des Fahrzeuges liegt der Betriebspunkt auf der Linie $\eta_s = 0$ ($s = 1$), auf der Linie des „Schleppmomentes". Wollen wir beim Anfahren das größte Motorenmoment ausnutzen, müssen wir M_3 auf diese Linie legen, wie bei Auslegung *a* geschehen. Dann liegt der Punkt 1 bei $\eta = 0{,}945$. Dieser Punkt gibt einen Anhalt für den Verlust an Dauerhöchstgeschwindigkeit und den Wirkungsgrad bei Fahrt in der Ebene. — Die Verbindungslinie zwischen *4* und *5*, die hier als Gerade angenommen ist, gibt an, bei welcher niedrigsten Drehzahl der Motor mit den angegebenen Momenten noch einwandfrei läuft. Ihr Schnittpunkt mit der Schleppmomentenlinie bestimmt den Leerlaufpunkt, auf den der Motor eingestellt werden muß. Das hierbei übertragene Drehmoment wird „Kriechmoment" genannt. Es muß durch Bremsen des Fahrzeuges vernichtet werden, soweit es, unter Berücksichtigung der nachgeschalteten Übersetzung, über dem Anfahrmoment des Wagens liegt.

Für die Auslegung *a* liest man aus Abb. 107 ab, daß für den Punkt 1 der größten Dauerleistung der f_m-Wert 0,00185 ist. Wenn wieder $N_1 = 48$ PS bei $n_1 = 4300$ U/min, also $M_1 = 8$ mkg, wird nach Gl. (33)

$$D = \sqrt[5]{\frac{8}{0{,}00185 \cdot 4300^2}} = 0{,}188\,\mathrm{m}\,.$$

Da Punkt 1 bei $\eta_s = 0{,}945$ liegt, fällt die Dauerhöchstgeschwindigkeit durch den Einbau der Föttingerkupplung an Stelle der Reibungskupplung. Will man dies vermeiden, d. h. die Turbinendrehzahl $n_t = 4300$ U/min erhalten, muß man die Pumpendrehzahl auf $n_p = 4300/0{,}945 = 4550$ U/min erhöhen. Das bedingt eine Vergrößerung der Dauerhöchstleistung des Motors von 48 PS bei 4300 U/min auf 50,8 PS bei 4550 U/min. Das Maß D der Kupplung würde für diesen Motor 175 mm werden.

Nun kann man η_s durch Vergrößern des Durchmessers D erhöhen, wie es versuchsweise in der Auslegung *b* geschehen ist. Für diese ist nach Abb. 107 $\eta_s = 0{,}97$ und $f_m = 0{,}0005$. Daraus nach Gl. (33) $D = 0{,}244$ m. Die Abmessungen der Föttingerkupplung müßten um 30% linear vergrößert werden. Das kann man in der Regel in Kauf nehmen, wenn man dadurch den Schlupf gleich Verlust von 5,5 auf 3% drückt. Abb. 107 zeigt aber, daß jetzt die Linie *4*—*5* des Motors die Linie des Schleppmomentes der Kupplung nicht mehr schneidet. Das bedeutet, daß beim Abbremsen des Wagens bis zum Stillstand der Motor auf unzulässig niedrige Drehzahlen gedrückt wird; er wird „abgewürgt". Die Auslegung *b* ist daher nicht brauchbar.

Man wird sich zu einer Kompromißlösung entschließen, etwa der Auslegung *c*, sofern man nicht einen der später genannten Auswege geht. Für *c* gilt der zweite Ordinatenmaßstab. Das höchste Anfahrmoment — Schnittpunkt der Schleppmomentenlinie mit der Motormomentenkurve — liegt dicht bei dem höchsten Motorenmoment M_3. Das Kriechmoment ist 0,23, reicht also im direkten Gang nicht aus, den Wagen in Bewegung zu setzen, wenn man wieder den Fahrwiderstand $p_E = 0{,}27 + 0{,}7\,v^2$ setzt. Erst durch Gasgeben wird eine ausreichende Zugkraft am Treibradumfang entwickelt. Durch die Stellung des Gashebels hat es der Fahrer in der Hand, mehr oder minder stark zu beschleunigen. Wird hinter der Strömungskupplung eine Übersetzung eingeschaltet, wächst die Zugkraft aus dem höchsten Anfahrmoment im gleichen Maße wie die Zugkraft aus dem Kriechmoment, so daß der Wagen in der Ebene durch Bremsen zum Stillstand gebracht und festgehalten werden muß. Ein Abwürgen des Motors ist in keinem Fall möglich, sofern der Leerlauf richtig eingestellt ist, nämlich so, daß der Motor bei freigegebenem Gashebel wenigstens das Kriechmoment abgibt.

Die Auslegung *c* bewältigt, ebenso wie *a*, das Anfahren einwandfrei. Die Wirkungsgrade bei der Fahrt in der Ebene ohne Beschleunigung wird man jedoch nicht in jedem Fall und für alle Fahrzeuge als befriedigend ansprechen, wie die Linie des Fahrwiderstandes p_E zeigt. Dieser ist für den direkten Gang — wohlverstanden über n_p — eingezeichnet. Bei $n_p = 0{,}425$ und $\eta = 0{,}92$ ist die verhältnismäßige Zugkraft im direkten Gang $p_{Rd} = 0{,}377$, die der Fahrzeuggeschwindigkeit v verhältige Turbinendrehzahl $n_t = \eta n_p = 0{,}391$ und $p_E = 0{,}27 + 0{,}7 \times \times 0{,}391^2 = 0{,}377 = p_{Rd}$ usw. Der in Wärme umgesetzte Kupplungsschlupf von 8% wirkt sich meistens in erhöhtem Brennstoffverbrauch aus. Genaue Werte erhält man durch Eintragen der Linien für die verschiedenen Betriebszustände in das Schaubild 4.

In dem Geschwindigkeitsbereich, in dem man z. B. im Personenkraftwagen im direkten Gang fährt — v etwa 0,25 bis knapp 1 — müssen 4,6 bis 20% Verlust in Kauf genommen werden.

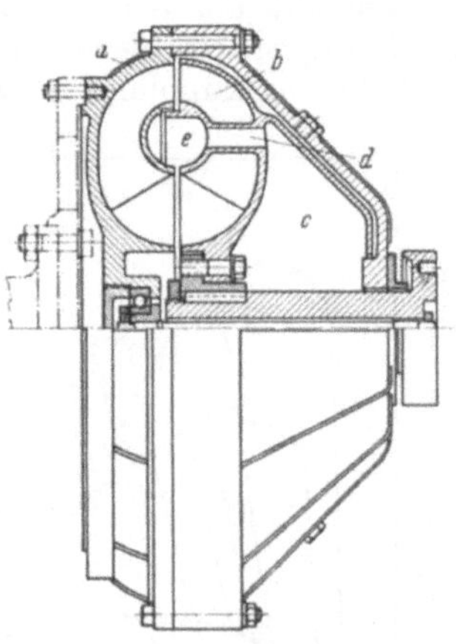

Abb. 108. Voith-Sinclair-Strömungskupplung mit Teilentleerung (Werkszeichnung).

5.22 Störglieder — Teilentleerung.

Baut man in den Strömungskreislauf Störglieder (Drosselscheiben im Turbinenrad in Nabennähe) ein, wird die Kennlinie umgebogen, wie die gestrichelte Kurve in Abb. 105 zeigt. Bei geringem Schlupf wird die Kennlinie wenig beeinflußt, weil die Strömung um das Zentrum des Flüssigkeitsringes verläuft. Mit zunehmendem Schlupf wird die Strömung nach außen gedrängt und von den Drosselscheiben so gestört, daß das übertragene Drehmoment sinkt. Die Schleppmomentenlinie verlagert sich dadurch in die in Abb. 107 gestrichelt eingetragene, so daß die Auslegung b brauchbar wird.

Eine ähnliche Wirkung hat eine Bauart nach Abb. 108, bei der mit zunehmendem Schlupf und hierdurch abnehmendem Gegendruck des Turbinenrades ein Teil der Flüssigkeit durch die Öffnungen d in eine Aufnahmekammer c entleert wird. Dadurch entsteht die in Abb. 106 gestrichelt gezeichnete Kennlinie. Man erreicht also wieder, daß das übertragene Drehmoment bei großem Schlupf gesenkt wird. Die Linie des Schleppmomentes rückt nach rechts dem Gebiet der hohen Wirkungsgrade näher.

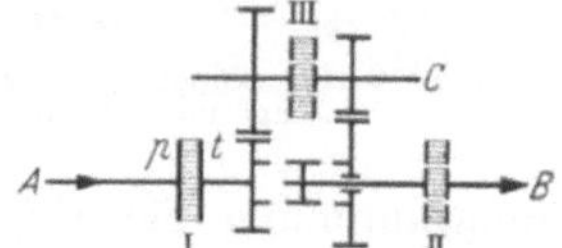

Abb. 109. Die drei möglichen Lagen der Föttingerkupplung im Zweiwellengetriebe.

5.23 Lage der Föttingerkupplung in Getriebe.

Die Vorteile der Auslegung a, Abb. 107, für die Anfahrt kann man auch bei Strömungskupplungen ohne Störglieder oder Teilentleerung oft mit den Vorteilen der Auslegung b für die Normalfahrt (Fahrt in der Ebene ohne Beschleunigung) durch einen anderen Kunstgriff verbinden.

Bei einem Zweiganggetriebe nach Abb. 1 läßt sich die Strömungskupplung an den drei in Abb. 109 angegebenen Stellen unterbringen.

Anordnung I entspricht der üblichen und unter 5.21 besprochenen. Legt man die Kupplung nach Kurve a in Abb. 107 aus, läuft der Motor im direkten Gang bei Vollgas zwischen den Punkten *3* und *1*, zwischen den Wirkungsgraden 0 und 0,945, also den Fahrzeuggeschwindigkeiten 0 und 0,945. Im ersten Gang, wenn $i_{\mathrm{I}} = n_A/n_B = 2$, läuft der Motor ebenfalls bei Vollgas zwischen den Punkten *1* und *3* bei $v = 0$ bis 0,945/2. Die Zugkräfte steigen jeweils bei halber Fahrgeschwindigkeit auf das Doppelte oder genauer auf das $2 \cdot 0{,}94/0{,}97$fache, wenn man den Wirkungsgradunterschied der beiden Gänge berücksichtigt.

Bei der Anordnung II läuft die Primärschale im direkten Gang mit Motorendrehzahl, im kleinen Gang ist das Motorenmoment und die -drehzahl gegen das Pumpenrad übersetzt. Im Bild der Kupplungswirkungsgrade verschiebt sich dadurch die Motorenmomentenkurve, wie es Abb. 110 zeigt. In der Normalfahrt fährt man mit den geringen Schlupfwerten der Kurve *a*, die der Auslegung *b* auf Abb. 107 entspricht. Beim Anfahren nutzt man dagegen die günstige Anfahrcharakteristik der Kurve *b* oder *c* aus. Voraussetzung für die Anwendung dieser Anordnung ist, daß der Stufensprung so groß ist, wie man ihn für die Auslegung der Strömungskupplung braucht. Wenn Punkt *4* der Kurve *a* auf $\eta = 0{,}4$ liegt, 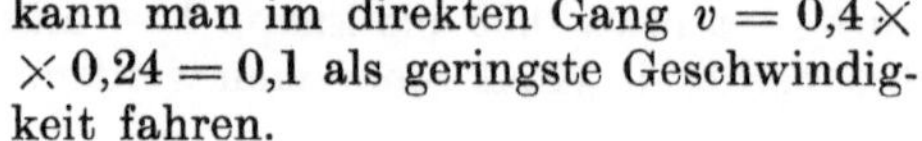 kann man im direkten Gang $v = 0{,}4 \times 0{,}24 = 0{,}1$ als geringste Geschwindigkeit fahren.

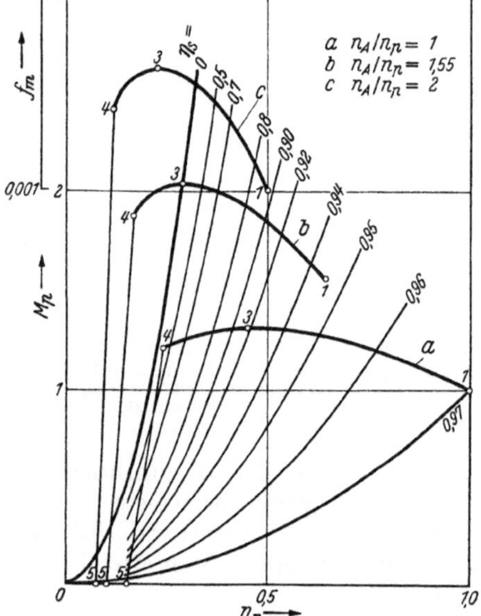

Abb. 110. Föttingerkupplung wie Abb. 107. Wahl der Lage im Getriebe.

Verzichtet man zugunsten besserer Wirkungsgrade bei Normalfahrt auf die Möglichkeit, im großen Fahrgang anzufahren, kann man noch einen Schritt weitergehen und die Strömungskupplung nur für den oder die kleinen Gänge benutzen. Der Fahrbereich des großen Ganges wird bei der Anordnung III weiter eingeschränkt auf $v = 0{,}24$ bis 1. Schlupfverluste entstehen nicht. Den Wirkungsgrad wird man wie den des reinen Zahnradgetriebes mit 0,97 im direkten Gang einsetzen dürfen. Die Auslegung der nur im kleinen Gang wirksamen Strömungskupplung wird erleichtert. Man kann die Zwischenwelle und damit die Primärschale auf die Drehzahl bringen, die für die Wirkung und den Bauaufwand der Strömungskupplung am günstigsten ist.

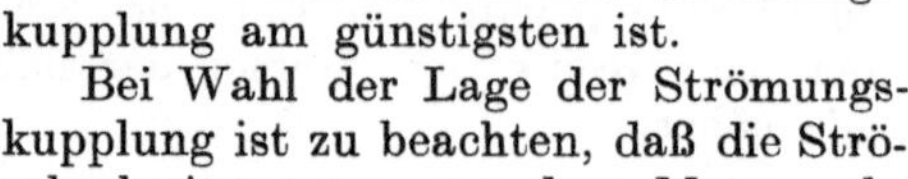

Bei Wahl der Lage der Strömungskupplung ist zu beachten, daß die Strömungskupplung die Eigenschaft hat, Drehschwingungen aus dem Motor sehr wirksam zu dämpfen. Verschiebt man die Kupplung in Richtung des Kraftflusses, entzieht man die vor ihr liegenden Zahnräder diesem wohltätigen Einfluß.

5.24 Leistungsverzweigung, Hydra-Matic-Getriebe.

5.241 Drehzahlen und Momente. Von dem Kunstgriff, das Pumpenrad der Strömungskupplung gegen die Motorenwelle zu übersetzen, macht das *Hydra-Matic-Getriebe* [*39*] Gebrauch. Abb. 111 zeigt den Schnitt dieses vollselbsttätig geschalteten Vierganggetriebes. Es ist von der General Motors Corp. entwickelt und wird in den Wagen Cadillac, Ford-Lincoln, Kaiser-Frazer, Nash, Oldsmobile und Pontiac eingebaut. Es dürfte mit einer Stückzahl von mehreren Millionen unter den selbsttätigen Getrieben an erster Stelle stehen.

Um den Wirkungsgrad in den beiden großen Gängen zu verbessern, wendet dieses Getriebe außerdem die Leistungsverzweigung an [*13*]. Wir machen uns zunächst ein Schemabild 112. Für die drei Umlaufgetriebe *a*, *b* und *c*, die in gleicher

Weise aus einem Sonnenrad S, einem Planetenträger T mit Planetenrädern und einem innenverzahnten Hohlrad H bestehen, gelten die früher entwickelten Gln. (12) bis (15)

für die Winkelgeschwindigkeiten $\omega_S z_S + \omega_H z_H - \omega_T (z_S + z_H) = 0$,

für die Momente $M_S + M_H + M_T = 0$,

und $M_S z_H - M_H z_S = 0$.

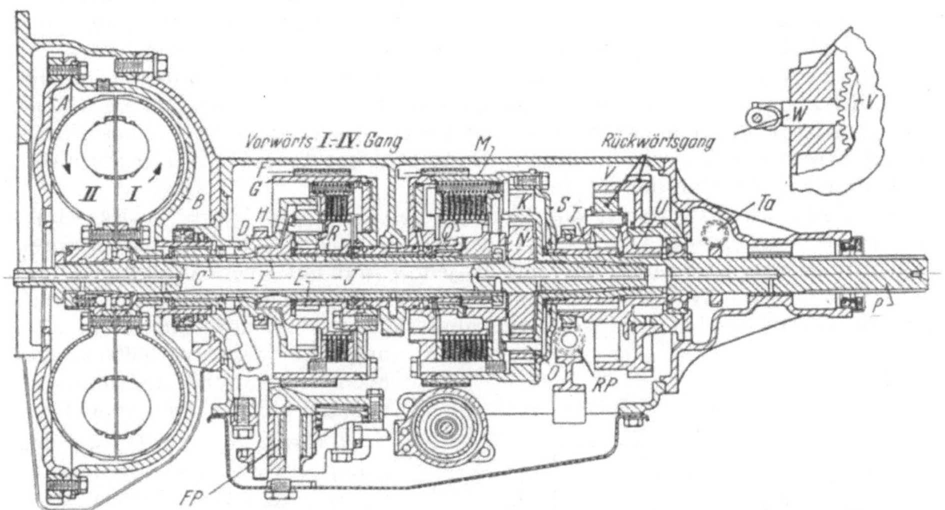

Abb. 111. Das Hydra-Matic-Getriebe von General-Motors-Corp. (Vollautomatisches Vierganggetriebe).

A Kurbelwelle-Schwungrad,
B Außenschale, I Primärschale, II Sekundärschale } hydraulische Kupplung,
C Verbindung von B zu D,
DKV Innenverzahnte Räder,
ENT Sonnenräder,
FL Bandbremsen,
GM Außenschalen der Lamellenkupplung,
HO Planetenräder,
J Hauptwelle,
P Antriebswelle,
RQ Lamellen,
S Verbindungssteg zum Rückwärtsgang,
U Steg zur Abtriebswelle,
W Sperre für Außenkranz zum Rückwärtsgang,
FP Vordere Druckölpumpe,
RP Hintere Druckölpumpe (Abtrieb),
Ta Tachometerantrieb.

Schreiben wir zunächst die Gleichungen auf, die durch die Bauart des Getriebes bedingt immer gelten. Um der DIN-Vorschrift zu genügen, brauchen wir bei der Strömungskupplung das Übersetzungsverhältnis in Kraftflußrichtung $i_s = \omega_p/\omega_t$, während wir bisher mit $\eta_s = \omega_t/\omega_p = 1 - s = 1/i_s$ gerechnet haben. Mit der gegebenen Winkelgeschwindigkeit ω_A und dem Moment M_A des Motors ist

$$\omega_A = \omega_{Ha}; \quad \omega_{Ta} = i_s \omega_{Sb}; \quad \omega_{Hb} = \omega_{Sc}; \quad \omega_{Tb} = \omega_{Tc} = \omega_B;$$
$$M_A = M_{Ha}; \quad M_{Hb} = -M_{Sc}.$$

1. Gang. Das Sonnenrad in Getriebeteil a ist festgebremst, also

$$\omega_{Sa} = 0 \text{ und } \omega_{Ta} = \omega_{Ha} z_{Ha}/(z_{Sa} + z_{Ha}) = 60/87 \cdot \omega_A = i_s \omega_{Sb}.$$

In b wird das Hohlrad gebremst.

$$\omega_{Hb} = 0 \text{ und } \omega_{Tb} = \omega_{Sb} z_{Sb}/(z_{Sb} + z_{Hb}) = 41/108 \cdot \omega_{Sb} = \omega_B.$$

Die gesuchte Übersetzung ω_A/ω_B ist

$$i_{\mathrm{I}} = \frac{87 \cdot 108}{60 \cdot 41} i_s = 3{,}82\, i_s.$$

Die Primärschale ist gegen den Motor im Verhältnis $\omega_A/\omega_{Ta} = 87/60 = 1{,}45$ übersetzt. Die dadurch erzielte Wirkung entspricht also ungefähr der in Abb. 110, Kurven a und b, dargestellten.

Das von der vorderen Bremse abgestützte Moment ist $M_{Sa} = M_{Ha} z_{Sa}/z_{Ha} = 27/60\, M_A = 0{,}45\, M_A$. Es wird von der in Abb. 120 gezeigten Bandbremse mit einem Umschlingungswinkel α von etwa 720° aufgenommen und wirkt — positives Vorzeichen, rechtsdrehendes M_A, M_{Sa} getrieben — linksdrehend. Bei getriebenem Motor oder fassender Kupplung von a wird die Drehrichtung umgekehrt. In dieser Richtung ist die Bremswirkung geringer, und zwar im Verhältnis $1/e^{\mu\alpha} \approx 1/4$ (s. Zahlentafel 9, S. 59), wenn man einen Reibungsbeiwert μ von 0,1 bis 0,15 bei geöltem Bremsbelag zugrunde legt. Durch die stark unterschiedliche Bremswirkung in beiden Richtungen bekommt die Bremse den Charakter eines Freilaufs. Dies ist für den Gangwechsel günstig, für die Ausnutzung der Bremswirkung des Motors aber unerwünscht. Praktische Bedeutung hat dieser Umstand zwar nicht für den ersten, aber für den dritten Gang.

Die hintere Bremse bremst das Moment $M_{Hb} = M_{Sb} z_{Hb}/z_{Sb} = -67/41 \cdot M_{Ta}$ ab. $M_{Ta} = -M_{Ha} - M_{Sa} = -1{,}45\, M_A$; $M_{Hb} = 2{,}37\, M_A$. Die hintere Bremse ist gleichfalls als Bandbremse ausgebildet, jedoch nur mit einem Umschlingungswinkel α von etwa 340°. Die Bremswirkung bei schiebendem Wagen ist damit etwa die Hälfte des bei Rechtsdrehung abgestützten Momentes, entspricht also ungefähr dem Verhältnis des höchsten Motorenbremsmomentes zum größten Vollgasmoment.

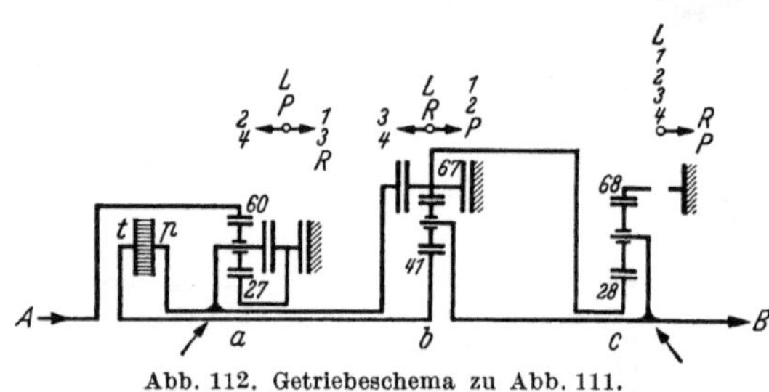

Abb. 112. Getriebeschema zu Abb. 111.

2. Gang. S_a und H_a werden gekuppelt, $\omega_{Sa} = \omega_{Ta} = \omega_{Ha} = \omega_A = i_s \omega_{Sb}$. Die Bremse in b bleibt angezogen, also wie vor $\omega_B = 41/108 \cdot \omega_{Sb}$.

$$\dot{i}_{\mathrm{II}} = \frac{108}{41} \dot{i}_s = 2{,}635\, i_s\,.$$

Das Pumpenrad läuft mit Motorendrehzahl um, dadurch eine Verringerung der Schlupfverluste, wie es der Übergang von Kurve b auf a in Abb. 110 zeigt.

Die vordere Kupplung ist ebenso wie die hintere als Lamellenkupplung gebaut, Abb. 120. Das von der vorderen Kupplung aufgenommene Moment ist $M_{Ta} = -M_A$. $M_{Sb} = M_A$, abzubremsen $M_{Hb} = 67/41\, M_A = 1{,}635\, M_A$. Da die Bremse für den ersten Gang auf $2{,}37\, M_A$ zu bemessen war, reicht sie im zweiten Gang auch bei schiebendem Wagen voll aus.

3. Gang. Getriebe a wie im ersten Gang. $60/87 \cdot \omega_A = i_s \omega_{Sb}$. Wegen der Kupplung in b läuft H_b mit $\omega_{Hb} = \omega_{Ta} = 60/87 \cdot \omega_A$ um. Daraus die Winkelgeschwindigkeit der dritten Leitung im Umlaufgetriebe b

$$\omega_{Tb} = \frac{41}{108} \omega_{Sb} + \frac{67}{108} \omega_{Hb} = \left(\frac{41}{108 \cdot i_s} + \frac{67}{108}\right) \cdot \frac{60}{87} \omega_A = \omega_B\,,$$

$$\dot{i}_{\mathrm{III}} = \frac{1{,}45\, i_s}{0{,}38 + 0{,}62\, i_s}\,.$$

Die vordere Bremse muß wieder das Moment $M_{Sa} = 0{,}45\, M_A$ abstützen. Da $M_{Sa} + M_{Ha} + M_{Ta} = 0$, ist $M_{Ta} = -1{,}45\, M_A$. Dieses Moment wird teils über die Strömungskupplung in das Umlaufgetriebe b eingeleitet, teils über die hintere Lamellenkupplung. Wie groß die Anteile sind, wird durch das Gleichgewicht am Planetenträger T_b festgelegt, $M_{Sb}\, z_{Hb} = M_{Hb}\, z_{Sb}$. Aus $\mathrm{M}_{Sb} + M_{Hb} = 1{,}45\, M_A$

und 67 $M_{Sb} = 41\, M_{Hb}$ folgt

$$M_{Hb} = 0{,}90\, M_A \quad \text{und} \quad M_{Sb} = 0{,}55\, M_A \quad \text{und} \quad M_B = -1{,}45\, M_A\,.$$

Der letzte Zahlenwert muß für den Kupplungsschlupf null, also η_s und $i_s = 1$, mit i_{III} übereinstimmen.

Das Moment in der hinteren Lamellenkupplung ist $M_{Hb} = 0{,}90\, M_A$.

4. Gang. Getriebe *a* wie im zweiten Gang, $\omega_A = i_s\, \omega_{Sb}$. $\omega_{Hb} = \omega_A$; $\omega_B = 41/108 \cdot \omega_A/i_s + 67/108 \cdot \omega_A$

$$i_{\mathrm{IV}} = \frac{i_s}{0{,}38 + 0{,}62\, i_s}\,.$$

Das von der vorderen Kupplung übertragene Moment $M_{Ta} = -M_A$ wirkt im Getriebesatz *b* treibend mit $M_{Sb} + M_{Hb} = M_A$. Die Aufteilung ergibt sich wie vor, so daß

$$M_{Hb} = 0{,}62\, M_A \quad \text{und} \quad M_{Sb} = 0{,}38\, M_A \quad \text{und} \quad M_B = -M_A\,.$$

Rückwärtsgang. Wie im ersten und dritten Gang $60/87\, \omega_A = i_s \omega_{Sb}$. Das Umlaufgetriebe *c*, das in den Vorwärtsgängen leer mitläuft, tritt in Tätigkeit. $\omega_{Hc} = 0$ und $\omega_{Tc} = \omega_{Sc}\, z_{Sa}/(z_{Sc} + z_{Hc}) = 28/96 \cdot \omega_{Sc} = \omega_B = \omega_{Tb}$, also $\omega_{Sc} = \omega_{Hb} = 96/28 \cdot \omega_B$.

Diese Werte für ω_{Sb}, ω_{Tb} und ω_{Hb} in die Winkelgeschwindigkeitsgleichung des mittleren Umlaufgetriebes $41\, \omega_{Sb} + 67\, \omega_{Hb} - 108\, \omega_{Tb} = 0$ eingesetzt ergeben für $i_R = \omega_A/\omega_B$

$$i_R = -4{,}31\, i_s\,.$$

Aus der Rechnung für den ersten Gang ist das Moment $M_{Sb} = -M_{Ta} = 1{,}45\, M_A$ bekannt. Aus den beiden Gleichgewichtsbedingungen für die Momente im Getriebe *b* finden wir $M_{Hb} = 67/41 \cdot M_{Sb} = 2{,}37\, M_A$ und $M_{Tb} = -3{,}82\, M_A$. In Getriebe *c* wirkt dann $M_{Sc} = -M_{Hb} = -2{,}37\, M_A$, so daß $M_{Hc} = 68/28 \cdot M_{Sc} = -5{,}76\, M_A$, — dieses hohe Moment wird von der formschlüssigen Sperre Abb. 111 aufgenommen — und $M_{Tc} = 8{,}13\, M_A$. M_{Tc} vereinigt sich in dem im Schema angegebenen Punkt mit M_{Tb} zu $M_B = 4{,}31\, M_A$. Wie der Vergleich mit i_R zeigt, ist uns kein Fehler unterlaufen.

5.242 Wirkung der Leistungsverzweigung und der Übersetzung des Pumpenrades. Wir wollen noch einen Blick auf die Leistungsverzweigung werfen! In den Vorwärtsgängen tritt keine Leistungsteilung auf, solange die hintere Lamellenkupplung gelöst ist. Die Leistung fließt ungeteilt durch die Strömungskupplung zum Abtrieb. Wird dagegen in *b* gekuppelt, teilt sich die Leistung im Verzweigungspunkt, und zwar im errechneten Verhältnis der Momente M_{Hb} und M_{Sb}, da die Leistung zunächst mit gleicher Drehzahl weitergeleitet wird. 62% gehen nahezu ungemindert über die Kupplung zum Planetenträger, 38% müssen die doppelte Energiewandlung in der Strömungskupplung über sich ergehen lassen, bevor sie sich im Planetenträger T_b wieder mit dem anderen Leistungszweig vereinigen.

Zahlentafel 18. *Die Änderung des Wirkungsgrades η_s einer Strömungskupplung gemäß Kurve a und b Abb. 110 und Auswirkung einer Leistungsteilung auf den Gesamtgetriebewirkungsgrad η_g.*

	ω_A	η_s	ω_A/ω_B	$-M_B/M_A$	η_g	ω_A	η_s	ω_A/ω_B	$-M_B/M_A$	η_g
1. Gang	0,45	0	∞	3,82	0	1	0,945	4,04	3,82	0,945
2. Gang	0,45	0,92	2,87	2,64	0,92	1	0,97	2,72	2,64	0,97
3. Gang	0,45	0	2,34	1,45	0,62	1	0,945	1,48	1,45	0,98
4. Gang	0,45	0,92	1,03	1,00	0,97	1	0,97	1,01	1,00	0,99

Zahlentafel 18 zeigt, wie sich die Anwendung der Leistungsverzweigung und die Übersetzung des Pumpenrades gegen den Motor etwa auswirken. Der Einfachheit halber sind die Kurven $a - \omega_A/\omega_p = 1$, zweiter und vierter Gang — und $b - \omega_A/\omega_p \approx 1{,}5$ — aus Abb. 110 als auch hier gültig angenommen. Es sind die beiden Punkte *3* mit der verhältnismäßigen Winkelgeschwindigkeit des Motors $\omega_A = 0{,}45$ und 1 mit $\omega_A = 1$ herausgegriffen. In der Aufstellung ist unterschieden, wie es bei den mit Schlupf arbeitenden Getrieben nötig ist, zwischen der Drehzahlübersetzung $n_A/n_B = \omega_A/\omega_B$ und der Momentenübersetzung M_B/M_A. Ferner ist angegeben — darauf kommt es hier im wesentlichen an — wie sich die Wirkungsgrade der Strömungskupplung η_s infolge der Änderung der Übersetzung ω_A/ω_p ändern und wie sie sich bei der Leistungsteilung im Gesamtgetriebewirkungsgrad η_g bemerkbar machen.

5.243 Wirkungsgrad der Umlaufgetriebe. Die Verluste in den Zähnen der Umlaufgetriebe sind bei eingekuppelten Lamellen null und bei angezogener Bremse nicht hoch, wie wir aus den früheren Überlegungen wissen. Anders ist es bei eingeschaltetem Rückwärtsgang.

Zur Bestimmung der Zahnübertragungsverluste verwandelt man wieder die Umlaufgetriebe in Standgetriebe. Hierbei können die Getriebe *b* und *c* zusammengefaßt werden, weil bei stehender Welle *B* beide Stege in Ruhe sind. $\omega_{Hc} = 0$ wird $\omega'_{Hc} = -\omega_B = \omega_A/4{,}31\ i_s$ und die durch die Zähne übertragene Leistung $\omega'_{Hc} \cdot M_{Hc} = -5{,}76/4{,}31\ i_s \omega_A M_A = -1{,}337\ \eta_s \omega_A M_A$. Die Verluste des Umlaufgetriebes sind also die gleichen wie die eines Standgetriebes, durch das von S_b nach H_c die 1,337fache Leistung geschickt wird. Nimmt man der Vollständigkeit halber auch Getriebe *a* hinzu, so ist zu setzen $\omega'_{Ha} = \omega_A - \omega_{Ta} = \omega_A - 60/87 \times \omega_A = 27/87 \cdot \omega_A$ und $M_{Ha} = M_A$ und $\omega'_{Ha} M_{Ha} = 27/87 \cdot \omega_A M_A$.

Der Verlustfaktor der hinteren beiden Getriebegruppen ist, wenn man wieder $1^1/_2$% Verlust je Zahneingriff annimmt, $(1 - 0{,}985^4)\ 1{,}337 = 0{,}0784$ und der Wirkungsgrad 0,9216; der Verlustfaktor von *a* ist $(1 - 0{,}985^2)\ 27/87 = 0{,}0093$ und der Wirkungsgrad 0,9907. Infolge der Zahnübertragungsverluste sinkt demnach das Abtriebsmoment von $4{,}31\ M_A$ auf $M_B = 0{,}91 \cdot 4{,}31\ M_A$. Die Abtriebsdrehzahl bleibt, wie errechnet, $\omega_B = -\eta_s \omega_A/4{,}31$. Der Gesamtgetriebewirkungsgrad einschließlich der Zahnübertragungsverluste ist $0{,}91 \cdot \eta_s$, wobei η_s nach Kurve *b* Abb. 110 sich zwischen 0 und 0,945 bewegt. Dieser geringe Wirkungsgrad stört uns bei dem Rückwärtsgang eines Personenkraftwagens wenig. Der Abfall des Abtriebsmomentes und damit der Zugkraft um 9% verdient jedoch, bei der Festlegung der Übersetzung berücksichtigt zu werden.

5.244 Die hydraulische Anlage der Schaltautomatik des Hydra-Matic-Getriebes[1]. Das Hydra-Matic-Getriebe stellt als einziges wirklich vollautomatisch arbeitendes Zahnradwechselgetriebe hohe Anforderungen an die Regelorgane. Weicher Gangwechsel ohne Unterbrechung der Zugkraft, absolute Zuverlässigkeit der Aufwärts- und Abwärtsschaltung der Gänge, Geräuschlosigkeit aller Schaltvorgänge, geringster Verschleiß an allen Reibflächen und einfacher Aufbau sind die Kennzeichen dieser in jahrelanger Entwicklungsarbeit geschaffenen Getriebeausführung und der dazugehörigen Schaltelemente.

Grundsätzlich erfolgt die Schaltung bei bestimmten Fahrgeschwindigkeiten, die von der Stellung des Gashebels abhängig sind. Damit wird also die Umschaltung der Gänge von der jeweils angeforderten Leistung und der tatsächlichen Fahrgeschwindigkeit bestimmt, und zwar erfolgt die Hochschaltung bei einer um so

[1] Abschnitt 5.244 ist wörtlich (*39*) entnommen.

höheren Fahrgeschwindigkeit, je mehr die Drosselklappe geöffnet ist. Es ist interessant, sich aus einer amerikanischen Veröffentlichung[1] die Gründe zu vergegenwärtigen, die für die Wahl der Hoch- oder Rückschaltlinie maßgebend waren:

Unter der Annahme eines Vierganggetriebes mit einem Gesamtübersetzungsbereich von 1 : 3,56 und einer Hinterachsübersetzung von 1 : 3,4 ist es die erste Aufgabe, zu entscheiden, bei welchen Geschwindigkeiten das Getriebe in die einzelnen Gänge schalten soll. Dabei ist ein Kompromiß zwischen der besten Fahrleistung und dem zulässigen Motorgeräusch nötig. Abb. 113 zeigt, wie dieser Kompromiß ausgefallen ist. Die Motordrehzahl, bei der bei voll geöffneter Drosselklappe die Umschaltung vom 1. in den 2. Gang stattfindet, ist dabei nicht höher als 2000 U/min gewählt. Bei geringen Wagengeschwindigkeiten, bei denen das Fahrgeräusch noch nicht einen nennenswerten Grad erreicht hat, ist das Motorgeräusch ausschlaggebend und der beste Kompromiß schien, wenn ziemlich früh, und zwar bei ungefähr 24 km/h, aus dem 1. Gang geschaltet wurde. Bei voll geöffneter

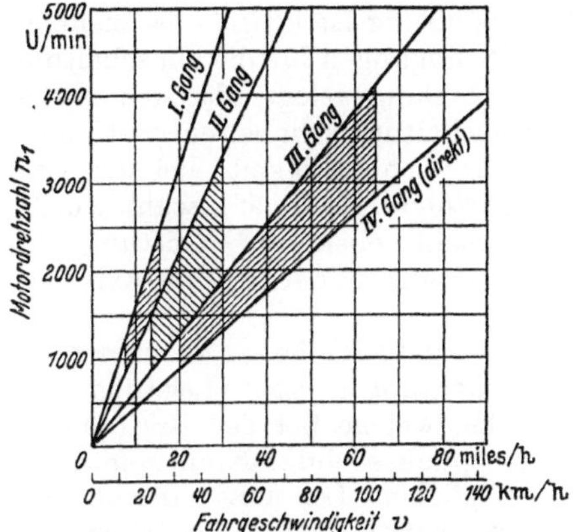

Abb. 113. Hochschaltbereiche der Hydra-Matic-Schaltautomatik.

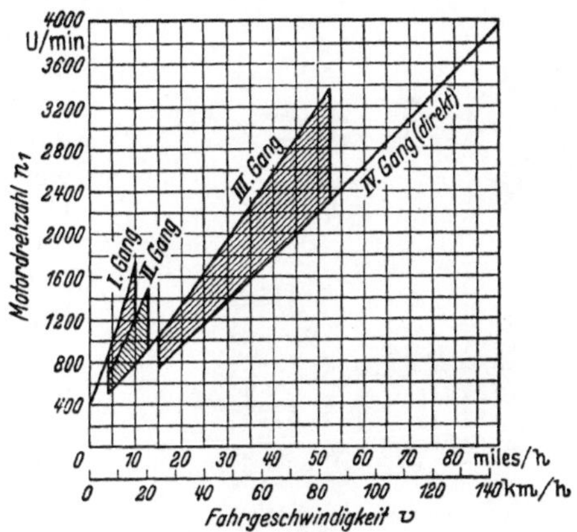

Abb. 114. Rückschaltbereiche der Hydra-Matic-Schaltautomatik.

Drosselklappe bleibt das Getriebe im 2. Gang bis etwa 48 km/h, wobei die Motordrehzahl auf 2800 U/min steigt. Dabei ist das hörbare Geräusch nicht höher als im 1. Gang bei 2000 U/min. Das zusätzliche Windgeräusch bei 48 km/h hilft den größeren Motorlärm zu überdecken. Der große Unterschied der Übersetzungsverhältnisse im 2. und 3. Gang erlaubt, den 3. Gang bis zu einer Geschwindigkeit von etwa 105 km/h zu benützen entsprechend einer Motordrehzahl von 4100 U/min, bevor bei voll geöffneter Drosselklappe die Umschaltung in den oberen Gang erfolgt. Zusammengefaßt: Je höher die Fahrgeschwindigkeit ist, um so größer kann die Motordrehzahl sein, ohne daß das Geräusch besonders auffällt. Eine hinreichende Hysteresis zwischen Aufwärts- und Abwärtsschaltung (Abb. 114) ist vorgesehen, um Schaltpendelungen zu vermeiden.

Um ein dauerndes Auf- und Abschalten zu vermeiden, muß mindestens ein Geschwindigkeitsunterschied von 5 bis 6 km/h zwischen der Geschwindigkeit liegen, bei der die Aufwärtsschaltung stattfindet und der Geschwindigkeit, bei welcher bei der gleichen Drosselklappenstellung die Abwärtsschaltung eintritt. Während die Aufwärtsschaltung vom 3. zum 4. Gang bei voll geöffneter Drosselklappe bei 105 km/h stattfindet, kann eine Abwärtsschaltung in den 3. Gang nur

[1] Kelley, O. K., u. M. S. Rosenberger: Automatic transmission control systems (Hydra-Matic transmission). SAE-Quarterly Transactions Vol. 1, Nr. 4, Okt. 1947, S. 559—565.

bei Geschwindigkeiten unter 85 km/h erreicht werden. Dieser Zwischenraum des Bereichs zwischen den Schaltpunkten erscheint wünschenswert, weil er nicht nur das Pendeln zwischen Auf- und Abschalten verhindert, sondern auch den Leistungssprung im 3. und 4. Gang und das plötzliche Anwachsen des Motorgeräuschs bei der Schaltung berücksichtigt. Eine ebenso ausgesprochene Differenz der Hoch- und Rückschaltgeschwindigkeit wurde als zweckmäßig für die Schaltung zwischen dem 2. und 3. Gang erkannt. Dieser Gangsprung ist größer als der zwischen dem 3. und 4. Gang. Um das stark hervortretende plötzliche Anwachsen der Motordrehzahl bei der Getrieberückschaltung zu begrenzen, wurde die max. Geschwindigkeit, bei der dieser Wechsel automatisch erreichbar ist, auf etwa 20 km/h festgesetzt, während die Aufwärtsschaltung bei etwa 50 km/h stattfindet.

Die Rückschaltung vom 2. zum 1. Gang — der Getriebesprung ist klein — ist ziemlich nahe an die Bedingungen für die Umschaltung vom 3. zum 2. Gang gelegt, da sich ergab, daß eine Rückschaltung sehr selten stattfindet, wenn die Fahrgeschwindigkeit, bei der eine Umschaltung erfolgte, niedriger gewählt wurde. Tatsächlich reicht eben die Leistung des 2. Ganges immer aus, mit Ausnahme extremer Steigungen.

Abb. 115. Fliehkraftregler zur Schaltautomatik des Hydra-Matic-Getriebes. 1 Umlaufendes Gehäuse, 2 Fliehgewicht für kleinen Geschwindigkeitsbereich mit Druckreduzierkolben, 3 Fliehgewicht für großen Geschwindigkeitsbereich, 4 Steuerbüchse, 5 Hubbegrenzung für die Druckreduzierkolben.

Als interessant bleibt ferner zu bemerken, daß die Betrachtungen über Leistung und Motorgeräusche, welche bei der Bestimmung der Hochschaltpunkte einige Kompromisse in der max. möglichen Leistung einschließen, noch stärkere Kompromisse bezüglich der max. Leistung bei der Festlegung der Rückschaltpunkte verlangen. Beim Beschleunigen durch die Gänge und beim Hochschalten wächst die Motordrehzahl in jedem Gang im gleichen Verhältnis wie die Wagengeschwindigkeit, jedenfalls solange die Motordrehzahl nicht einen zu hohen Wert im Verhältnis zur Wagengeschwindigkeit erreicht und man hat nicht das Gefühl eines großen Lärmes. Bei der Aufwärtsschaltung wird die Motordrehzahl natürlich durch den Gangwechsel verringert. Dieser Wechsel im Geräuschpegel ist eher eine Erleichterung als ein Schock. Die Abwärtsschaltung dagegen hat ein plötzliches Anwachsen der Motordrehzahl und des Motorgeräusches zur Folge, was viel stärker zu hören ist als ein stetiges Anwachsen während einer Fahrzeugbeschleunigung. Dies zwingt zu einem Kompromiß, um das angenehme Fahrempfinden zu erhalten und doch eine max. Leistung zu erzielen.

Um eine einfache konstruktive Lösung von gedrängtester Bauweise zu bekommen, hat man darauf verzichtet, die beiden für die jeweiligen Schaltvorgänge maßgebenden Kenngrößen: Fahrgeschwindigkeit und Gashebelstellung mechanisch auf die Schaltelemente wirken zu lassen. Man hat vielmehr in das hydraulische Druckölsystem, das zur Betätigung der Bandbremsen und Lamellenkupplungen erforderlich ist, auch die beiden Kenngrößen einbezogen, und zwar sind sowohl die

Fahrgeschwindigkeit als auch die Stellung der Drosselklappe über besondere Druckreduzierkolben als Öldruck in der Schaltautomatik wirksam. Damit ist es möglich, die drei zur Schaltung der Gänge notwendigen Steuerkolben auf engstem Raum nebeneinander anzuordnen und sie nur mit dem der Fahrgeschwindigkeit proportionalen Öldruck einerseits und dem der Drosselklappenstellung proportionalen Öldruck andererseits, also ohne jede mechanische Verbindung untereinander, in eine solch eindeutige Abhängigkeit zu bringen, daß immer nur ein Steuervorgang, und zwar der zwangsläufig richtige, zur Ausführung gelangt. Die Reduzierung des Öldrucks entsprechend der Fahrgeschwindigkeit erfolgt über einen von der Getriebeabtriebswelle angetriebenen Fliehkraftregler (Abb. 115 und 120), diejenige des der Drosselklappenstellung entsprechenden Öldrucks im Drosselschieber (Abb. 116), der mit dem Gestänge der Drosselklappe verbunden ist. Dies ist der Grundgedanke der in der Automatik des Hydra-Matic-Getriebes verwendeten Hydraulik, die im folgenden im einzelnen besprochen werden soll (Abb. 120).

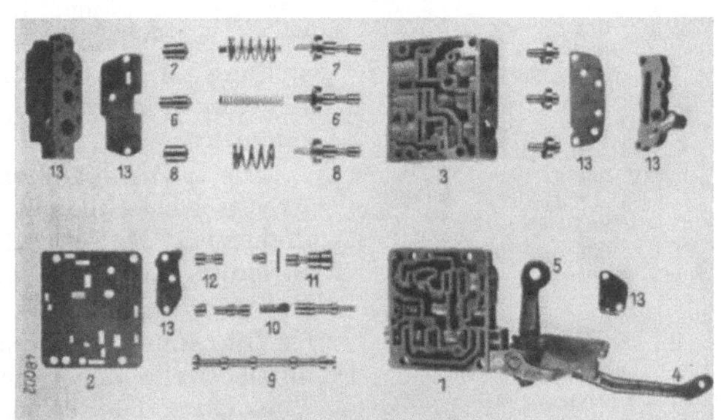

Abb. 116. Einzelteile der automatischen Schalteinrichtung des Hydra-Matic-Getriebes.
1 Äußeres Schiebergehäuse (Aluminiumspritzguß), *2* Zwischenplatte (Stahlblech), *3* Inneres Schaltschiebergehäuse (Aluminiumspritzguß), *4* Zur Vergaserdrosselklappe, *5* Zum Gangwählhebel an der Lenksäule, *6* Schaltkolben zur Schaltung vom 1. zum 2. Gang, *7* Schaltkolben zur Schaltung vom 2. zum 3. Gang, *8* Schaltkolben zur Schaltung vom 3. zum 4. (direkten) Gang, *9* Schieber zur Wahl des Fahrbereiches, *10* Drosselschieber (Gashebelstellung) und kick-down-Schalter, *11* Umschaltkolben, *12* Regulierkolben für Ausgleichsdruck, *13* Seitliche Abdeckplatten und -gehäuse.

Die beiden Lamellenkupplungen der Planetengetriebe sind mit Innenlamellen, die mit einem Spezialreibbelag versehen sind, ausgestattet. Die äußeren Stahllamellen sind geschirmt, um die Leerlaufreibverluste zu verringern und das Lösen der Kupplung zu erleichtern. Sechs konzentrisch um die Mittelachse angeordnete Kolbenscheiben — in neueren Getrieben ein Zentralkolben — werden vom Öldruck gegen eine gemeinsame Druckplatte verschoben und pressen so die Lamellen zusammen. Im entlasteten Zustand sorgen Rückzugfedern, die am äußeren Umfang angeordnet sind, für das Zurückschieben der Druckplatte und verhindern, daß ein eventuell von der Fliehkraft her sich aufbauender Öldruck auf die Lamellen wirksam werden kann. Die Kupplungen sind rechts und links von einer Mittelwand des Getriebes angeordnet, durch welche dieÖlleitungen zu den durch Kolbenringe abgedichteten Austauschstellen zwischen Kupplung und Getriebe führen.

Das Bremsband des vorderen Planetengetriebes wird von einem Kolben unter Öldruck angezogen. Dabei muß die Kraft einer leichten Feder überwunden werden. In gleicher Richtung wirkt der Ausgleichöldruck. Zur Lösung der Bremse wird die andere Seite des Kolbens belastet. Ausgleichöldruck und Arbeitsöldruck wirken weiter in der gleichen Richtung, also in Richtung „Bremse fest“, aber die Kraft des Entlastungsöldruckes überwiegt. Der Zylinder ist daher mit drei Öffnungen ausgerüstet: Die eine für die Betätigung, die andere für das Lösen der Bremse, die dritte für den Ausgleichöldruck. Drucklos befindet sich das vordere Bremsband in gelöstem Zustand.

Das Bremsband des hinteren Planetengetriebes wird von starken Federn angezogen. Zum Lösen des Bremsbandes muß Öldruck auf zwei Kolben in Parallelschaltung gegeben werden. Der Ausgleichöldruck unterstützt die Federn der Bremse. Der Zylinder ist daher mit zwei Öffnungen versehen; die eine muß zum Lösen der Bremse beschickt werden, während die andere an die Ausgleichleitung des Reglers angeschlossen ist. Im drucklosen Zustand ist die Bremse fest und ermöglicht in Verbindung mit der Rückwärtsraste den abgestellten Wagen festzustellen.

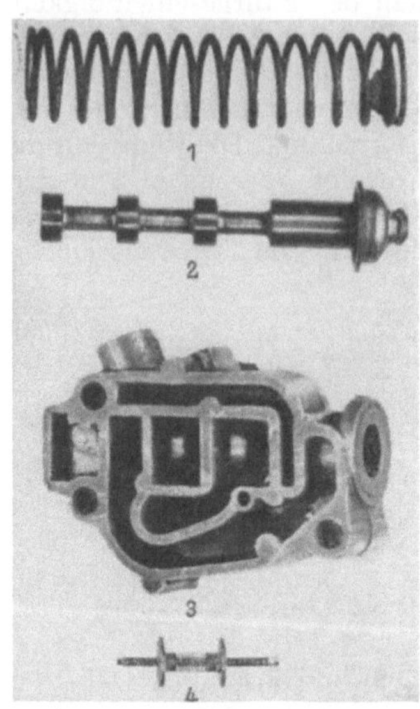

Abb. 117. Druckregler der Schaltautomatik des Hydra-Matic-Getriebes. *1* Reglerfeder, *2* Reglerkolben, *3* Reglergehäuse, *4* Wechselventil für Primär- und Sekundärölpumpe.

Die Anordnung der selbsttätigen Schaltvorrichtung des Hydra-Matic-Getriebes. Um den Wechsel der Getriebegänge in Abhängigkeit von der Wagengeschwindigkeit und der Drosselklappenstellung selbsttätig vorzunehmen, setzt sich das Regelorgan aus einer großen Zahl von Teilen zusammen:

Die vordere Ölpumpe liefert Öldruck und Arbeitsöl bei Stillstand des Fahrzeugs, aber sich drehendem Motor und versorgt gleichzeitig die Strömungskupplung und die Getriebeschmierstellen mit Öl.

Die hintere Ölpumpe, die von der Getriebeabtriebswelle angetrieben wird, übernimmt die Versorgung des Reglers bei fahrendem Wagen.

Der Druckregler (Abb. 117) sorgt für die Regelung des maximalen Öldrucks und die Verteilung der von Front- und Heckölpumpe gelieferten Ölmenge.

Das Wechselventil (Abb. 117) schließt bei Stillstand oder kleiner Fahrzeuggeschwindigkeit, also kleinem Öldruck der hinteren Pumpe, deren Leitung, bei Überwiegen des Hecköldruckes über den Frontöldruck die Leitung der Frontölpumpe zum Druckregler.

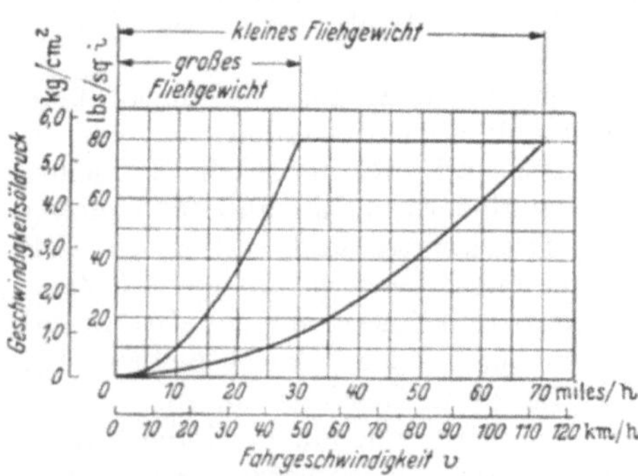

Abb. 118. Vom Fliehkraftregler des Hydra-Matic-Getriebes geregelter Öldruck (Geschwindigkeitsöldruck) abhängig von der Fahrgeschwindigkeit.

Der Fliehkraftregler (Abb. 115) besteht aus einem sich proportional der Abtriebswellendrehzahl drehendem Gehäuse, das zwei der Fliehkraft und dem Öldruck unterworfene Schieber enthält. Fliehkraft und Öldruck beeinflussen sich gegenseitig so, daß an jedem Schieber eine der Abtriebsdrehzahl bzw. Wagengeschwindigkeit quadratisch zugeordneter Öldruck entsteht, der dann die Schaltvorgänge einleitet (Abb. 118).

Eine Schieberbatterie (Abb. 116 und 120) enthält die weiteren zur automatischen Betätigung notwendigen Schieber, nämlich:

Den Wählschieber (9), der vom Wählhebel am Lenkrad (Abb. 119) betätigt wird und vier definierte Stellungen einnehmen kann: Leerlauf = „*N*“; normaler Fahrbereich = „Dr"; unterer Fahrbereich oder Berggang = „Lo"; Rückwärtsgang = „R". In der Stellung „Dr" werden alle Vorwärtsgänge benutzt, während in der Stellung „Lo" nur der 1. und 2. Gang automatisch geschaltet werden.

Den Drosselschieber (10). Er besteht aus zwei Teilen, die mit einer Feder kraftschlüssig verbunden sind, und einem Gegenkolben, der allerdings nur nach Einschalten des vierten Ganges in Tätigkeit tritt. Der Drosselschieber wird vom Gasfußhebel betätigt. Er wird mit dem Arbeitsöldruck vom Druckregler über den Wählschieber beaufschlagt und erzeugt einen der Stellung der Drosselklappe proportionalen Öldruck, welcher zur Beeinflussung des Umschaltmomentes auf die später erwähnten Umschaltgegenkolben gegeben wird. Er besitzt ferner Öffnungen, welche bei ganz durchgetretenem Gaspedal (entsprechende Geschwindigkeit vorausgesetzt) den Rückschaltvorgang zur Beschleunigung auslösen.

Den Ausgleichschieber (14). Dieser wird vom Arbeitsöldruck und vom Drosselschieberöldruck beaufschlagt und erzeugt einen dem Drosselschieberdruck proportionalen Ausgleichdruck, welcher mit Ausnahme des Leerlaufs in allen Stellungen des Wählschiebers dauernd auf den vorderen und auf den hinteren Bremsbandkolben zur Unterstützung der Betätigung gegeben wird. Da der Ausgleichöldruck annähernd proportional dem übertragenen Moment (proportional der Gashebelstellung) ist, wird die auf die Bandbremsen ausgeübte Kraft mit zunehmendem Moment vergrößert. Es ist

bei geschlossener Drossel Ausgleichöldruck klein, also langsames Anziehen, schnelles Lösen der Bänder,

bei offener Drossel Ausgleichöldruck groß, also schnelles Anziehen, langsames Lösen der Bänder,

von geschlossener zu offener Drossel der Übergang kontinuierlich.

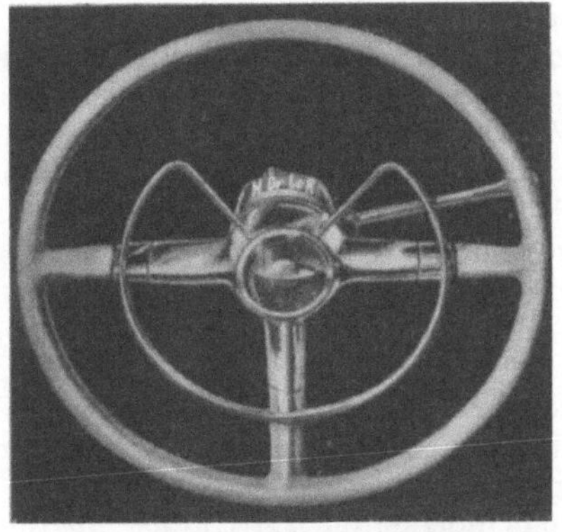

Abb. 119. Anordnung des Wählhebels zum GMC-Hydra-Matic-Getriebes. *N* Leerlauf, *Dr* Normalgang, *Lo* Berg- und Bremsgang, *R* Rückwärtsgang.

Hört die Beaufschlagung des Ausgleichschiebers vom Arbeitsöldruck her auf, so verbindet der Schieber die Ausgleichleitung zur Entlastung der einzelnen Schieber mit Null.

Den Umschaltschieber (11). Er hat zwei definierte Lagen. In der unteren verbindet er die vordere Servo-Einheit (Bremse und Kupplung vorn) mit dem Gangwechselschieber 1—2; in der oberen mit dem Gangwechselschieber 3—4. Der Schaltvorgang des Schiebers wird von der Differenzkraft, Arbeitsöldruck minus Ausgleichsöldruck in der einen Richtung, oder vom Ausgleichöldruck allein in der anderen Richtung bewirkt.

Den Gangwechselschieber für den 1. zum 2. Gang (6). Er ist aus Einbaugründen geteilt und besitzt zwei Flächen (unterer und oberer Teller), die von dem Öldruck des Fliehkraftreglers (schwere Seite) beaufschlagt werden. In angehobenem Zustand gibt der Wechselschieber dem Arbeitsöl den Weg zur Betätigung der vorderen Kupplung und zur Entlastung des vorderen Bremsbandkolbens frei (über Umschaltschieber).

Den Gangwechselschieber für den 2. zum 3. Gang (7) und

den Gangwechselschieber für den 3. zum 4. Gang (8). Alle drei Wechselschieber sind grundsätzlich gleich gebaut. Beim Schieber 2—3 wird auf den unteren Teller der Öldruck der leichten Seite des Fliehkraftreglers gegeben und der der schweren auf den oberen Teller. Beim Wechselschieber 3—4 ist es umgekehrt. Beide Öldrücke heben, wenn sie groß genug sind, um die Vorspannung der Feder zu überwinden, die Wechselschieber an und geben so die Ölkanäle frei, die zur Betätigung des entsprechenden Ganges unter Druck stehen bzw. entlastet sein müssen.

Die Schaltschiebergegenkolben befinden sich gegenüber den Gangwechselschiebern. Auf ihrer Oberseite bzw. auf eine Ringfläche wirkt der Drosselschieberdruck. Im Betrieb kann er den Gegenkolben — zum Teil gegen die Vorspannung einer Feder — nach unten verschieben, bis eine Überlaufkante freigegeben wird, welche dem Drosselschieberöldruck erlaubt, zwischen Schaltschieber und Gegenkolben zu treten. Der Druck, der sich dabei im Zwischenraum einstellt, muß — multipliziert mit der Kolbenfläche — eine Kraft nach oben ausüben, welche zusammen mit der Federvorspannung der Kraft die Waage hält, welche der Drosselschieberdruck auf die Oberfläche bzw. die Ringfläche ausübt. Der so entstehende Zwischendruck wirkt aber auch auf die Oberseite des oberen Tellers der Gangwechselschieber, so daß diese stärker nach abwärts gepreßt werden. Die von unten nach oben wirkende, der Fahrgeschwindigkeit entsprechende Kraft muß für eine Hochschaltung größer werden, als die von oben nach unten wirkende Kraft, welche sich aus der Wirkung des Zwischendruckes auf die Oberseite des oberen Tellers und der Federvorspannung zusammensetzt. Sobald die Umschaltung erfolgt ist, entlastet sich der Zwischendruck, so daß der Gangwechselschieber in seine obere Grenzlage geschoben wird. Dabei gibt er die Steuerkante für das Arbeitsöl frei, das, noch auf eine Differenzfläche wirkend, den Druck nach oben verstärkt. Nach erfolgter Umschaltung wirkt nach unten nur der Drosselschieberdruck multipliziert mit der Oberseite bzw. Ringfläche der Gegenkolben, während nach oben zu dem Geschwindigkeitsdruck auch noch die Wirkung des Arbeitsöldrucks auf die Differenzfläche kommt. Hierdurch ist erreicht, daß die Abwärtsschaltung bei erheblich kleineren und weniger stark von der Drosselklappenstellung abhängigen Geschwindigkeiten stattfindet als die Aufwärtsschaltung. Der Gegenkolben des Schaltschiebers 1—2 kann auf seiner Oberseite unter bestimmten Bedingungen vom vollen Druck beaufschlagt werden, der Drosselschieberdruck wirkt bei ihm nur auf eine Ringfläche.

Die Arbeitsweise der hydraulischen Anlage des Hydra-Matic-Getriebes. Leerlaufstellung, Wählhebel an der Lenksäule steht auf „*N*". Bei laufendem Motor und stillstehendem Wagen läuft nur die vordere Ölpumpe (proportional der Motordrehzahl). Die hintere Ölpumpe, die proportional der Wagengeschwindigkeit, also in diesem Augenblick noch steht, hat in diesem Zustand keinen Druck, so daß das Wechselventil (Abb. 117) den Zulauf von der vorderen Pumpe zum Druckregelventil freigibt, während es die hintere Pumpe abschließt. Die vordere Ölpumpe füllt zuerst das Schiebersystem. Erst dann kann sich ein ausreichender Druck (etwa 5 bis 6 atü) aufbauen und den Schieber des Druckreglers nach links schieben und einen Zufluß zur hydraulischen Kupplung öffnen. Auch hier muß sich erst ein gewisser Druck aufbauen, bis das überschüssig geförderte Öl zur Schmierung abfließt. Alle Schaltschieber befinden sich in der unteren Stellung, da der Wählschieber die Zuleitung zum Fliehkraftregler abgeschlossen hat. Dagegen ist ein Zufluß zum hinteren Bremsbandkolben freigegeben, welcher den Kolben gegen die Vorspannung der Arbeitsfedern zurückdrückt und auf diese Weise das Bremsband löst. Der gleiche Öldruck geht auch auf die Unterseite des Umschaltschiebers, wodurch zusätzlich die Verbindung vom Schaltschieber des 1. zum 2. Gang zur vorderen Kupplung unterbrochen wird. Drosselschieber und Ausgleichschieber sind drucklos, da der Wählschieber die Zuflußleitung abschließt. Über eine andere

Steuerkante kann der Öldruck auf den Gegenkolben des 1. zum 2. Gang und in den Zwischenraum zwischen Gegenkolben und Umschaltschieber des 2. zum 3. Gang fließen, so daß diese beiden Schieber hydraulisch an einer Bewegung verhindert werden, welche unter Umständen durch Fahrstöße eintreten könnte. Diese Art der Verriegelung ist notwendig, weil der Arbeitsöldruck nur durch die Umschaltschieber von den Servo-Organen abgetrennt ist. Es sind damit im Leerlauf alle Servo-Einheiten in gelöstem Zustand, so daß keine Kraftübertragung stattfinden kann.

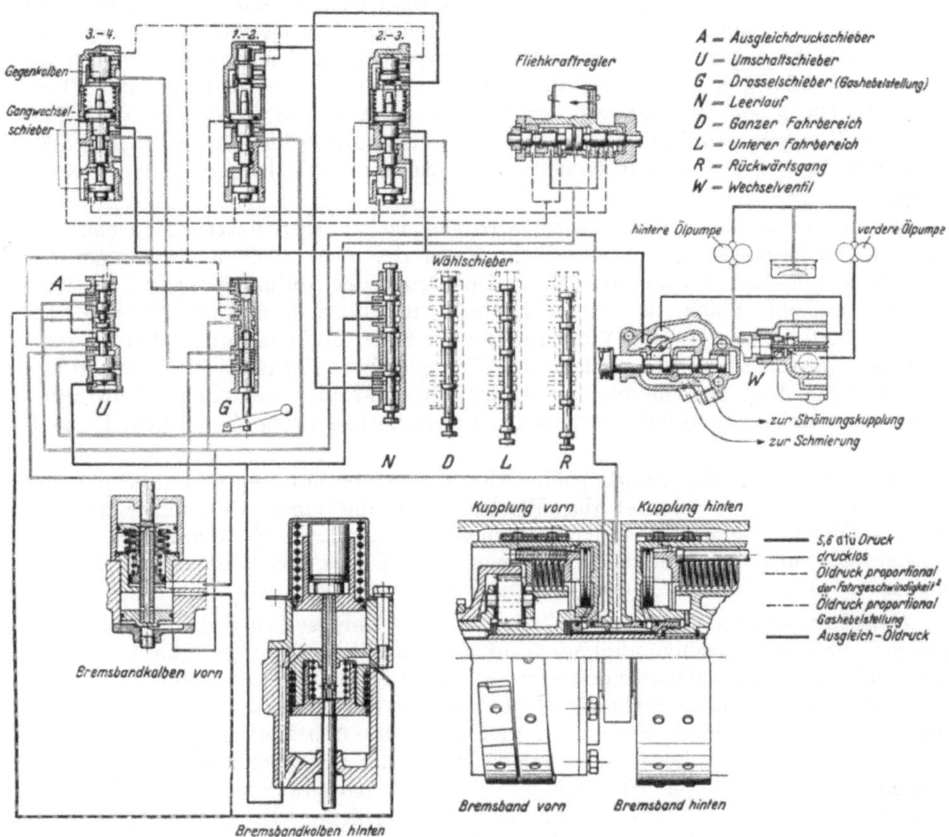

Abb. 120. Schematische Darstellung der Schaltautomatik für das Hydra-Matic-Getriebe. Gezeichnete Stellung: *Leerlauf*

Normaler Fahrbereich. Wird der Schalthebel an der Lenksäule auf „*Dr*“ gestellt, so wird das Getriebe auf den 1. Gang umgeschaltet, ohne daß sich der Wagen in Bewegung setzt, wenn nicht gleichzeitig durch Gasgeben das zum Antrieb über die hydraulische Kupplung notwendige Anfahrmoment erzeugt wird. Solange der Wagen steht, ändert sich nichts an der Funktion der vorderen und hinteren Ölpumpe und des Wechselventils. Der Fliehkraftregler wird jetzt über den Wählschieber mit Arbeitsöl versorgt und kann, sobald sich das Fahrzeug in Bewegung setzt, seinen der Fahrgeschwindigkeit entsprechenden Druck geben. Der hintere Bremsbandkolben ist vom Öldruck entlastet, so daß die Bandbremse durch die Feder angezogen wird. Ebenso ist die hydraulische Verriegelung der Umschaltschieber aufgehoben, während Arbeitsöl zum Drosselschieber, zum Ausgleichschieber und zum vorderen Bremsbandkolben fließen kann. Das vordere Bremsband wird angezogen. Der Drosselklappenschieber kann den der Drosselklappenstellung entsprechenden Druck regeln, der auf die Gegenkolben und den Ausgleichschieber geht. Damit sind beide Bremsbänder angezogen und die Automatik in einem arbeitsfähigen Zustand.

Sobald der Fliehkraftregler sich zu drehen beginnt, werden die Schieber durch die Gewichte nach außen gezogen und geben dem Drucköl einen Zufluß frei. Der Druck des aus dem Fliehkraftregler abströmenden Öles ist gleichzeitig auf eine Differenzfläche gegeben. Die dadurch entstehende Kraft drückt die Schieber nach innen und hält in jedem Augenblick (bis der Regler ausgesteuert ist) der Fliehkraft das Gleichgewicht. Dadurch entsteht der auf Abb. 118 angegebene dem Quadrat der Fahrgeschwindigkeit proportionale Druck. Die beiden verschieden großen Gewichte bewirken die verschieden große Empfindlichkeit der beiden Reglerstufen.

Wenn der Gashebel bewegt wird, wird gleichzeitig über die zwischen den zwei Kolben des Drosselschiebers befindliche Feder der obere Kolben verschoben, der dem Arbeitsöl einen Abfluß ermöglicht. Der Druck der Abflußleitung hat die Möglichkeit, auf eine Fläche des oberen Kolbens zu wirken, so daß auch hier Gleichgewicht besteht zwischen der Vorspannung der Feder und dem hinter dem Drosselschieber herrschenden „Drosseldruck". Die gleichen Verhältnisse bestehen am Ausgleichschieber. An diesem wird der Drosseldruck mit einem konstanten Faktor multipliziert, so daß der Ausgleichdruck immer proportional dem Drosseldruck ist.

Wenn im Laufe des Fahrbetriebes der Druck der hinteren Ölpumpe den der vorderen überwiegt, schaltet das Wechselventil die vordere Ölpumpe ab. Die weitere Ölversorgung wird von der kleineren Sekundärpumpe übernommen. Die vordere Ölpumpe arbeitet nur noch gegen einen Druck von 2 kg/cm^2, so daß die aus ihrem Antrieb entstehende Verlustleistung verringert ist.

Umschaltung vom 1. in den 2. Gang. Ist die Fahrgeschwindigkeit so weit gestiegen, daß der Geschwindigkeitsdruck in seiner Wirkung auf die Unterseite der Teller des Gangwechselschiebers 1—2 größer ist als die sich aus Drosseldruck und Federvorspannung ergebende Gegenkraft, so springt, wie schon beschrieben, der Gangwechselschieber nach oben und gibt dem Arbeitsöl den Weg frei zum Umschaltschieber. Da dieser unter der Wirkung des Ausgleichdruckes nach unten verschoben ist, kann das Drucköl zur vorderen Kupplung und zu den beiden Löseseiten des vorderen Bremsbandkolbens weiterfließen. In dem Maße, wie die Kupplung fester wird, löst sich auch das Bremsband. Die einem Freilauf sehr nahe kommende Wirkung der doppelten Umschlingung erleichtert dabei die Weichheit der Schaltung, weil die Kupplung die festgebremste Sonne aus dem Bremsband herausdreht. Die hintere Kupplung und die hintere Bremse bleiben vom Öldruck entlastet, so daß die Kupplung lose und die Bremse unter Wirkung der Arbeitsfedern angezogen ist.

Umschaltung vom 2. auf den 3. Gang. Bei gleicher Drosselklappenstellung wird mit zunehmender Fahrgeschwindigkeit das Kraftverhältnis am Gangwechselschieber vom 2. zum 3. Gang so sein, daß er nach oben wechselt. Dadurch wird dem Arbeitsöl der Weg freigegeben zur Betätigung der hinteren Kupplung. Gleichzeitig kann er über den Wählschieber auf die Unterseite des hinteren Bremsbandkolbens und des Umschaltschiebers fließen.

Wenn sich in den Ölleitungen ein entsprechender Öldruck aufgebaut hat, kann dieser das hintere Bremsband lösen und den Umschaltschieber gegen den Ausgleichdruck nach oben drängen. Der Umschaltschieber schließt dabei die vordere Kupplung und das vordere Bremsband von der Ölversorgung ab und verbindet diese Leitung über den Umschaltschieber vom 3. zum 4. Gang mit Null. Dadurch löst sich die vordere Kupplung, während der Bremsbandkolben angezogen wird. Die Abschaltung der vorderen Kupplung erfolgt also um so später, je größer der Ausgleich- bzw. der Drosselschieberdruck ist, so daß mit stärker durchgetretenem Gashebel die Überschneidung größer ist als bei wenig Gas.

Umschaltung vom 3. in den 4. Gang. Beim Gangwechselschieber für den 3. zum 4. Gang ist die untere Seite des unteren Tellers vom Fliehkraftöldruck der schweren Seite, die des oberen Tellers vom Fliehkraftöldruck der leichten Seite beaufschlagt. Der Gegenkolben fühlt auf seiner Oberseite mit der ganzen Fläche den Drosselschieberdruck und kann sich so weit nach unten bewegen, bis der zwischen Gegenkolben und Umschaltschieber entstehende Gegendruck eine weitere Abwärtsbewegung verhindert. Der Einfluß der Stellung der Drosselklappe ist daher, gemessen an den anderen Schaltwechseln, groß, und der Unterschied der Umschaltgeschwindigkeit zwischen der geschlossenen und offenen Drosselklappe beträchtlich. Die extremen Werte der Fahrgeschwindigkeiten für die Umschaltung sind aus Abb. 113 und 114 zu entnehmen.

Überwiegt die Wirkung des von der Fahrgeschwindigkeit abhängigen Öldrucks die des Drosselschieberdrucks, so kann der Gangwechselschieber in seine obere Stellung umwechseln, wobei wieder der Zwischendruck mit Null verbunden wird. Dem Arbeitsöl ist damit der Weg freigegeben zum Umschaltschieber und von da weiter zum Lösen des vorderen Bremsbandkolbens und zum Anziehen der vorderen Kupplung.

Da schon beim 3. Gang die hintere Kupplung eingerückt und das hintere Bremsband gelöst waren, laufen nun beide Umlaufsätze als Einheit um und das Übersetzungsverhältnis ist 1:1. Der Arbeitsöldruck kann nach erfolgter Umschaltung in den 4. Gang noch auf die obere Seite des kleinen Gegenkolbens im Drosselschieber treten. Dieser Gegenkolben stellt den Druckpunkt für die erzwungene Rückschaltung vom 4. in den 3. Gang dar (*kick-down*). Der Gashebel kann im 4. Gang nur dann in seine Endstellung gedrückt werden, wenn die Ölkraft auf dem kleinen Gegenkolben überwunden wird. Dabei wird dann dem zur vorderen Kupplung fließenden Öldruck ein Weg in den Zwischenraum zwischen Gangwechselschieber und Gegenkolben für den 3. und 4. Gang freigegeben. Hat die Fahrgeschwindigkeit 85 km/h noch nicht überschritten, so reicht die Wirkung dieses Zwischendrucks aus, den Gangwechselschieber wieder nach unten zu drücken, d. h. vom 4. in den 3. Gang zurückzuschalten. Bei dieser Umschaltung wird der Zufluß zur vorderen Kupplung und damit auch der Zufluß zur Löseseite des vorderen Bremsbandkolbens, ferner der Zwischendruck und der Druck auf den Drosselschieber-Gegenkolben mit Null verbunden, so daß die gesamte Anlage sich wieder im normalen Zustand des Fahrbetriebs im 3. Gang befindet und die weiteren Umschaltungen entsprechend der Zuordnung von Gashebelstellung und Fahrgeschwindigkeit erfolgen.

Aus Geräuschgründen liegt die höchste Rückschaltgeschwindigkeit ohne kickdown sehr niedrig. Der Fahrer hat dadurch die Möglichkeit gewonnen, einen Einfluß auf den geschalteten Gang des Getriebes zu nehmen. Nimmt er nämlich nach kurzem Anfahren den Gashebel und damit den Drosselschieber zurück, so schaltet er automatisch bereits bei Geschwindigkeiten über 32 km/h in den 4. Gang. Gibt der Fahrer nun wieder Gas, so bleibt das Getriebe im höchsten Gang, und es bedarf einer besonderen Willenskundgebung, nämlich der Überwindung der Kraftwirkung des Drosselschiebergegenkolbens (*kick-down*), um zur Beschleunigung in den 3. Gang zu schalten. Diese Einrichtung des Schaltreglers hat den Vorteil, daß überflüssiges Schalten durch häufiges Gasgeben und Gaswegnehmen auf ein Mindestmaß reduziert wird. Die Anordnung hat aber auch den Nachteil, daß bei schiebendem Wagen und zurückgenommenem Gashebel sehr früh eine Umschaltung in den höchsten Gang erfolgt, der Motor also nicht ohne weiteres in den Zwischengängen zur Bremsung herangezogen werden kann.

Für diesen besonderen Fall ist die Stellung „*Lo*" des Wählhebels an der Lenkradsäule (*unterer Fahrbereich*) vorgesehen, die den Bereich des Automaten auf die Umschaltung vom 1. zum 2. Gang begrenzt. Mit dieser Umschaltung ist gleichzeitig eine Verlegung der Umschaltgeschwindigkeit zwischen 1. und 2. Gang vorgesehen, so daß bei offener Drossel die Umschaltung bei einer Fahrgeschwindigkeit von 78 km/h gegen 48 km/h im oberen Fahrbereich erfolgt.

Die Stellung „*Lo*" ermöglicht es so, länger im 1. und beliebig lange im 2. Gang zu bleiben und bei kleinen Fahrgeschwindigkeiten mit entsprechend größerer Leistung zu beschleunigen. Ebenso kann bei schiebendem Fahrzeug eine automatische Umschaltung vom 2. in einen höheren Gang nicht mehr stattfinden.

Im Schiebersystem selbst bedeutet die Umschaltung des Wählschiebers von „*Dr*" auf „*Lo*", daß das Arbeitsöl auf den Gegenkolben vom 1. zum 2. Gang und zwischen den Gangwechselschieber und Gegenkolben vom 2. zum 3. Gang fließen kann. Bei der Umschaltung vom 1. in den 2. Gang muß jetzt also die Kraftwirkung des Fahrgeschwindigkeitsdruckes die zusätzliche Kraftwirkung des Arbeitsdruckes auf den Gegenkolben überwinden. Über 72 km/h ist auch beim Umlegen des Schalthebels an der Lenkung von „*Dr*" auf „*Lo*" keine Rückschaltung zu erzwingen.

Schaltung des Rückwärtsganges. Wird der Wählschalter nochmals etwa 5 mm nach unten auf die Stellung „*R*" bewegt, so wird der Ölzufluß zum Fliehkraftregler abgeschlossen und zum Lösen des hinteren Bremsbandkolbens gegeben. Gleichzeitig haben die Schaltschieber vom 1. zum 2. Gang und vom 2. zum 3. Gang Verriegelungsöldruck. Eine Umschaltung in einen Vorwärtsgang ist also nicht möglich. Das hintere Bremsband ist so zwangsweise immer geöffnet. Mit der Bewegung des Wählschiebers nach unten wird ferner eine verzahnte Klinke nach innen gedrückt und damit das Ringrad W (Abb. 111) des Planetensatzes für den Rückwärtsgang mechanisch festgehalten.

Parksperre. Bei abgestelltem Motor ist die Stellung des Rückwärtsganges auch die Parksperre, weil dann gleichzeitig das Ringrad des 1. Umlaufsatzes der 2. Gruppe durch die Bandbremse hinten und das Ringrad des Rückwärtsgangsatzes durch die Klinke festgehalten werden. Das Fahrzeug ist damit gegen eine Bewegung blockiert.

5.3 Einfluß der Föttinger-Kupplung auf die Fahrleistungen.

In [*72*] ist ein Zeichenverfahren angegeben, das zwar weniger anschaulich, aber schneller das Zusammenwirken zwischen Motor und Strömungskupplung klärt als das in Abb. 107 und 110 angewandte. Nach diesem Verfahren wird nach der sich aus Gl. (34) ergebenden Beziehung für das übertragene Drehmoment

$$M_p = -M_t = 7{,}162 \cdot k \left(\frac{n_p}{100}\right)^2 D^5 .$$

die k-Linie des Motors über der Drehzahl n_p aufgezeichnet. In Abb. 121 ist zunächst wieder in Verhältniszahlen das Drehmoment unseres Zweitaktmotors über der Drehzahl aufgetragen. Nach Wahl des Bezugsdurchmessers D auf Grund der Überlegungen unter 5.21 ergibt sich die k-Linie des Motors. Durch Vergleich mit

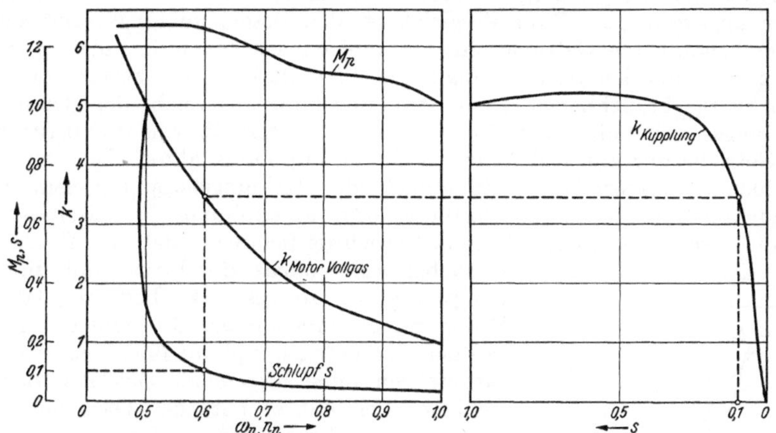

Abb. 121. Föttingerkupplung Abb. 106 mit Motor Abb. 17.

der gegebenen k-Linie der Kupplung erhält man die Linie s des Schlupfes über der Drehzahl n_p bei Vollgas. Aus s und n_p läßt sich die Drehzahl n_t des Turbinenrades errechnen, so daß man aus Gl. (1) und (2) die Zugkräfte und Winkelgeschwindigkeiten des Motors über der Fahrzeuggeschwindigkeit aufzeichnen kann, wie es in Abb. 121 und 122 für den direkten Gang gezeigt ist. Zum Vergleich ist die Zugkraftlinie aus Abb. 17 hinzugesetzt.

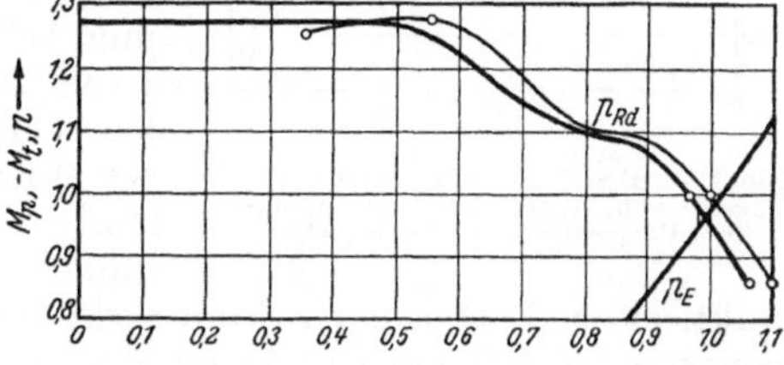

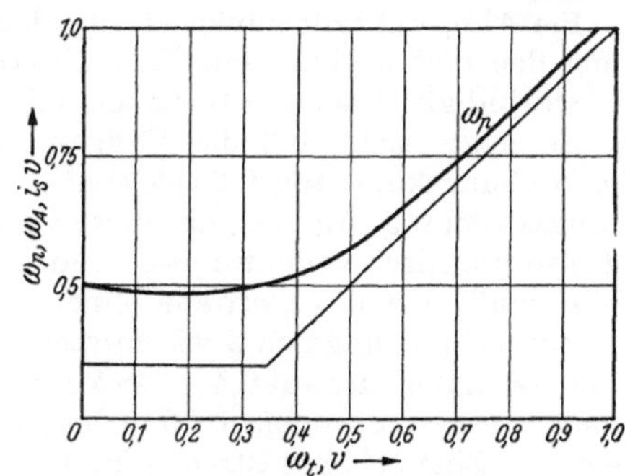

Abb. 122. Motor-Zugkraft und -Winkelgeschwindigkeit im direkten Gang aus Abb. 121. Dünn ausgezogen: Dasselbe mit Reibungskupplung.

Die Umrechnung der Zugkräfte bei anderen Übersetzungen als $i = 1$ erfolgt wie früher, ebenso die Ermittlung der Überschußzugkraft $P = P_R - P_E$ bzw. $p = p_R - p_E$ und der Steigfähigkeit nach Gl. (4).

Das Beschleunigungsvermögen ändert sich durch Einbau eines mit Schlupf arbeitenden Getriebeelementes stärker. Wie Abb. 122 zeigt, ändert sich die Motorendrehzahl nicht mehr proportional der Fahrzeuggeschwindigkeit v. Zwischen den Winkelgeschwindigkeiten ω_A (Motor) und ω_R (Treibachse) besteht jetzt die Beziehung $\omega_A = i_s i i_F \omega_R$. Der Wert φ in Gl. (5) ist daher bei Getrieben mit der Übersetzung zwischen Primär- und Sekundärteil $i_s = 1/\eta_s = 1/(1-s)$

$$\varphi = b_1 + b_2 i^2 i_s \frac{d(i_s v)}{dv}, \qquad \varphi' = \frac{\varphi}{b_1 + b_2}, \qquad \frac{dv}{dt} = \frac{P}{\varphi'(b_1 + b_2) M}.$$

Für den direkten Gang mit $i = 1$ wird gemäß Abb. 122 der Verlauf von $i_s v$ über v aufgezeichnet; daraus i_s und $d(i_s v)/dv$.

Der Zweitaktmotor-Sportwagen mit den in Abschnitt 3.5323 benutzten Daten bekäme im zweiten Gang mit $i_{II} = 1{,}667$ das in Linie b_s auf Abb. 123 dargestellte Beschleunigungsvermögen. Zum Vergleich ist das Beschleunigungsvermögen bei dem früher behandelten Getriebe ohne Schlupf eingezeichnet. Bei diesem ist der erste Gang zwischen den Geschwindigkeiten 0,105 und 0,3, der zweite Gang von $v = 0{,}195$ bis 0,6 brauchbar. Bei der Strömungskupplung reicht der Bereich des zweiten Ganges von null bis $0{,}97 \cdot 0{,}6 = 0{,}582$. Unterhalb von $v = 0{,}105$ kann das eine Getriebe nur mit schleifender Reibungskupplung fahren. Theoretisch ist das Beschleunigungsvermögen mit schleifender Reibungskupplung sehr hoch, wenn man konstante Motorendrehzahl n_3 oder n_4 annimmt. Praktisch ist eine solche Fahrweise kaum durchzuführen. Sie würde bedingen, daß der Fahrer den Gashebel auf Vollgas durchtritt und die Reibungskupplung so geschickt bedient, daß der Motor mit gleichbleibender Drehzahl durchläuft. Bei der Strömungskupplung läßt sich das Vollgasanfahren ohne besonderes Geschick bewerkstelligen: der Fahrer tritt den Gashebel durch und hält den Wagen mit der Bremse fest. Beim Startsignal wird die Bremse freigegeben. Beim normalen Anfahren setzt sich der Wagen bereits in Bewegung, bevor der Motor auf die Vollgasdrehzahl hochgelaufen ist.

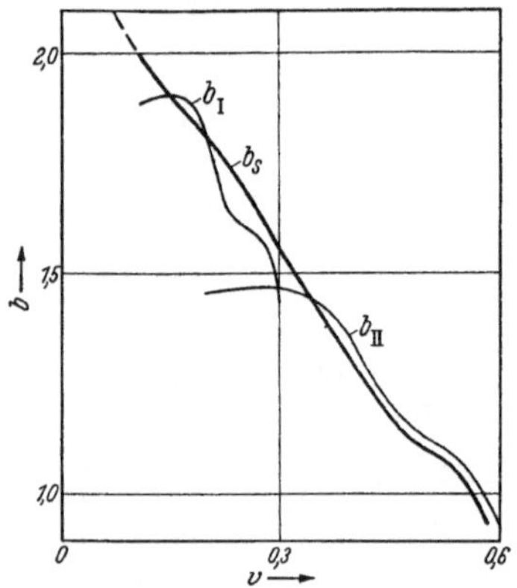

Abb. 123. Beschleunigungsvermögen des Wagens Abb. 17 mit Föttingerkupplung b_s. Zum Vergleich: b_I und b_{II} aus Abb. 19.

In dem Bereich, in dem die Reibungskupplung schleift, lassen sich also die beiden Getriebe schlecht vergleichen. Wir führen daher den Vergleich erst von einer Geschwindigkeit von 0,105 an durch. Bei $v = 0{,}105$ oder $V = 12{,}6$ km/h faßt die Reibungskupplung voll. Die Vereinfachung wirkt sich theoretisch zugunsten, praktisch zu Lasten der Strömungskupplung aus. Der nicht berücksichtigte Vorgang spielt sich in etwa 1,25 s auf einem Weg von etwa 2,8 m ab.

Bei Abb. 123 fällt zunächst auf, daß der zweite Gang mit Strömungskupplung auch den ersten Gang mit Reibungskupplung voll überdeckt. Der Vergleich im Geschwindigkeitsbereich 0,105 bis 0,3 ist bereits in Abb. 21 durchgeführt.

Es zeigte sich, daß die Endgeschwindigkeit des ersten Ganges von 0,3 mit der Reibungskupplung 0,2 sek später erreicht wird als im zweiten Gang der Strömungskupplung. An Weg hat diese aber nur 0,4 m gewonnen. Der Wegunterschied ist also praktisch bedeutungslos und im Maßstab der Abb. 124 kaum zu erkennen. Jetzt muß aber das Getriebe ohne Schlupf umgeschaltet werden. Bei einer Zugkraftunterbrechung von 2 sek entsteht der gezeichnete Verlauf. Bei einer Geschwindigkeitsbegrenzung auf 0,4 — 48 km/h — würde die Strömungskupplung auf 118 m einen Vorsprung von fast 10 m herausgefahren haben, wie die gestrichelte Linie zeigt. — Eine beliebte Strecke für Beschleunigungsprüfungen ist 200 m bei stehendem Start. Diese Strecke legt der Wagen mit Durchschalten vom ersten auf den zweiten Gang in 18,7 s, der Wagen mit Strömungskupplung in 17,5 s zurück. Augenfällig ist aber — diesen für die Verkaufsfähigkeit wichtigen Gesichtspunkt sollte der Getriebekonstrukteur stets beachten — nicht diese Anzeige der Stoppuhr, sondern der sichtbare Eindruck, daß der Wagen mit Strömungskupplung auf 200 m einen Vorsprung von 22 m gewinnt.

Wenn das schlupflose Getriebe ohne Zugkraftunterbrechung geschaltet wird, ist es in der Anfangsbeschleunigung gleichwertig. Die Geschwindigkeit 0,582, bei der das Getriebe mit Strömungskupplung umgeschaltet werden muß, erreichen beide in der gleichen Zeit, wie der Punkt *a* zeigt. Der Wegunterschied ist unbedeutend. In diesem Fall liegt also der Vorteil der Strömungskupplung darin, daß es mit *einem* Gang ein besseres Beschleunigungsvermögen bringt, als das schlupflose Getriebe mit zwei Gängen. Die Feststellung, daß das eine Getriebe dem anderen überlegen ist, enthebt den Gestalter selbstverständlich nicht des Zwanges, die bestmögliche Übersetzung zu suchen.

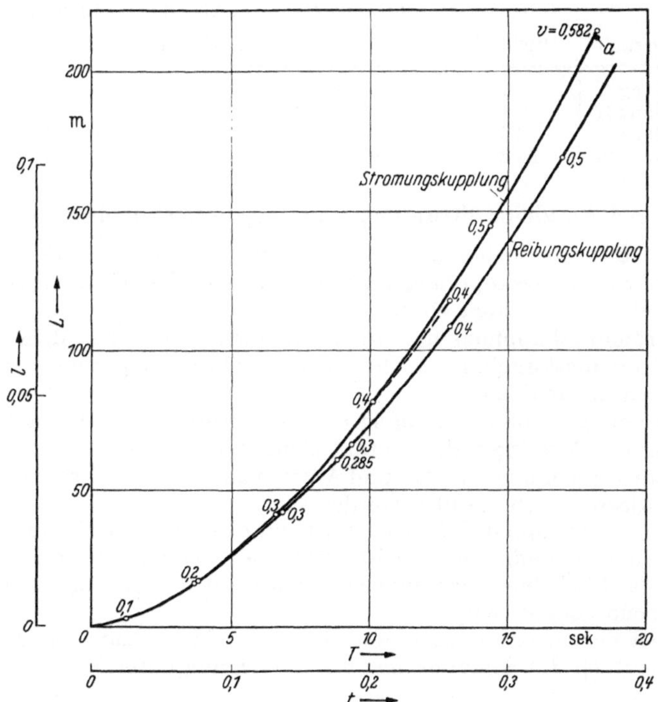

Abb. 124. Anfahrdiagramm des Wagens Abb. 17 mit Föttingerkupplung ($i = 1{,}67$) und Reibungskupplung ($i_I = 3{,}33$ und $i_{II} = 1{,}67$).

Wie Abb. 122 in Verbindung mit Abb. 18 zeigt, wird mit der Übersetzung 1,67 eine Steigfähigkeit von 14 % erzielt. Es muß also noch ein Berggang vorgesehen werden, der aber ohne Rücksicht auf das Beschleunigungsvermögen ausgelegt werden kann auf die unter 3.5323 errechnete Übersetzung 3,69. Die weitere Folge ist, daß man in der Wahl der Rückwärtsübersetzung freie Hand hat. Es genügt, wenn nach rückwärts die größte zulässige Garagenausfahrt-Steigung von 20% gefahren werden kann mit einer Reserve mit Rücksicht auf die geringere Leistungsfähigkeit des kalten Motors.

Um den Vergleich im übrigen leichter zu machen, wird die Anordnung III Abb. 109 zugrunde gelegt. Der dritte Gang ist bei dem Getriebe mit und ohne Schlupf also der unmittelbare Gang. Fahrleistungen und Brennstoffverbrauch sind gleich; bei leer mitlaufender Strömungskupplung und fehlender Reibungskupplung wird man getrost unterstellen dürfen, daß der Getriebewirkungsgrad nicht niedriger ist.

Den Vergleich der Brennstoffverbräuche in dem oder den Beschleunigungsgängen wollen wir verschieben, bis wir auch das Getriebe mit Strömungswandler einbeziehen können. Für einen vorwiegend im Flachland gefahrenen Personenkraftwagen spielt der Verbrauch in den kleinen Gängen eine sehr geringe Rolle, wie eine 50000-km-Dauerfahrt zeigte [*6*]. Das Ergebnis, aufgeteilt in vier Zeiten verschiedener Verkehrsdichte, ist in Zahlentafel 19 wiedergegeben.

Zahlentafel 19.

Verweilzeiten eines 1-l-Personenkraftwagens in den einzelnen Gängen im Großstadtverkehr

	0 bis 6 h	6 bis 12 h	12 bis 18 h	18 bis 24 h	Mittel
Fahrzeiten insgesamt	10908′17″	21561′12″	20134′24″	20420′3″	
Davon im 1. Gang %	0,07	0,72	1,07	0,33	0,55
2. Gang %	0,12	1,62	2,31	0,65	1,17
3. Gang %	0,61	5,39	7,03	2,78	3,95
4. Gang %	99,20	92,27	89,59	96,24	94,33

5.4 Vergleich Strömungs- mit Reibungskupplung.

Wir wollen uns am Schluß dieses Abschnittes die Unterschiede zwischen der Reibungs- und Strömungskupplung vergegenwärtigen, die bei der Verwendung im Fahrzeuggetriebe zu beachten sind.:

1. Die Strömungskupplung dämpft Drehschwingungen aus dem Motor.
2. Die Strömungskupplung macht den Anfahrvorgang vom Geschick des Fahrers weitgehend unabhängig.
3. Die Strömungskupplung kann so ausgelegt werden, daß bei richtiger Leerlaufeinstellung ein Abwürgen des Motors nicht möglich ist.
4. Eine völlige Trennung von An- und Abtrieb kann bei der Strömungskupplung nur durch Entleeren herbeigeführt werden.
5. Die Strömungskupplung bedarf des Schlupfes, um ein Drehmoment übertragen zu können, sie kann daher nicht verlustlos arbeiten. Andererseits kann ein beliebiger Schlupf beliebig lange aufgenommen werden, wenn die Betriebsflüssigkeit entsprechend gekühlt wird.
6. Auch bei der Strömungskupplung kann der Motor zum Bremsen benutzt werden. Hinsichtlich des Schlupfes gilt die Überlegung unter 5.

6. Strömungswandler.

6.1 Grundgesetze des Strömungswandlers.

Schaltet man in den Strömungskreislauf Pumpe–Turbine als drittes Bauelement ein feststehendes Leitrad ein, entsteht aus der Strömungskupplung der Strömungswandler. Außer der Drehzahlenwandlung $n_p/n_t = \omega_p/\omega_t$ bewirkt der Strömungswandler auch eine Momentenwandlung M_t/M_p (wenn wir einmal vom Vorzeichenwechsel absehen). Zwar gilt auch hier: je größer der Schlupf, desto größer das übertragene Drehmoment. Der Kniff liegt aber darin, daß man die Momentenänderung sich im wesentlichen bei den Turbinenschaufeln auswirken läßt, während man sie durch die Leitschaufeln von den Pumpenschaufeln weitgehend fernhält. Bei der in Abb. 125 und 126 dargestellten Bauart der Maschinenfabrik Voith führen die Leitschaufeln die Betriebsflüssigkeit fast auf dem halben Wege. Infolgedessen strömt die Flüssigkeit dem Pumpenrad immer in der gleichen Richtung zu, auch wenn der Ausströmwinkel aus dem Turbinenrad infolge wechselnder Drehzahl sich ändert. Solange die Pumpendrehzahl gleichbleibt, bleibt auch die Strömungsgeschwindigkeit gleich. Da sich also bei konstanter Pumpendrehzahl weder die Eintritts- noch die Austrittsverhältnisse beim Pumpenrad ändern, ist das vom Wandler aufgenommene Moment von dem Schlupf unabhängig, während das abgegebene Moment M_t die in Abb. 127 gezeichnete Abhängigkeit vom Schlupf oder von der Abtriebsdrehzahl aufweist.

Ändert sich die Pumpendrehzahl, gilt das für alle Strömungsmaschinen gültige Gesetz, das auch in den Gln. (33) und (34) zum Ausdruck kommt: Die Flüssigkeitsmenge wächst proportional, der -druck im Quadrat der Drehzahl. Auf den Strömungswandler, bei dem in erster Linie die Drehzahlen und Momente auf der An- und Abtriebsseite interessieren, bedeutet das: Im gleichen Betriebspunkt, also bei gleichem Schlupf und Wirkungsgrad, ändern sich die An- und Abtriebsmomente im Quadrat der Drehzahl. Durch diese Umrechnung entsteht aus der ausgezogenen

Abb. 125. Strömungswandler Bauart Voith. Von links nach rechts: Leitrad, Pumpenrad, Turbinenrad (Werksfoto).

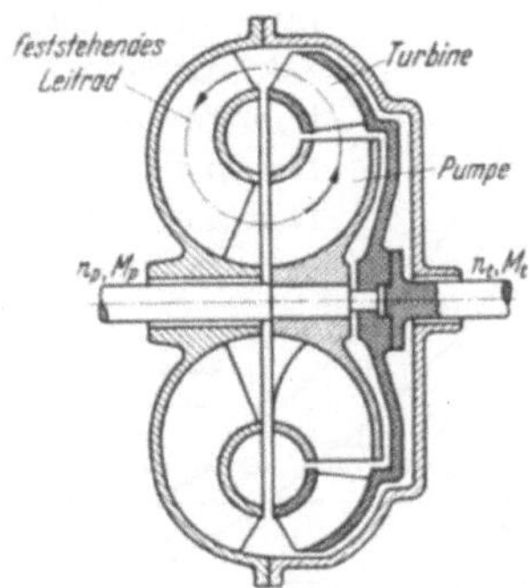

Abb. 126. Strömungswandler Abb. 125 im Schemaschnitt (Werkszeichnung).

Kurve in Abb. 127 die gestrichelte. Das Produkt aus Drehzahl und Moment, die Leistung, ändert sich in der dritten Potenz der Drehzahl. — Für den Zusammenhang zwischen Abmessungen und Drehzahl bleibt gleichfalls die Beziehung bestehen

$$N = k_1 n^3 D^5 .$$

Genau genommen stimmen die vorstehenden Überlegungen und Beziehungen alle nicht; sie sind aber mit einer praktisch ausreichenden Annäherung richtig.

Die Kennlinien aller Strömungswandler verlaufen im Grundsätzlichen so, wie es Abb. 127 zeigt. Das Abtriebsmoment ist am höchsten, wenn das Fahrzeug bei vorwärtstreibendem Motor rückwärts läuft. Wenn bei stillstehendem Wagen beispielsweise das Pumpenmoment $+1$ und das Turbinenmoment -3 ist, muß im Leitrad das Moment $+2$ abgestützt werden; der Flüssigkeitsdruck versucht also, das Leitrad in entgegengesetzter Drehrichtung zu bewegen. Wenn ω_t/ω_p etwa 0,8, der Schlupf mithin 20% beträgt, sind Antriebs- und Abtriebsmoment gleich, das Leitradmoment ist null. Bei weiter steigender Abtriebsdrehzahl wird das Turbinenmoment, dem absoluten Betrag nach, kleiner als das Pumpenmoment, das Leitradmoment nimmt negative Werte an. Die Betriebsflüssigkeit ist also bestrebt, Leitrad und Turbinenrad in der gleichen Richtung zu drehen. — Das Abtriebsmoment wird null bei der „Durchgangsdrehzahl"; dabei beträgt die Pumpendrehzahl etwa das 1,5fache der Antriebsdrehzahl. Erst wenn diese überschritten wird, kehrt sich die Kraftflußrichtung um, d. h. das Fahrzeug kann über den Wandler mit dem Motor gebremst werden. Bei der Strömungskupplung ist, wie wir sahen, der Umkehrpunkt für den Kraftfluß bei Gleichheit von Primär- und Sekundärzahl erreicht. Das Bremsen mit dem Motor ist daher bei dem Strömungswandler nur in geringem Umfang möglich.

Den stufenlosen Drehmomentenwandler faßt man gern als eine Aneinanderreihung einer unendlichen Zahl von Stufenübersetzungen auf. Das ist beim Strömungswandler nur mit gewissen Einschränkungen möglich. Beim Zahnradwandler ist die Drehzahlübersetzung $i = \omega_A/\omega_B$. Da $\omega_B M_B = \eta_g \omega_A M_A$, ist die Momentenübersetzung $M_B/M_A = \eta_g i$. Der „Regelbereich" eines Zahnradgetriebes aus beliebig vielen Gängen mit den „Stufensprüngen" i_{I} bis i_n ist das Verhältnis $i_{\mathrm{I}}/i_n = \omega_{Bn}/\omega_{B\mathrm{I}} = M_{B\mathrm{I}}/M_{Bn} \cdot \eta_{g\mathrm{I}}/\eta_{gn}$. Da der letzte Quotient nach Zahlentafel 1 etwa 1 ist, pflegt man beim Zahnradgetriebe zwischen dem Drehzahlenregelbereich und dem Momentenregelbereich keinen Unterschied zu machen. Beim Strömungswandler ist dagegen der Anfang des Regelbereiches stets gekennzeichnet durch die Drehzahlübersetzung $i_s = \omega_p/\omega_t = \infty$ und eine endliche Momentenübersetzung $i_{Mo} = M_t/M_p$, die beim dreiteiligen Wandler aus Pumpen-, Turbinen- und Leitrad zwischen 2 und 3,2 beträgt. Das Ende des Regelbereichs ist an sich die Durchgangsdrehzahl, bei der $i_s \approx 1/1{,}5$ und $i_M = 0$. Der nutzbare Regelbereich ist kleiner; er wird begrenzt durch den Wirkungsgrad $\eta_w = \omega_t M_t/\omega_p M_p = i_M/i_s$. Das Ende des (nutzbaren) Regelbereichs wird also durch das Ermessen des Konstrukteurs festgelegt, welchen niedrigsten Wirkungsgrad er noch zulassen will. Aus der Momentenübersetzung in diesem Punkt i_{Mn} ergibt sich ein Momentenregelbereich i_{Mo}/i_{Mn} auch für den Strömungswandler. Der Begriff des Drehzahlenregelbereiches hat für diesen Wandler keinen Sinn.

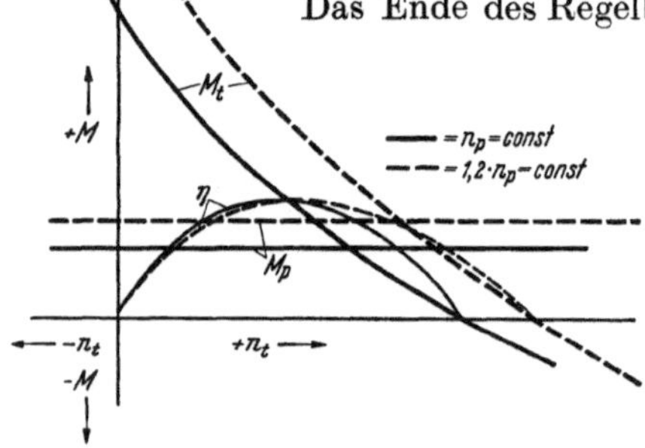

Abb. 127. Strömungswandler Abb. 125, Kennlinien (Werkszeichnung).

Zur Zeit werden die Strömungswandler meistens in einer Anordnung verwandt, bei der man vom Wandlerbetrieb auf eine feste oder Strömungskupplung ohne Änderung der vor- oder nachgeschalteten Zahnradübersetzung übergeht. Durch diese Anordnung ist das Ende des Wandler-Regelbereiches bestimmt. Es liegt bei $M_t = M_p$, also $i_{Mn} = 1$. Der Momentenregelbereich ist dann $i_{Mo}/i_{Mn} = i_{Mo}$. Die Drehmomentenübersetzung bei stillstehendem Turbinenrad wird daher als eine kennzeichnende Größe des Strömungswandlers angesehen. — Um weitere Vergleichszahlen zu bekommen, hat man die Drehmoment- und Drehzahl-Übersetzung im Punkt besten Wirkungsgrades — etwa stoßfreier Eintritt in die Pumpen-, Turbinen- und Leitradschaufeln — herangezogen und aus dem Produkt „i_{Mo} (bei $\omega_t = 0$) mal ω_t/ω_p (im Wirkungsgrad-Bestpunkt)" eine „Gütezahl" gebildet. — Ein vollständiger Vergleich zwischen zwei Bauarten ist jedoch nur möglich, wenn man den Wirkungsgrad oder die Drehmomentenwandlung über den gesamten nutzbaren Regelbereich betrachtet.

6.2 Bauarten der Strömungswandler

6.21 Einfache Föttingerwandler

Für drei Anordnungen eines Strömungsgetriebes für eine Motorlokomotive ist in den Abb. 128 der Verlauf von Zugkraft, Motorendrehzahl und Wirkungsgrad über der Fahrgeschwindigkeit aufgetragen. Nach unseren früheren Überlegungen entspricht das Bild: Zugkraft über der Fahrgeschwindigkeit dem Bild: Turbinenmoment über der Turbinendrehzahl, wenn man in beiden Bildern Kennziffern einträgt. Der Strömungswandler allein genügt nicht als Fahrzeuggetriebe. Selbst wenn man sich mit einem schlechten Wirkungsgrad bei der Höchstgeschwindigkeit begnügt, den Regelbereich also weit ausdehnt, ist die Momentenübersetzung beim Anfahren noch zu gering.

6.211 Das Schema der Anordnung *Wandler-Kupplung* zeigt Abb. 129. Die Motorendrehzahl wird im Getriebeeingang ins Schnelle übersetzt, um kleinere Abmessungen des Wandlers und der Kupplung zu bekommen. Bei laufendem Motor laufen die Pumpenräder des Wandlers und der Kupplung sowie die Ölpumpe mit. Für die Bedienung von Motor und Getriebe genügt ein Handrad im Lokomotivführerstand. In der Anfangsstellung des Handrades ist die Leerlaufdrehzahl des Motors eingestellt. Der Steuerschieber verschließt die Druckleitung der Ölpumpe, so daß nur der Fliehkraftregler und die Schmierstellen mit Öl versorgt werden. Beim Weiterdrehen des Handrades wird der Steuerschieber mechanisch, hydraulisch oder elektrisch in die gezeichnete Stellung gebracht. Gleichzeitig wird eine beliebige höhere Motorendrehzahl eingestellt. Der Wandler wird mit Öl gefüllt und überträgt das gewandelte Motorenmoment über das rechte Zahnpaar zum Abtrieb. Bei einer bestimmten vorgegebenen Geschwindigkeit wird über den Fliehkraftregler Öl auf die Unterseite des Hilfskolbens gegeben, so daß die Feder den Steuerkolben in die obere Stellung drücken kann. Der Zufluß zum Wandler wird gesperrt und der zur Kupplung freigegeben. Gleichzeitig wird ein Schnellentleerungsventil im Wandler geöffnet, wie es in Abb. 130 bei der linken Kupplung gezeichnet ist. Beim Unterschreiten der Umschaltgeschwindigkeit wird in gleicher Weise selbsttätig von der Kupplung auf den Wandler zurückgeschaltet.

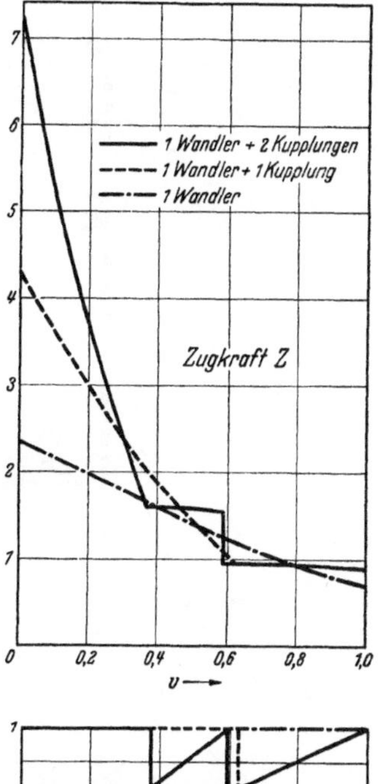

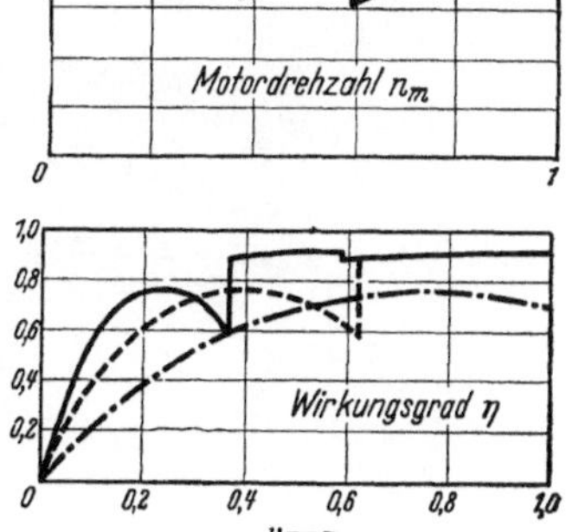

Abb. 128. Zugkraft, Motor- gleich Pumpendrehzahl und Getriebewirkungsgrad über der Fahrgeschwindigkeit.

6.212 Die Schnittzeichnung 130 stellt die Anordnung *Wandler-Kupplung-Kupplung* dar. Der Motor treibt über die Zahnradübersetzung ins Schnelle die Ölpumpe und die kreuzschraffierten Pumpenräder des Wandlers und der beiden Kupplungen. Bei steigender Fahrgeschwindigkeit wird nacheinander der Wandler, die mittlere und die linke Kupplung gefüllt bei gleichzeitiger Entleerung des

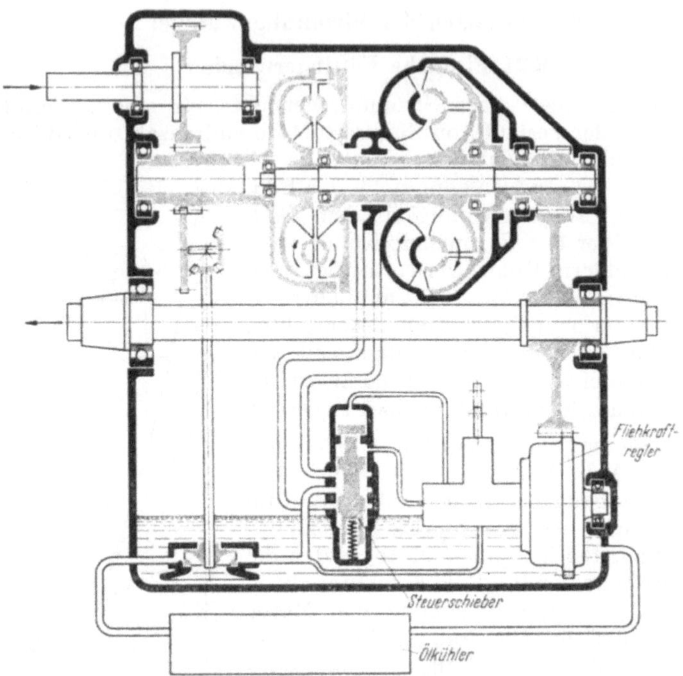

Abb. 129. Voith-Strömungsgetriebe für Motorlokomotiven mit Anfahr-Drehmomentenwandler und Föttingerkupplung (Anordnung Wandler-Kupplung). Werkszeichnung.

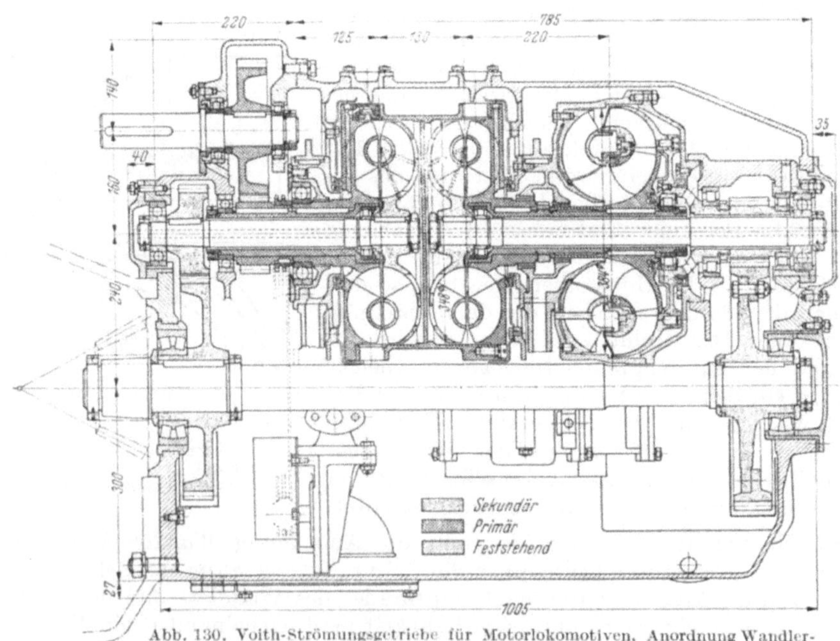

Abb. 130. Voith-Strömungsgetriebe für Motorlokomotiven, Anordnung Wandler-Kupplung-Kupplung (Werkszeichnung Schwartzkopff).

bisher gefüllten Kreislaufes. Der Wandler und die mittlere Kupplung treiben über das rechte Zahnradpaar, die linke Kupplung über das linke weniger übersetzende Paar das Abtriebskegelritzel. Die Schaltautomatik besteht aus zwei Steuerschiebern, die über einen Fliehkraftregler mit Öl beaufschlagt werden. Der erste Steuerschieber hat drei Stellungen: 1. die Sperrstellung wie vor, aus der er durch Drehen des Handrades in die Stellung *2* bewegt wird; 2. Öffnen des Zuflusses zum Wandler; 3. Öffnen des Zuflusses zum zweiten Steuerschieber. Dieser öffnet unterhalb der zweiten Umschaltgeschwindigkeit (s. Abb. 128) den Zufluß zur mittleren, oberhalb zur linken Kupplung.

Bei Betrachtung dieser sehr einfachen Schaltautomatik darf folgendes nicht übersehen werden: Erstens erfolgt die Gangumschaltung nur in Abhängigkeit von der Fahrgeschwindigkeit. Zweitens wird die Füllung der Dieselmotoren in Schienenfahrzeugen mittelbar über einen Drehzahlregler eingestellt. Dieser verhindert ein Durchgehen des Motors, auch wenn beim Umschalten der Kraftfluß unterbrochen wird. Drittens macht es sich beim Schienenfahrzeug mit seinen großen Massen wenig bemerkbar, wenn beim Umschalten die Motorendrehzahl von der Abtriebsseite her hochgetrieben wird. — Bei neueren Ausführungen, die nur aus Wandlergängen bestehen, bewirken kleine Meßpumpen das Umschalten bei demselben Verhältnis Fahrgeschwindigkeit zu Motorendrehzahl.

In Straßenfahrzeugen, bei denen an die Genauigkeit der Umschaltung höhere Ansprüche gestellt werden, ist die Steuerung durch Füllen und Entleeren der Kreisläufe bisher nur in Versuchsausführungen angewandt.

6.22 Dreiteilige Einkreisläufer.

Strömungswandler und Strömungskupplung hat FÖTTINGER, später Professor an der Technischen Hochschule Berlin-Charlottenburg, bereits kurz nach der Jahrhundertwende erfunden. Die Zusammenfassung beider zum „Einkreisläufer“ wurde von einer 1928 gegründeten Arbeitsgemeinschaft an der TH Karlsruhe (W. SPANNHAKE, H. KLUGE, K. v. SANDEN) entwickelt, von KLEIN, SCHANZLIN und BECKER, Frankenthal, gebaut und zum erstenmal — als „*Trilok*-Getriebe“ für Straßenfahrzeuge — auf der Automobil-Ausstellung Berlin 1934 gezeigt.

Der Einkreisläufer ist ein Strömungswandler, dessen Leitrad nicht starr, sondern über einen Freilauf gegen das Gehäuse abgestützt ist. Wie wir bei Besprechung der Abb. 127 sahen, ist bei $M_p = -M_t$ das Leitradmoment null. In diesem Punkt tritt eine Umkehr des Leitradmomentes auf. Bei größerem Schlupf wird das Leitrad entgegen der Drehrichtung des Pumpen- und Turbinenrades beaufschlagt. Eine Bewegung in dieser Richtung verhindert der Freilauf, das Einkreislaufgetriebe arbeitet als Wandler. Oberhalb des Umkehrpunktes läßt der Freilauf die Drehung des Leitrades im Drehsinn des Pumpen- und Turbinenläufers zu, das Leitrad läuft leer mit, das Getriebe hat jetzt die Charakteristik einer Strömungskupplung. Der Einkreisläufer erfüllt also die Funktion der Anordnung Abb. 129. Es muß allerdings in Kauf genommen werden, daß der Einkreisläufer mit umlaufendem Leitrad etwas höhere Verluste hat als die Strömungskupplung, die sich auf einen Wirkungsgrad von 97 bis 98% auslegen läßt. Dem gegenüber stehen folgende Vorteile:

1. Dem Bauaufwand für die Strömungskupplung steht nur der für den Freilauf zwischen Leitrad und Gehäuse gegenüber.

2. Die Umschaltung von Wandler- auf Kupplungsbetrieb erfolgt beim Einkreisläufer selbsttätig, ohne daß es des Eingreifens einer Schaltautomatik bedarf. Da der Umschaltpunkt beim Einkreisläufer vom Schlupf abhängt, also vom Verhältnis der Abtriebsdrehzahl oder Fahrgeschwindigkeit zur Antriebsdrehzahl,

rückt er um so mehr in das Gebiet geringer Fahrgeschwindigkeiten, je niedriger die Motorendrehzahl ist. Auf diese Weise ist der Bereich des verlustarmen Kupplungsbetriebs bei Fahrt in der Ebene weit größer als bei Vollgasfahrt.

Konstruktion und Fertigung der Einkreisläufer wurden in Amerika zu hoher Vollendung entwickelt. Im Wandlerbereich werden Wirkungsgrade bis 91%, im

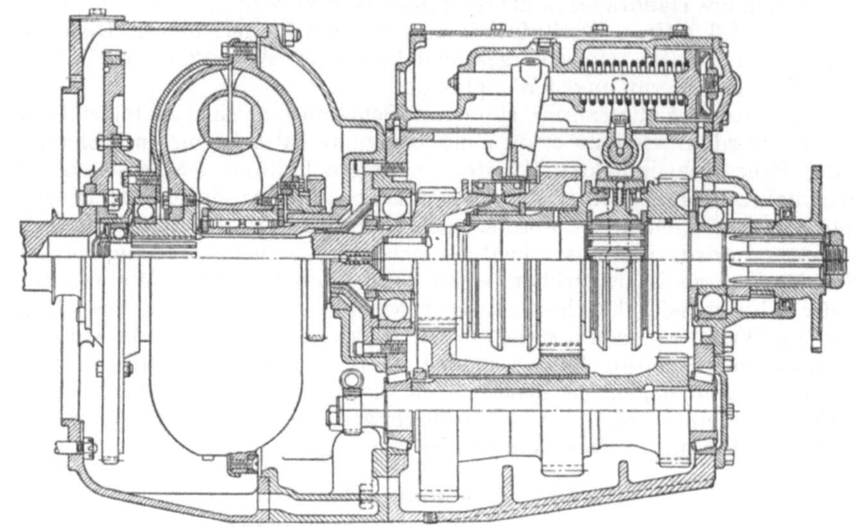

Abb. 131. *White-Hydro-Torque*-Getriebe. Drehmomentenwandler 3,2 : 1, dreiteilig, zwei Gänge.

Kupplungsbereich bis 96% erreicht. Das starke Absinken des Wirkungsgrades beim Trilokgetriebe vor dem Umschaltpunkt ist gemildert oder ganz vermieden. Der zweite Freilauf des Trilokgetriebes zwischen Turbinen- und Leitrad, der ein Überholen der Turbine durch das Leitrad verhinderte, ist fortgelassen.

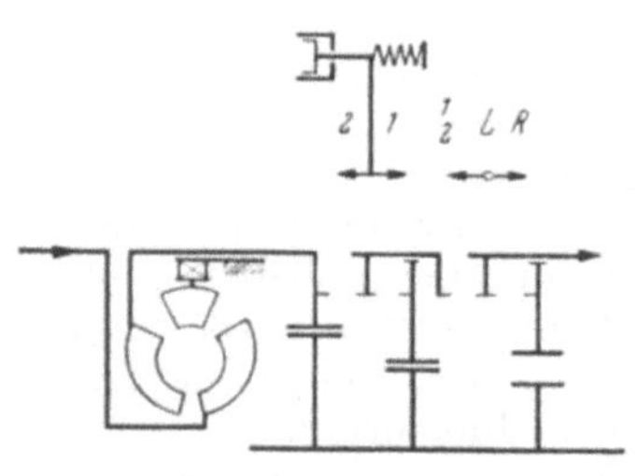

Abb. 132. *White-Hydro-Torque.*

6.221 Schlupfunabhängige Motorendrehzahl. Abb. 131 und 132 zeigen Schnittbild und Schema des *White-Hydro-Torque*-Getriebes, das vornehmlich in schweren Omnibussen verwandt ist. Beide Kupplungen sind synchronisiert. Die hintere Kupplung wird von Hand, die vordere mit Druckluft selbsttätig geschaltet. Mit der Bewegung des Schaltkolbens ist die eines Schaltstiftes gekuppelt, der nacheinander mehrere Kontakte betätigt.

Bemerkenswert ist, daß mit formschlüssigen Kupplungen geschaltet wird, ohne daß das Getriebe vom Motor völlig getrennt wird. Die Gleichlaufeinrichtung muß daher das Moment aus dem Kriechmoment des Wandlers überwinden.

Bei entlastetem Schaltkolben zieht die Feder die vordere Kupplung in den ersten Gang. Alle Zahnräder werden über den Wandler getrieben. Der Fahrer kann aus der Leerlaufstellung in den Rückwärtsgang oder den Vorwärtsgang schalten und setzt dabei mit der Synchronisierkupplung die Turbine still, bevor die Schaltklauen einrasten.

Im ersten Gang ist die Momentenwandlung des Wandlers, Abb. 133, durch die beiden nachgeschalteten Zahnradpaare etwa verdoppelt. Bei Gleichheit von

Turbinen- und Pumpenmoment beginnt der Einkreisläufer als Kupplung zu arbeiten. Hat die Drehzahldifferenz einen bestimmten Kleinstwert erreicht, so schließt die Schaltautomatik einen elektrischen Kontakt und betätigt ein Ventil in der Druckluftleitung zum Schaltkolben. Dieser wird nach vorn gezogen, gleichzeitig wird über einen vom Schaltstift betätigten Kontakt die Drosselklappe geschlossen. Der Motor verliert an Drehzahl, bis die vorderen Klauen bei Gleichlauf einrasten und den direkten Gang herstellen. Jetzt gibt der Schaltstift die Drosselklappe frei, so daß sie in die vom Fahrer bestimmte Stellung zurückkehrt.

Beim Zurückschalten in den ersten Gang wird die Kupplung zunächst durch Schließen der Drosselklappe entlastet, so daß die Feder sie bei entlastetem Schaltkolben in die Mittelstellung ziehen kann. Nun wird die Drosselklappe wieder geöffnet, der Motor läuft hoch, bei Gleichlauf wird die Zündung abgeschaltet und bei eingerasteter Kupplung sofort wieder eingeschaltet.

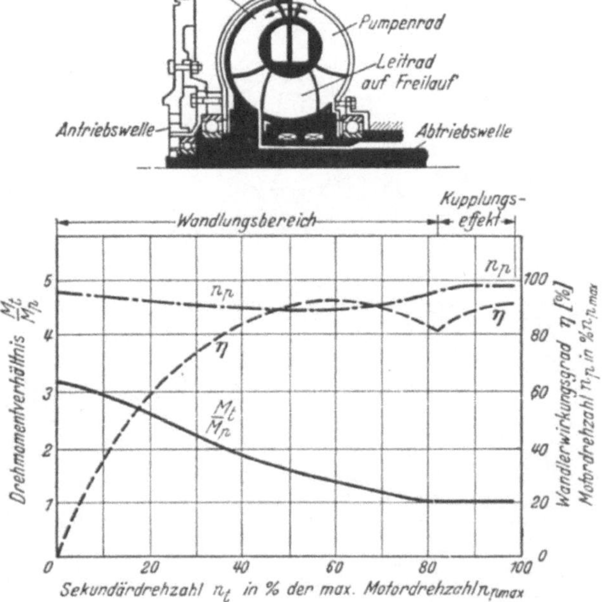

Abb. 133. Schematischer Aufbau und Vollastkennlinien des Drehmomentenwandlers von SCHNEIDER für das *White-Hydro-Torque*-Getriebe.

Die Schaltung betätigen ein Differenzdrehzahlregler und ein einfacher Fliehkraftregler. Der erster ist ein kleines Kegelrad-Ausgleichsgetriebe der gleichen Bauart, wie wir sie als Hinterachsausgleichsgetriebe zu benutzen pflegen. Bei diesem besteht zwischen den Drehzahlen des treibenden Trägers T der Ausgleichskegelräder und denen der getriebenen Kegelräder *1* und *2* die Beziehung

$$2 n_T = n_1 + n_2 .$$

Bei dem Differenzdrehzahlregler wird T von der Pumpe und Kegelrad *1* von der Turbine des Wandlers getrieben. Die Übersetzungen sind so gewählt, daß Kegelrad *2* proportional der Drehzahldifferenz $(n_p - n_t)$ läuft. Rad *2* treibt einen Fliehkraftregler, der bei einem Kleinstwert der Drehzahldifferenz aufwärts schaltet und bei einem Größtwert den Rückschaltimpuls in den ersten Gang durch Kontaktgabe auslöst. Der Regler fühlt mithin das Drehmoment am Wandler ab, schaltet jedoch nicht bei einer bestimmten Momentenübersetzung oder einem bestimmten Schlupf $s = (n_p - n_t)/n_p$, sondern bei einem konstanten Wert $n_p - n_t = s n_p$. Je kleiner also die Motorendrehzahl, desto größer muß der Schlupf zum Auslösen des Schaltimpulses sein.

Der zweite Fliehkraftregler wird von der Getriebeabtriebswelle getrieben. Er schaltet bei einem Kleinstwert der Fahrgeschwindigkeit den ersten Gang durch Kontaktgabe ein. Beim Anfahren ist daher stets der erste Gang eingeschaltet, auch wenn der Wagen durch Ausrollen oder Bremsen aus dem direkten Gang zum Stillstand gekommen ist.

Mit einem Handhebel kann der Fahrer die Umschaltung in den direkten Gang verhindern, daher auch mit dem ersten Gang durch den Motor bremsen. — Da er ferner durch Gasgeben oder -wegnehmen die Drehzahldifferenz am Einkreisläufer vergrößern oder verkleinern kann, kann er in dem Bereich von etwa der halben Höchstgeschwindigkeit bis zur Ansprechgeschwindigkeit des zweiten Reglers den Fahrgang wählen.

Verglichen mit anderen amerikanischen selbsttätigen Getrieben ist der Aufwand für die Getriebeschaltung auffallend gering. Allerdings wird der Nachteil der Zugkraftunterbrechung beim Hochschalten in Kauf genommen.

6.222 Schlupfabhängige Motorendrehzahl. Der Einkreisläufer in Abb. 134, den *Borg-Warner* für den *Studebaker*- und den *Ford-Mercury*-Personenkraftwagen entwickelt hat, ist in gleicher Weise aufgebaut. Er unterscheidet sich jedoch in zwei Punkten, durch seine Luftkühlung und durch seine Charakteristik.

Im Gegensatz zu den beiden vorher behandelten Wandlern ist bei diesem das Eingangsmoment vom Schlupf abhängig. Die Drehzahldrückung beim Anfahren ist nach dem gleichen Verfahren zu ermitteln, das wir bei der Strömungskupplung benutzt haben. Genau genommen, gilt die n_p-Linie nur für einen bestimmten Verlauf des Motorenmomentes über der -drehzahl.

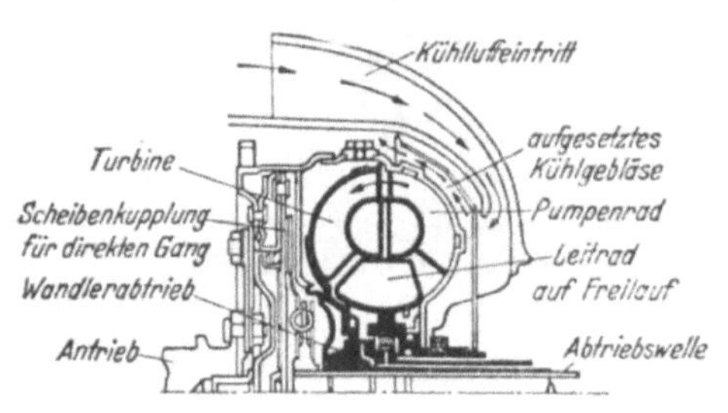

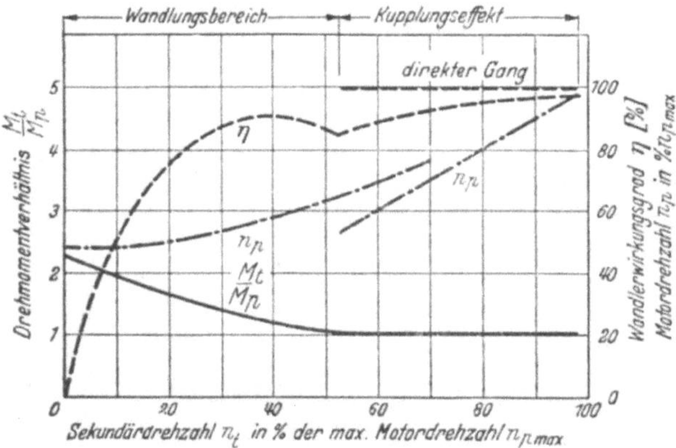

Abb. 134. Schematischer Aufbau und Vollastkennlinien des Drehmomentenwandlers mit Überbrückungskupplung für das *Studebaker-Borg-Warner*-Getriebe.

Das Dreigang-Nachschaltgetriebe des *Ford-Mercury* wurde bereits im Abschnitt 4.234 behandelt. Der direkte Gang ist als Schnellgang ausgelegt; der Brennstoffverbrauch sinkt dadurch nach den Angaben des Herstellers unter den bei dem wahlweise eingebauten handgeschalteten Vierganggetriebe.

Auch das Nachschaltgetriebe des *Studebaker* ist ein Dreiganggetriebe, Schemabild 135. Die dem Einkreisläufer vorgeschaltete Reibungskupplung verbindet eingerückt den Antrieb unmittelbar mit dem Abtrieb. Die Schwierigkeit beim selbsttätigen Umschalten der Vorwärtsgänge löst dieses Getriebe nicht durch eine Abstimmung des Lösens des einen mit dem Kuppeln des anderen Schaltorgans über die Schaltautomatik, sondern dadurch, daß es zum Umschalten nur der Betätigung *eines* Schaltorgans bedarf.

Außer der erwähnten Reibungskupplung sind eine Lamellenkupplung und drei Bandbremsen vorhanden, die sämtlich mit Drucköl beaufschlagt werden. Die Sonne des hinteren Umlaufgetriebes b ist über einen Freilauf gegen das Gehäuse und über einen zweiten Freilauf gegen die Sonne des Getriebes a abgestützt. Die Sperrichtungen der Freiläufe zeigt Abb. 136. Außer im direkten Gang wird

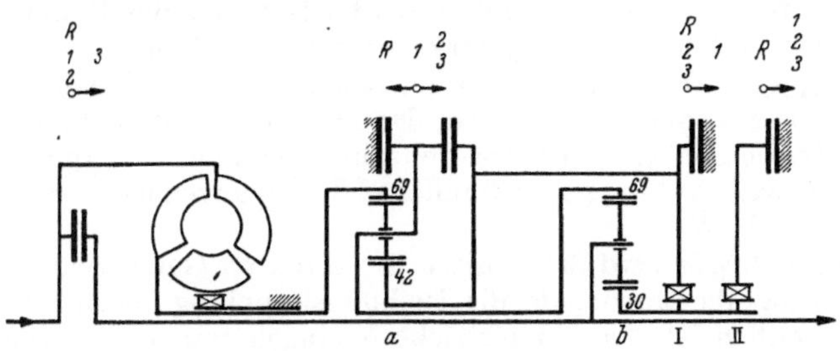

Abb. 135. *Studebaker-Borg-Warner.*

in allen Gängen das Hohlrad H_a mit dem Turbinenmoment M_t angetrieben, das nach Abb. 134 das 2,15- bis 1fache des Motorenmomentes beträgt.

Wir erinnern uns, daß für beide Umlaufgetriebe gilt:

$$\omega_S z_S + \omega_H z_H - \omega_T (z_S + z_H) = 0$$

und schreiben die Winkelgeschwindigkeiten und Momente der Übersetzungsgänge als Vielfache von ω_t und M_t auf.

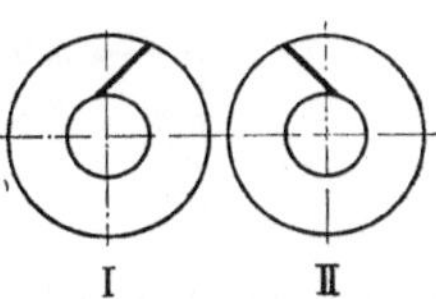

Abb. 136. Sperrichtung der Freiläufe Abb. 135, in Kraftflußrichtung gesehen.

Im *ersten Gang* sind beide Sonnen stillgesetzt, daher

$\omega_{Sa} = 0;\ \omega_t/\omega_{Ta} = (69 + 42)/69 = 1{,}61;$

$\omega_{Sb} = 0;\ \omega_{Hb}/\omega_{Tb} = \omega_{Ta}/\omega_B = (69 + 30)/69 = 1{,}435;$

$\omega_t/\omega_B = 1{,}61 \cdot 1{,}435 = 2{,}31.$

Die Momentenrechnung vereinfachen wir, indem wir die ohnehin geringen Verluste vernachlässigen und die Momenten- der Drehzahlübersetzung gleichsetzen. Im Getriebe a wirkt $M_{Ha} = M_t$ rechtstreibend. Der Planetenträger wird mit $M_{Ta} = -1{,}61\ M_t$ rechtsherum getrieben. Das Stützmoment der Sonne ist mithin $M_{Sa} = 0{,}61\ M_t$. — Im Getriebe b wirken die Momente im gleichen Drehsinn. $M_{Hb} = -M_{Ta} = 1{,}61\ M_t$ rechtsherum treibend; $M_{Tb} = M_B = -2{,}31\ M_t$ rechtsherum getrieben; $M_{Sb} = 0{,}7\ M_t$ linksherum getrieben. Eine Linksdrehung der Sonne S_b läßt der Freilauf *II* nicht zu, wenn sein Außenring festgehalten wird.

Wird nun die mittlere Bremse gelöst, so wird dadurch keine Bewegung im Getriebe ausgelöst. Das Stützmoment der Sonne S_a versucht den Außenring des Freilaufes *I* linksherum zu drehen, wird also über Freilauf *II* von der hinteren Bremse aufgefangen, die nun kurzzeitig beide Sonnen abstützt.

Erst wenn die Lamellenkupplung faßt, ist der *zweite Gang* eingeschaltet. Getriebe a läuft, da $\omega_{Ta} = \omega_{Sa}$, als Kupplung um. Die Rechtsdrehung des Außenringes läßt Freilauf *I* zu. In Getriebe b wird wie vor gewandelt, so daß

$$\omega_{Ht}/\omega_{Tb} = \omega_t/\omega_B = 1{,}435\,.$$

Die Momente sind $M_{Hb} = M_t$ als rechtstreibendes Moment, das Abtriebsmoment $M_{Tb} = M_B = -1{,}435\ M_t$ und das über Freilauf *II* von der hinteren Bremse abgestützte Moment $M_{Sb} = 0{,}435\ M_t$. Die Lamellenkupplung muß für $M_{Tb} = -M_t$ bemessen werden.

Wird die Kupplung wieder gelöst, so läuft infolge der Entlastung von Motor und Strömungsgetriebe das Hohlrad H_a in der Drehzahl hoch, der mit dem Abtrieb gekuppelte Planetenträger T_a ändert seine Drehzahl wenig, die Sonne S_a läuft daher langsamer, bis sie infolge der Sperrwirkung des Freilaufs I im Zusammenwirken mit der mittleren Bremse zum Stillstand kommt und damit der erste Gang eingeschaltet ist. Abb. 137 zeigt die Umfangsgeschwindigkeiten der drei Leitungen zu Beginn und bei Beendigung dieser Schaltung.

Zum Einschalten des *direkten Ganges* wird zusätzlich die Reibungskupplung durch Öldruck eingeschaltet. Bei T_b wirkt ein positives Moment, auf H_b und S_b ein negatives. S_b wird also rechtsherum getrieben; dies läßt Freilauf II zu. Über Freilauf I wird das gekuppelte Getriebe a, das Turbinenrad und H_b mitgenommen, so daß alle Getriebeteile mit Antriebsdrehzahl umlaufen. Für die Umschaltung vom dritten zum zweiten Gang gelten ähnliche Überlegungen wie vor und Abb. 137, nunmehr für Getriebe b.

Bei *treibendem Wagen* wird M_B positiv. Im direkten Gang wird Leistung vom Abtrieb zum Motor übertragen, da die Reibungskupplung gegen die Momentenumkehr unempfindlich ist. Das in Getriebe b eingeleitete Leerlaufmoment M_{Tb} bleibt positiv. Im zweiten und ersten Gang werden dagegen alle Momentenrichtungen umgekehrt. Die Sonne S_b wird rechtsherum getrieben, Freilauf I sperrt, Freilauf II gibt frei. Im zweiten Gang wird daher die Übersetzung des Nachschaltgetriebes bei schiebendem Wagen gleich 1, im ersten Gang gleich 2,31 wie bei treibendem Motor, da S_a unmittelbar und S_b über Freilauf I von der mittleren Bremse festgehalten wird.

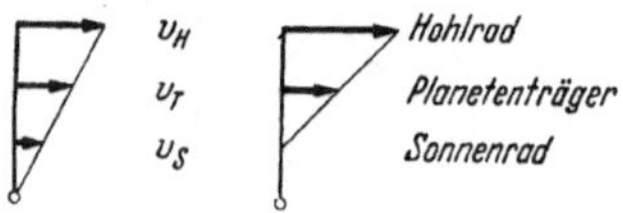

Abb. 137. Umlaufgeschwindigkeiten am Umlaufgetriebe a, Abb. 135, links im zweiten, rechts im ersten Gang.

In den beiden normalen Fahrgängen, dem mittleren und dem direkten, wirken die beiden Freiläufe als *Hangsperre*. Eine Linksdrehung des Abtriebes und damit von T_b ist nur möglich, wenn sich entweder S_b oder H_b linksherum drehen können. Das Linksdrehen von S_b verhindert Freilauf II. Eine Linksdrehung von H_b, die mit einer gleichlaufenden Bewegung des gekuppelten Umlaufgetriebes a und des Außenringes von I verbunden ist, ist gleichfalls nicht möglich. Der Wagen kann also nicht nach rückwärts rollen, solange die Lamellenkupplung eingeschaltet ist.

Im *Rückwärtsgang* ist nur die vordere Bremse eingelegt. Die Übersetzung ergibt sich aus den für den ersten und zweiten Gang gewählten Zähnezahlen zu

$$\omega_t/\omega_B = -\left(1 + \frac{69}{30}\right)\cdot\frac{42}{69} = -2{,}01\,.$$

Wie im ersten Gang ist $M_{Ta} = -1{,}61\,M_t$ und $M_{Sa} = 0{,}61\,M_t$. Das letztere Moment wirkt im Getriebeteil b linksherumtreibend als $M_{Sb} = -0{,}61\,M_t$. $M_{Tb} = M_B = 2{,}01\,M_t$ und $M_{Hb} = -1{,}4\,M_t$. In der vorderen Bremse muß $M_{Ta} + M_{Hb} = -3{,}01\,M_t$ abgestützt werden, mithin unter Berücksichtigung der Momentenwandlung im Einkreisläufer Abb. 134 das $6^1/_2$fache Motorenmoment.

In der meistgebrauchten Anordnung wird nur die Umschaltung zwischen den beiden Normalgängen selbsttätig durchgeführt. Berg- und Rückwärtsgang werden über einen *Wählschieber* von Hand eingeschaltet, der auf die üblichen Stellungen in der nachgenannten Reihenfolge eingeschaltet werden kann. „Parken“, Wagen über das Getriebe gegen Bewegung verriegelt, „Leerlauf“, alle Schaltorgane gelöst, Wagen kann geschoben oder gezogen werden, „Normalgang“, automatische Schaltung zwischen mittlerem und direktem Gang, „Berggang“, „Rückwärtsgang“.

Da die *Schaltautomatik* keine Abstimmorgane braucht, ist sie verhältnismäßig einfach. Ein Fliehkraftregler, der proportional der Wagengeschwindigkeit umläuft, ist mit seinem Festpunkt am Gestänge des Gashebels aufgehängt. Er öffnet den

Schieber zur vorderen Reibungskupplung bei geschlossener Drosselklappe bei 29 km/h. Je stärker der Gashebel durchgetreten wird, um so höher liegt die Umschaltgeschwindigkeit, bei voll geöffneter Drosselklappe ist sie etwa 56 km/h. Wenn die Umschaltung auf den direkten Gang vollzogen ist, rastet der Schieber ein. Die Raste wird nur gelöst, wenn entweder die Wagengeschwindigkeit unter 19 km/h sinkt oder wenn der Fahrer den Gashebel über die Vollgasstellung durchtritt. Das Umschalten mit dem „kick-down" ist bis 80 km/h möglich. Bei dieser Stellung schaltet die Automatik erst bei 93 km/h in den direkten Gang ein.

Zur weiteren Verbesserung der Fahreigenschaften ist noch eine Anzahl von Einrichtungen eingebaut:

Eine *Kriechsperre* hält den Wagen fest gegen die Wirkung des — im Nachschaltgetriebe übersetzten — Kriechmomentes (siehe 5.21). Die Drosselklappe hat einen Leerlaufkontakt, über den ein Ventil in der Leitung der Öldruckbremse betätigt wird. Dieses Ventil verhindert den Druckabfall in der Hauptbremsleitung, auch wenn der Fußbremshebel losgelassen wird. Oberhalb 16 km/h wird diese Einrichtung unwirksam. Bei kleiner Geschwindigkeit braucht also der Fahrer die Bremse nur kurz zu treten; die Öldruckbremse bleibt eingelegt, bis Gas gegeben wird.

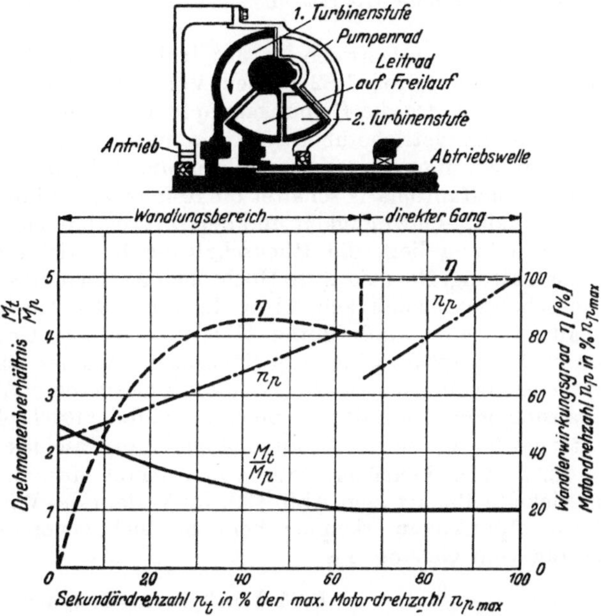

Abb. 138. Schematischer Aufbau und Vollastkennlinien des Drehmomentenwandlers mit Überbrückungskupplung für das *Packard-Ultramatric*-Getriebe (2 Turbinenstufen).

Eine *Schaltsperre* verhindert bei Geschwindigkeiten über 8 km/h das Einschalten der Parksperre und des Rückwärtsganges. Bei geringeren Geschwindigkeiten kann dagegen schnell vom Berggang in den Rückwärtsgang und zurück geschaltet werden, um etwa den Wagen aus einem Schneeloch herauszuschaukeln.

Eine *Anlaßsperre* läßt das Anlassen des Motors nur in den Stellungen „Parken" und „Leerlauf" zu.

6.23 Vierteilige Föttingerwandler.

Der Wunsch, die Drehmomentenwandlung zu erhöhen und den Bereich hoher Wirkungsgrade zu verbreitern, führte zum Bau vier- und fünfteiliger Einkreisläufer.

6.231 Zwei Turbinenräder. Im *Packard-Ultramatic*-Getriebe wird ein vierteiliger Einkreisläufer nach Abb. 138 verwandt. Der Strömungskreislauf ist Pumpe, erste Turbine, Leitrad, zweite Turbine. Beide Turbinen sind fest miteinander und mit dem Abtrieb verbunden.

Das Strömungsgetriebe ist äußerlich ein Einkreisläufer. Das Leitrad ist gegen das Gehäuse mit einem Freilauf abgestützt. Das Einkreisläufer-Prinzip wird jedoch kaum ausgenutzt. Nach Durchfahren des Wandlerbereiches wird vielmehr durch Öldruck eine Reibungskupplung eingeschaltet, die Pumpen- und Turbinenwelle verbindet. Der Freilauf hat im wesentlichen den Zweck, das Leer-Mitlaufen des Strömungsgetriebes zu ermöglichen. Bei feststehendem Leitrad würde der Wandler bei Drehzahlgleichheit von Primär- und Sekundärteil Leistung verzehren. Da der Umschaltpunkt „Strömungsgetriebe auf Reibungskupplung" nicht bei allen Betriebszuständen mit dem Übergang von Strömungswandler auf Strömungskupplung übereinstimmt, wird beim Einschalten der Reibungskupplung der Strömungskreislauf mit einem Überströmventil verbunden, das den Druck auf 0,35 kg/cm² absinken läßt.

Dem Strömungsgetriebe ist das früher besprochene Umlaufgetriebe mit den Übersetzungen 1 und 1,82 in den Vorwärtsgängen und —1,64 nach rückwärts nachgeschaltet. Da die Reibungskupplung nur das Strömungsgetriebe, nicht auch das Nachschaltgetriebe überbrückt, kann im Berg- und im Normalgang mit überbrücktem Strömungsgetriebe gefahren und gebremst werden.

Die Schaltautomatik schaltet die Reibungskupplung selbsttätig in Abhängigkeit von der Fahrgeschwindigkeit und der Drosselklappenstellung. Bei gleicher Drosselklappenstellung liegt die Rückschaltung bei kleinerer Geschwindigkeit als die Hochschaltung. Die niedrigste Hochschaltgeschwindigkeit ist 24 km/h, die niedrigste Rückschaltgeschwindigkeit 21 km/h. Nach der Hochschaltung kann die Rückschaltung bis 80 km/h durch Überdrücken des Gashebels erzwungen werden. Die beiden Vorwärtsgänge des Nachschaltgetriebes schaltet der Fahrer von Hand um. Gleichwohl enthält die Schaltautomatik eine Abstimmung, um die Hochschaltung ohne Zugkraftunterbrechung und die Rückschaltung bei kleinstmöglicher Unterbrechung weitgehend unabhängig vom Geschick des Fahrers durchzuführen.

6.232 Zwei Leiträder. Eine von General Motors für schwere Nutzfahrzeuge entwickelte Bauart zeigt Abb. 139. Im Verlauf des Wirkungsgrades sind die beiden Umschaltpunkte zu erkennen, bei denen sich das erste und später auch das zweite Leitrad vom Gehäuse löst.

6.24 Fünfteilige Föttingerwandler.

6.241 Der erste Einkreisläufer, der serienmäßig in Personenkraftwagen eingebaut wurde, ist der fünfteilige Wandler des Dynaflow-Getriebes (Abb. 140). Es ist ebenfalls von General Motors entwickelt und wurde November 1950 in einer täglichen Stückzahl von 1300 für den *Buick* gebaut.

6.242 Das Powerglide-Getriebe (Abb. 141) ähnelt dem Dynaflow-Getriebe im Strömungs- und Zahnradteil weitgehend. Konstruktiv und fertigungstechnisch ist es in mehrfacher Hinsicht eine Weiterentwicklung. 1951 rechnete General Motors mit 2000 Stück täglich. Es wird wahlweise in den *Chevrolet* eingebaut gegen einen Mehrpreis von 150 Dollar. Rechnet man für das handgeschaltete Standardgetriebe 30 Dollar, so kostet das Powerglide-Getriebe 180 Dollar — eine erstaunliche Leistung, die durch weitestgehende Verwendung von gepreßten Stahlblechteilen möglich wurde.

Das nachgeschaltete Umlaufrädergetriebe wurde früher beschrieben (Abb. 78). Im Normalgang ist die Übersetzung 1, im Berggang 1,82. Beim Strömungswandler ist bei stillstehender Abtriebswelle die Momentenwandlung 2,2 (Abb. 140), die gesamte mögliche Momentenübersetzung also 4.

Im Gegensatz zu Dynaflow hat Powerglide eine hydraulische Hilfskupplung im Einkreisläufer, durch die bei schiebendem Wagen das übertragene Moment bei gleichem Schlupf erhöht bzw. das Motorenbremsmoment bei kleinerem Schlupf übertragen wird. Zu diesem Zweck wird der innere Raum im Strömungskreislauf

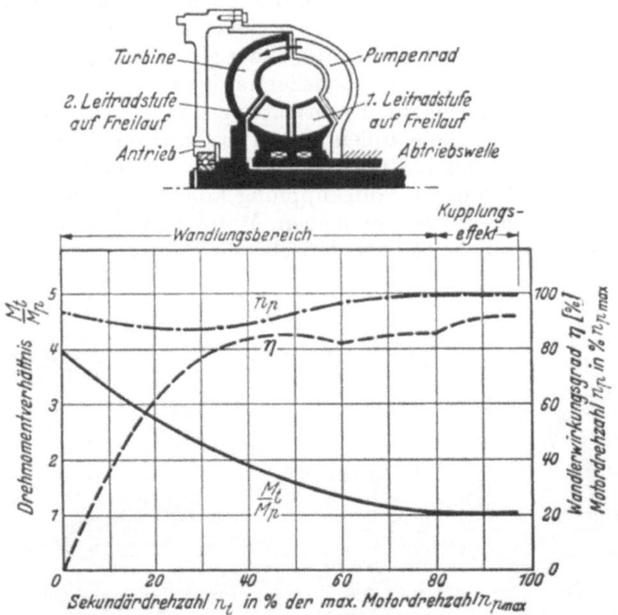

Abb. 139. Schematischer Aufbau und Vollastkennlinien des General Motors ALLISON-Drehmomentenwandlers.

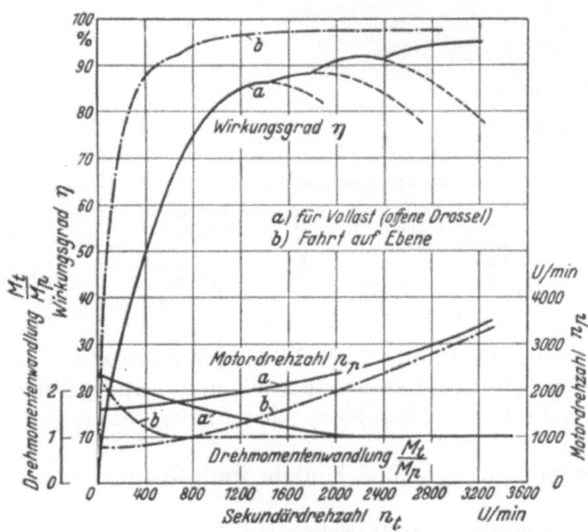

Abb. 140. DYNAFLOW-Drehmomentenwandler: Kennlinien der Drehmomentenwandlung und des Wandlerwirkungsgrades.

ausgenutzt, in dem sich sonst ein nutzloser toter Wirbel bildet. An der Turbine und an der ersten Pumpe sind Schaufeln befestigt, und zwar an der Turbine an einem längeren Halbmesser. Wenn der Wagen schiebt, läuft das Turbinenrad schneller als das Pumpenrad. Es wirkt in diesem Betriebszustand als Pumpe, durch die konkave Form der Schaufeln erregt es einen kräftigen Strömungskreislauf im inneren Strömungskreis, der durch die mit geringerer Umlaufgeschwindigkeit umlaufenden Schaufeln des Pumpen- (jetzt Turbinen-) Rades nur wenig gebremst wird. Das übertragene Moment ist daher groß im Verhältnis zum normalen Betriebszustand, bei dem die jetzt schneller laufenden Pumpenradschaufeln des inneren Kreislaufes, die gegen die Drehrichtung konvex geformt sind, nur eine schwache Strömung erregen, die zudem durch die inneren Schaufeln der Turbine stark gedämpft wird, so daß bei treibendem Motor der innere Kreislauf nahezu unwirksam ist. Die hydraulische Hilfskupplung könnte man mithin als „hydraulischen Freilauf" bezeichnen. Bei treibendem Motor läßt sie den Zustand „Pumpe läuft schneller als Turbine" zu; bei getriebenem Motor setzt sie dem Zustand

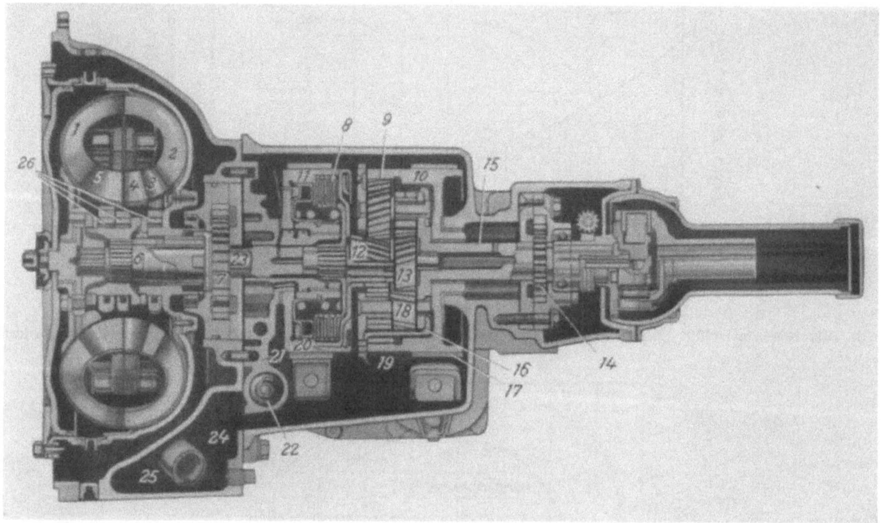

Abb. 141. Chevrolet-POWERGLIDE.

1 Turbine,
2 Erste Pumpe,
3 Zweite Pumpe,
4 Erstes Leitrad,
5 Zweites Leitrad,
6 Leitradhalter,
7 Vordere Ölpumpe,
8 Lamellenkupplung,
9 Kurzes Planetenrad,
10 Hintere Bremse,
11 Vordere Bremse,
12 Kleines Sonnenrad,
13 Großes Sonnenrad,
14 Hintere Ölpumpe,
15 Abtriebswelle,
16 Planetenträger,
17 Hinteres Bremsband,
18 Langes Planetenrad,
19 Park-Sperrad,
20 Vorderes Bremsband,
21 Ventilgehäuse,
22 Aufnehmer (Sammler),
23 Antriebswelle,
24 Ölsumpf,
25 Ölfilter,
26 Freiläufe.

„Turbine läuft schneller als Pumpe" erheblichen Widerstand entgegen, sie sucht Pumpe und Turbine auf gleiche Drehzahl zu bringen, sie kuppelt Pumpe und Turbine.

Mit dieser hydraulischen Hilskupplung besteht der Einkreisläufer des POWERGLIDE-Getriebes aus

dem ersten Pumpenrad mit 29 Schaufeln und 45 inneren Schaufeln für den Strömungsfreilauf,

dem zweiten Pumpenrad mit 31 Schaufeln,

dem Turbinenrad mit 31 Schaufeln und 47 inneren Schaufeln für den Strömungsfreilauf,

dem ersten Leitrad mit 25 Schaufeln,

dem zweiten Leitrad mit 23 Schaufeln,

insgesamt also aus nicht weniger als 231 Schaufeln.

Beim Anfahren bewirkt nur das erste Pumpenrad den Strömungskreislauf. Das zweite Pumpenrad, das gegen das erste über einen Freilauf abgestützt ist, läuft schneller leer mit, um die Stoßverluste zu mindern. Bei Vollgas und ebener Straße sucht das erste Pumpenrad das zweite bei knapp 50 km/h zu überholen. Dies verhindert der Freilauf, so daß jetzt beide Pumpenräder den Strömungskreislauf einleiten. Bei weiter verringertem Schlupf löst sich erst das erste, später das zweite Leitrad vom Gehäuse, gegen das sie über je einen Freilauf abgestützt sind. Die vier Bereiche sind in Abb. 140 gut zu erkennen.

Der Übergang von der einen auf die andere der vier Schaltstufen des Einkreisläufers erfolgt selbsttätig in Abhängigkeit vom Schlupf, den der Fahrer durch Gasgeben beeinflussen kann. Ein Wählhebel am Lenkrad kann auf die Stellungen geschaltet werden

„Park" – Parkstellung. Ein verzahnter Hebel greift in die Verzahnung des Planetenträgers ein und hält diesen und damit die Abtriebswelle fest. Der Motor kann angelassen werden.

„N" – Neutral-Leerlaufstellung. Auch in dieser Stellung ist das Anwerfen des Motors möglich.

„D" – Drive-Normalgang.

„L" – Low range-Berggang. Der Berggang wird nur bei besonderen Anforderungen eingesetzt: außergewöhnlich steile, lange Steigungen, Fahren in tiefem Sand, Schnee oder Schlamm, besonders kräftige Beschleunigung, Motorenbremsung bei langen Talfahrten. Zwischen L und D kann bei jeder Gashebelstellung umgeschaltet werden, jedoch nur bis 65 km/h.

„R" – Reverse-Rückwärtsgang.

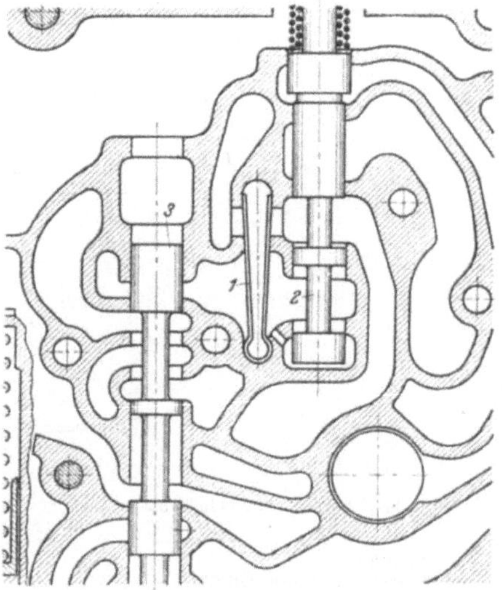

Um unbeabsichtigtes Schalten in den Park- und den Rückwärtsgang zu verhüten, ist für beide Stellungen eine Sperre vorgesehen, die durch Anheben des Wählhebels überwunden wird.

Abb. 142. Wechselventil (*1*) mit Druckreglerkolben (*2*) für die Primär- und Sekundärölpumpe und Wählschieber (*3*) in der Schalteinrichtung des POWERGLIDE-Getriebes.

Um das stoßfreie weiche Schalten zwischen den drei Gängen bei allen Betriebszuständen zu ermöglichen, enthält die in den Abb. 142 bis 147 dargestellte Schaltautomatik eine Anzahl von Regelorganen. Um Irrtümer zu vermeiden, sei betont, daß bei diesem Getriebe die Schaltautomatik nicht eigentlich selbsttätig schaltet, sondern nur die Aufgabe hat, den durch den handgeschalteten Wählhebel bestimmten Gang einwandfrei einzusetzen.

Zur *Ölversorgung* des Getriebes dienen zwei Zahnradpumpen, jede aus Hohlrad und außenverzahntem Rad zusammengesetzt. Die größere Pumpe läuft mit Getriebeeingangsdrehzahl (Motorendrehzahl), die kleinere mit Getriebeausgangsdrehzahl, also proportional der Fahrgeschwindigkeit. Die Druckleitungen beider Pumpen treffen sich an dem haarnadelförmigen Wechselventil (Abb. 142). Wenn nur eine Pumpe läuft, öffnet sie ihre Druckleitung und verschließt die gegenüberliegende Öffnung der anderen Druckleitung. Arbeiten beide Pumpen gleichzeitig, werden die Schenkel der Haarnadel zusammengedrückt, beide Druckleitungen sind miteinander verbunden.

Der Einkreisläufer wird, Abb. 143, über ein Druckminderventil mit Öl versorgt. In der Ölabflußleitung des Wandlers liegt ein Rückschlagventil, das bei genügendem Druck den Zugang zur Schmierölversorgung freigibt. Übersteigt die Öltemperatur 115°, wird die unmittelbare Verbindung zum Rückschlagventil durch ein *Kurzschlußventil* unterbrochen. Das vom Wandler abfließende Öl kann dann nur auf dem Umweg über einen wassergekühlten *Ölkühler* zur Schmierölleitung fließen.

Gleichzeitig tritt das Öl unter den Kolben des *Druckreglers* und verschiebt ihn nach oben, so daß ein Abfluß zur beiden Pumpen gemeinsamen Saugleitung geöffnet wird. In der gezeichneten Stellung Abb. 143, die im Normalgang bei mehr als 25 km/h erreicht wird, übernimmt die kleine Heckpumpe die gesamte Ölversorgung.

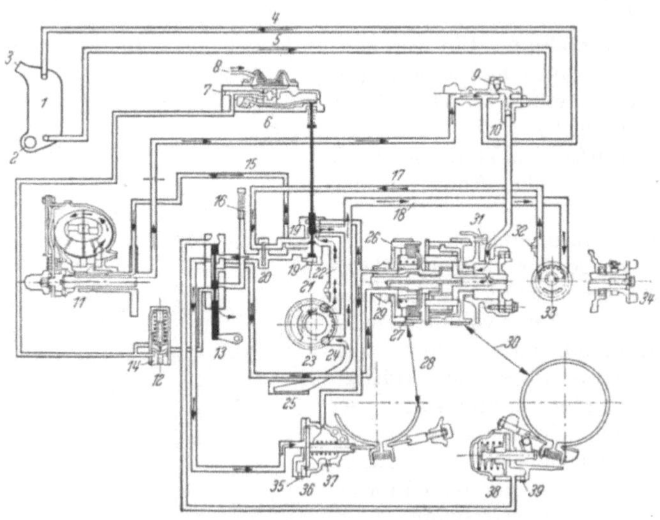

Abb. 143. Die hydraulische Anlage des Chevrolet-POWERGLIDE-Getriebes. Schaltung für Normalgang (Fahrzustand *D*).

1 Ölkühler,
2 Wassereintritt am Ölkühler,
3 Wasseraustritt am Ölkühler,
4 Ölleitung zum Kühler,
5 Ölleitung vom Kühler,
6 Druckwandler,
7 Kontrollstopfen für den Druckwandler,
8 Druck in der Saugleitung des Motors,
9 Kurzschlußventil in der Ölleitung (öffnet bei 115° C),
10 Rückschlagventil für Schmierung,
11 Drehmomentenwandler,
12 Aufnehmer für Drucköl,
13 Handbetätigtes Ventil (Wählschieber),
14 Drossel,
15 Zulauf zum Drehmomentenwandler,
16 Überdruckventil,
17 Druckleitung der hinteren Ölpumpe,
18 Saugleitung,
19 Drossel,
20 Wechselventil,
21 Druckregulierventil,
22 Druckleitung,
23 Vordere Ölpumpe,
24 Saugleitung,
25 Ölsumpf mit Sieb,
26 Ablaßventil (im Normalgang geschlossen),
27 Lamellenkupplung für Normalgang,
28 Bremsgang für Berggang,
29 Drossel,
30 Bremsgang für Rückwärtsgang,
31 Entlüftung des Getriebegehäuses,
32 Kontrollstopfen,
33 Hintere Ölpumpe,
34 Schmierung für Gelenkpunkt,
35 Kontrollstopfen,
36 Schaltkolben für Berggang,
37 Kontrollstopfen,
38 Schaltkolben für den Rückwärtsgang,
39 Kontrollstopfen.

Die Frontpumpe fördert über den vom Druckregler geöffneten Abfluß teils auf die Saugseite der Heckpumpe, teils auf die eigene Saugseite.

Aus der Leerlaufstellung, Abb. 142, wird der *Gangwählschieber* durch Bewegen des Wählhebels nach oben in die Normalstellung *D* bewegt. Die Druckseite des Kolbens zur Betätigung der Rückwärtsgang-Bremse (Abb. 147) und die Leitung zum *Modulator*, Abb. 144, sind mit null verbunden. Der Öldruck hat Zutritt zur Druckseite des Berggangkolbens (Abb. 146) und über eine Drosselbohrung zur Lamellenkupplung des Normalganges. Im Ölabfluß aus der Lamellenkupplung liegt einerseits die Löseseite des Berggangkolbens; in dem Maße, in dem die Kupplung des Normalganges beaufschlagt wird, wird daher die Bremse des Berganges entlastet. Andrerseits wirkt der Öldruck auf der Abflußseite der Kupplung auf eine Kreisringfläche im Druckregler ebenfalls nach oben, also druckmindernd. Druckerhöhend wirkt die Doppelfeder am Ausgang des *Modulators* und die Kraft des Modulatorhebels. Dieser steht im Normalgang unter dem Einfluß der Feder oberhalb der Unterdruckmembrane, der der Unterdruck über der Membrane entgegenwirkt. Dieser Unterdruck wird hinter der Drosselklappe entnommen. Bei Vollgas erreicht der Unterdruck den Kleinstwert, die Membrane und damit der Modulatorhebel werden durch den vollen Federdruck beaufschlagt, der Druckregler regelt auf 6,3 at ein. Bei Teillast und fallendem Motorenmoment fällt der vom Druckregler eingestellte Druck bis auf 3 at, wenn der Unterdruck bei geschlossener Drosselklappe seinen Höchstwert erreicht.

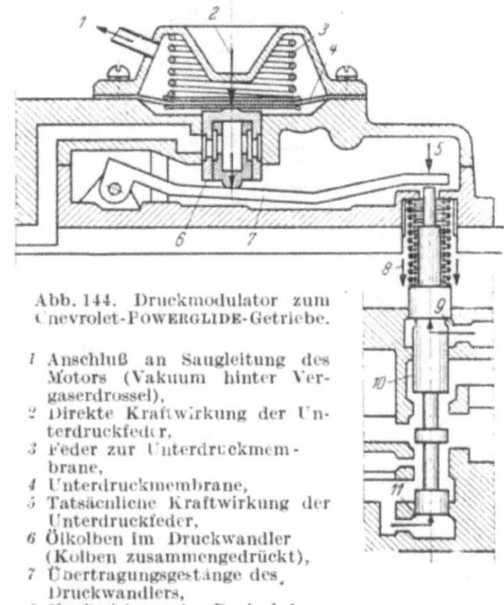

Abb. 144. Druckmodulator zum Chevrolet-POWERGLIDE-Getriebe.

1 Anschluß an Saugleitung des Motors (Vakuum hinter Vergaserdrossel),
2 Direkte Kraftwirkung der Unterdruckfeder,
3 Feder zur Unterdruckmembrane,
4 Unterdruckmembrane,
5 Tatsächliche Kraftwirkung der Unterdruckfeder,
6 Ölkolben im Druckwandler (Kolben zusammengedrückt),
7 Übertragungsgestänge des Druckwandlers,
8 Kraftwirkung der Reglerfeder,
9 Äußerer Druckraum,
10 Druckregelventil,
11 Schieberunterseite.

Wird der Gangwählschieber weiter nach oben in die Stellung *L* „Berggang“ gebracht, wird die Zuleitung zur Kupplung nach null geöffnet. Der Druck in der Kupplung sinkt und im gleichen Maße der Druck auf der Löseseite des Berggangkolbens. Das Bremsband des Berganges beginnt sich anzulegen. Im Augenblick des Umschaltens herrscht auf der Druckseite des Kolbens der Druck, den der Druckregler in Abhängigkeit vom Drehmoment einregelt. Dieser erhöht sich dadurch, daß der auf die Ringfläche im Druckregler wirkende Öldruck auf null abfällt. Solange vom Modulator kein zusätzlicher Druck ausgeübt wird, ist der vom Druckregler unter der Einwirkung der Doppelfeder eingestellte Druck 5,5 at. Die zusätzliche Druckerhöhung erfolgt allmählich über den *Aufnehmer* (Abb. 145), dessen Zufluß durch den Gangwählschieber geöffnet ist. Bei 3,9 a öffnet das Ventil unten im Aufnehmer den Zufluß zum federbelasteten Kolben des Aufnehmers

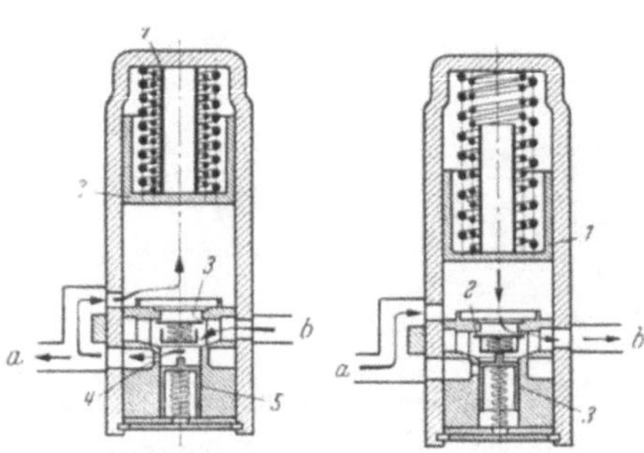

Abb. 145. Arbeitsweise des Aufnehmers bei der Schaltung des Berg- und Rückwärtsganges vom POWERGLIDE-Getriebe.

Schaltung von Normalgang zu Berggang oder Rückwärtsgang.
1 Kolbenanschlag,
2 Aufnehmer im Füllzustand,
3 Wechselvent l geschlossen,
4 Drossel,
5 Ventil geöffnet,
a zum hydraulischen Druckmodulator,
b Hauptdrucköl.

Schaltung von Berggang oder Rückwärtsgang auf Normalgang.
1 Aufnehmer im Zustand des Entleerens,
2 Wechselventil geöffnet,
3 Ventil geschlossen,
a om hydraulischen Druckmodulator,
b Ölaustritt.

und zum Modulator. Der steigenden Federspannung entsprechend steigt der Druck in der Modulatorleitung und preßt die im Normalgang aufeinanderliegenden Kölbchen unter der Membrane auseinander. Im Endzustand liegt der Aufnehmerkolben oben an, die Kölbchen im Modulator werden mit dem vollen Reglerdruck beaufschlagt, dieser wird auf 12,7 at eingeregelt, und zwar unabhängig vom Drehmoment. Ein Überdruckventil vor dem Wählschieber öffnet bei einem Ansteigen des Druckes über 14 at.

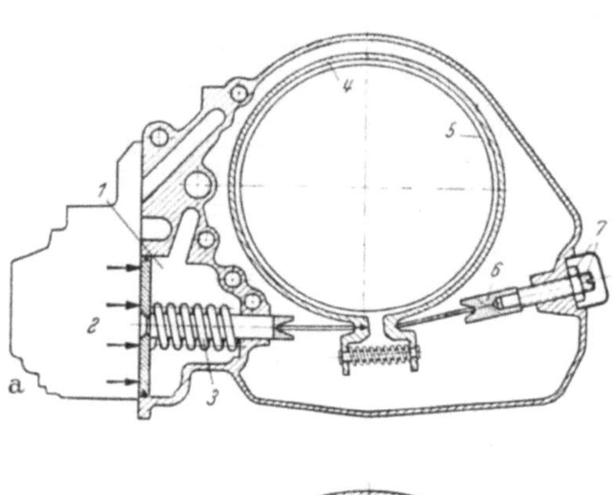

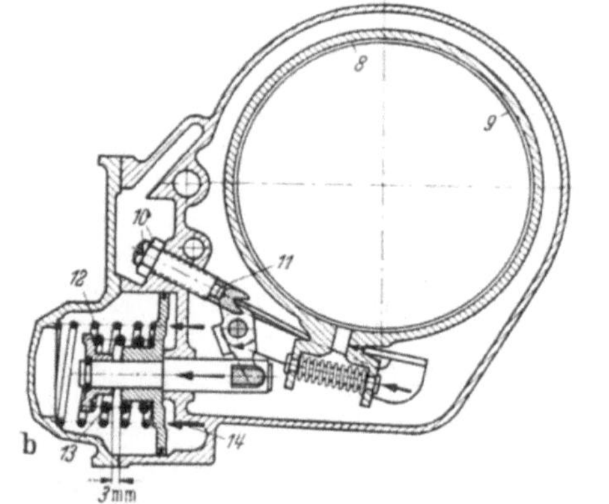

Abb. 146 und 147. Bandbremsen des POWERGLIDE-Getriebes für Berggang (*a*) und Rückwärtsgang (*b*).

1 Öldruck auf der Innenseite des Schaltkolbens, *2* Kraftwirkung des Drucköles beim Schalten des Bremsbandes zum Berggang, *3* Rückzugsfeder, *4* Bremsband zum Berggang, *5* Bremstrommel zum Berggang, *6* Bremsbandabstützung, *7* Justierung, *8* Bremsband für Rückwärtsgang, *9* Trommel des Rückwärtsganges, *10* Justierung, *11* Bremsbandabstützung, *12* Rückholfeder, *13* Innere Feder, *14* Kraftwirkung auf den Schaltkolben beim Schalten des Rückwärtsganges.

Beim Zurückschalten in den Normalgang fällt der Druck in der Modulatorleitung auf den Wert ab, den die Federn im Aufnehmer bestimmen. Entsprechend sinkt der vom Druckregler eingestellte Druck allmählich auf den Wert, den der Modulator in Abhängigkeit vom Drehmoment einregelt. Wie gezeichnet, ist der Weg durch den Aufnehmer beim Beaufschlagen und beim Leeren verschieden. Durch richtiges Bemessen der Durchflußquerschnitte im Aufnehmer und vor und nach der Kupplung kann es der Konstrukteur erreichen, daß einerseits beim Umschalten in den Normalgang die Kupplung so kräftig faßt, wie es bei der Drosselklappenstellung nötig ist, und so schnell, daß der Motor weder zu stark gebremst wird noch durchgeht, daß andrerseits beim Umschalten in den Berggang die Berggangbremse so spät und so weich eingelegt wird, daß der Motor entsprechend dem Stufensprung von 1,82 hochlaufen kann.

Wird der Wählhebel auf *R* gestellt, wandert der Gangwählschieber in seine oberste Stellung. Die Leitung zum Aufnehmer und Modulator und die zur Betätigung der Bandbremse des Rückwärtsganges Abb. 147 sind geöffnet. Beim Umschalten von *D* auf *R* gilt das gleiche wie von *D* auf *L*, allmählicher Druckanstieg über den Aufnehmer bis 12,7 at. Beim Hin- und Herschalten zwischen *L* und *R* bleibt der Aufnehmerkolben in seiner Endstellung, so daß zum Herausschaukeln aus einem Loch schnell umgeschaltet werden kann. — Das Bremskolbengestänge hat eine Servowirkung ähnlich Abb. 81. Die ersten 3 mm des großen Lüftweges werden durch eine kräftige Feder überbrückt.

6.25 Einkreisläufer mit Leistungsteilung.

DODGE entwickelte mit BORG-WARNER das DODGE-*Differential*-Getriebe, Abb. 148. Der Einkreisläufer ist ähnlich wie der in Abb. 138 aufgebaut. Ihm ist ein Umlaufgetriebe nachgeschaltet. Die Sonne S ist geteilt, um sie auf der einen Seite über einen Freilauf gegen das Gehäuse abstützen und auf der anderen über eine hydrostatische Kupplung mit dem Pumpenrad p und dem Antrieb A verbinden zu können. Die hydrostatische Kupplung wird auch im deutschen Getriebebau, beispielsweise bei Schiffsmaschinen, angewandt. Sie ist eine Zahnradpumpe (die hier aus Sonne, Hohlrad und Planeten besteht), bei der die Saug- und Druckseite durch eine verschließbare Leitung verbunden ist. Bei geschlossener Leitung überträgt sie das Drehmoment mit einem geringen Schlupf, der durch die Lässigkeitsverluste, also durch die Herstellgenauigkeit, bestimmt wird.

In der Stellung P ist die Abtriebswelle B des Umlaufgetriebes durch die vordere Bandbremse stillgesetzt, so daß der erste und zweite Gang des Standgetriebes nach Abb. 1 durch eine zweiseitige Klauenkupplung und der Rückwärtsgang durch

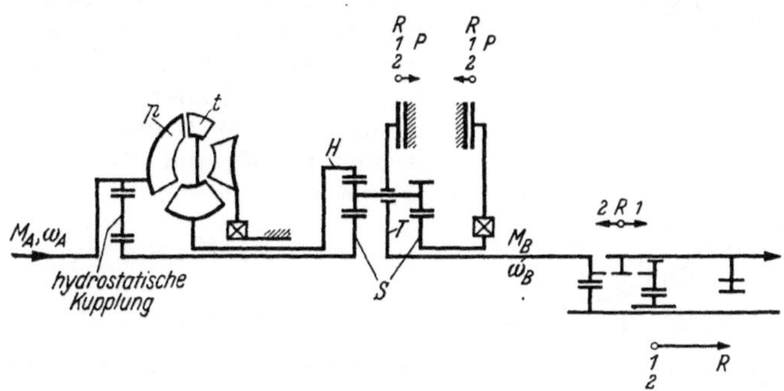

Abb. 148. DODGE-Differential-Wandler.

ein Schieberad auf der Zwischenwelle eingeschaltet werden kann. In dieser Stellung ist die hintere Bandbremse gelöst, so daß bei gelöster hydrostatischer Kupplung die Sonne linksherumgetrieben werden kann.

In der Normalfahrt wird im zweiten Gang bei gelöster vorderer und eingelegter hinterer Bandbremse gefahren. Die hydrostatische Kupplung ist zunächst gelöst. Da die Teilung der Sonne auf die Übersetzung keinen Einfluß hat, ist das Umlaufgetriebe wie das in Abb. 73 zu behandeln. Mit $z_H/z_S = 2$ ist nach Gl. (12) $M_H = 2\,M_S$, nach (13) $M_T = M_B = 3\,M_S$ und nach (15) $2\,\omega_H + \omega_S = 3\,\omega_T$. Setzen wir im Strömungswandler die Momentenwandlung $M_t/M_p = i_M$ und die Drehzahlwandlung $\omega_t/\omega_p = i_D$, ist das Stützmoment

$$M_S = M_H/2 = \frac{i_M}{2} M_A\,.$$

Die Sonne wird also linksherumgetrieben; diese Drehrichtung muß der Freilauf sperren.

$$M_B = -\frac{3}{2} i_M\, M_A\,*$$

* Der einfachen Rechnung und klaren Darstellung wegen ist $z_H/z_S = 2$ und später wie bei Radialwandlern $i_{Mo} = 4$ gesetzt. Tatsächlich sind beide Werte kleiner; daher das nachgeschaltete Standgetriebe.

oder, auf den Eingang des Standgetriebes bezogen,

$$M_B = \frac{3}{2} i_M M_A$$

$$\omega_T = \omega_B = 2/3 \cdot \omega_H = 2/3 \cdot i_D \omega_A .$$

Ohne Leistungsteilung ist daher zwischen dem Eingang des Standgetriebes und dem des gesamten Getriebes

die Momentenwandlung $M_B/M_A = 3/2 \cdot i_M$,

die Drehzahlenwandlung $\omega_B/\omega_A = 2/3 \cdot i_D$.

Da wir die geringen Verluste im Umlaufgetriebe vernachlässigt haben, muß der Getriebewirkungsgrad $\eta_g = M_B/M_A \cdot \omega_B/\omega_A$ dem Wirkungsgrad des Strömungswandlers $\eta_w = i_M i_D$ gleich sein.

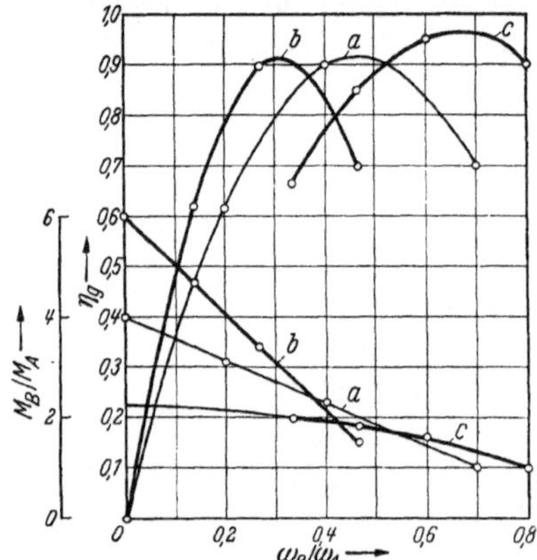

Abb. 149. Wirkung der Leistungsteilung im Getriebe Abb. 148 auf Wirkungsgrad und Drehmomentenwandlung: *a* Strömungswandler ohne nachgeschaltete Übersetzung; *b* Hydrostatische Kupplung gelöst, keine Leistungsteilung, Sonne *S* im Freilauf festgehalten; *c* Leistungsteilung, Sonne *S* durch die hydrostatische Kupplung mit Pumpenrad *p* gekuppelt.

Eine drehzahl- und momentabhängige selbsttätige Steuerung, wie sie mehrfach beschrieben wurde, schaltet die hydrostatische Kupplung ein. Daher $\omega_A = \omega_p = \omega_S$, der Freilauf gibt die Rechtsdrehung frei. M_A teilt sich in M_p und M_S. Infolge der Leistungsteilung wird

$$M_B/M_A = \frac{3\, i_M}{2 + i_M}$$

$$\omega_B/\omega_A = \frac{2}{3} i_D + \frac{1}{3}.$$

In Kurve *a* Abb. 149 ist eine vereinfachte Wandlercharakteristik eingezeichnet, indem die Abb. 150 entsprechenden Punkte $i_{Mo} = 4$ bei $i_D = 0$ und $i_{Mn} = 1$ bei $i_{Dn} = 0{,}7$ durch eine Gerade verbunden sind. Danach errechnet sich der Wirkungsgradverlauf *a*. Im ersten Bereich ohne Leistungsteilung wandelt das Umlaufgetriebe mit $i = 3/2$ die beiden Kurven *a* in die Kurven *b* um. Der Wirkungsgradverlauf bleibt der gleiche; die vier eingekreisten Punkte verschieben sich im Verhältnis 2 zu 3 nach links. Der Momentenregelbereich i_{Mo}/i_{Mn} bleibt gleich. Um auch den Drehzahlenregelbereich vergleichen zu können, lassen wir den Nullpunkt außer acht und finden für den zweiten und vierten Punkt $i_{Dn}/i_{D2} = 7/2$ bei Kurve *a* und $0{,}467/0{,}133 = 7/2$ bei Kurve *b*. — Für den Bereich der Leistungsverzweigung gelten die Kurven *c*. Alle vier Wirkungsgradpunkte rücken nach rechts und nach oben, die Momentenkurve krümmt sich. i_{Mo}/i_M sinkt von 4 auf 2, i_{Dn}/i_{D2} von 3,5 auf 1,7. Tatsächlich beginnt auch bei Kurve *c* der Regelbereich bei $\omega_B/\omega_A = 0$. Hier ist $i_D = -1/2$, die Turbinenschale dreht sich mit halber Pumpendrehzahl links herum. Legt man gradlinigen Verlauf der Kurve *a* auch bei negativem i_D zugrunde, wird für Kurve *c* im Anfahrpunkt $M_B/M_A = 2{,}3$. — Bei Anwendung der Leistungsverzweigung muß man also berücksichtigen, daß man zwar den Vorteil der Wirkungsgraderhöhung mit einer Einengung des Regelbereichs erkauft, daß man aber mit der Verzweigung einen Teil vom Regelbereich des eigentlichen Wandlers erfassen kann, der sonst ungenutzt bleibt.

In dem Bereich, in dem der Einkreisläufer als Strömungskupplung läuft, sind die Verhältnisse übersichtlicher, so daß es der zeichnerischen Erläuterung nicht bedarf. Bei eingeschalteter hydrostatischer Kupplung gelten die obigen Beziehungen für die Leistungsteilung mit

$$i_M = 1 \qquad M_B/M_A = 1\,.$$

Der Wirkungsgrad η_s ist gleich i_D, der Gesamtwirkungsgrad also

$$\eta_g = 2/3 \cdot \eta_s + 1/3\,.$$

6.26 Radialwandler.

Bei den geschilderten Strömungswandlern kann man in gewissen Grenzen die Momentenwandlung i_{Mo} bei stillstehender Turbinenschale erhöhen, wenn man die

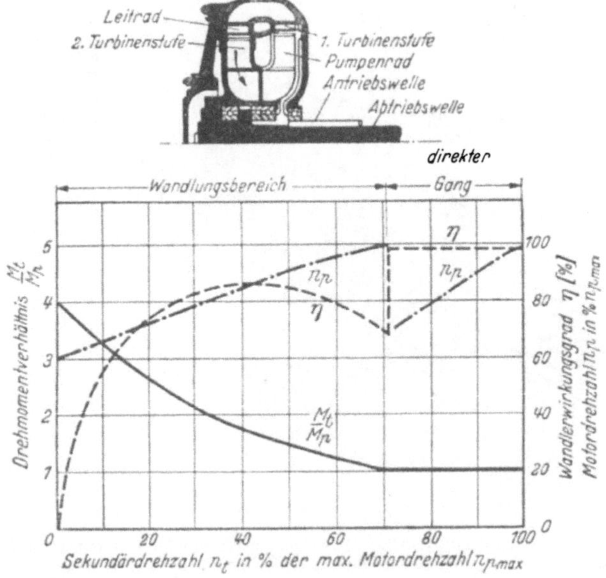

Abb. 150. Schematischer Aufbau und Vollastkennlinien des radialen Drehmomentenwandlers, System LYSHOLM SMITH für den „V"-Trieb von General Motors Corp (2 Turbinenstufen.)

Drehzahlenwandlung i_{Dopt} im Wirkungsgradbestpunkt herabsetzt. Die Gütezahl $i_{Mo} \cdot i_{Dopt}$ nach 6.1 läßt sich dagegen kaum über einen Wert von etwa 2 steigern. Höhere Gütezahlen erreichen zur Zeit nur Radialwandler nach dem Prinzip von LYSHOLM SMITH, beispielsweise der Wandler Abb. 152.

6.261 Einen Radialwandler mit zwei Turbinenstufen entwickelte General-Motors für schwere Omnibusse. Der Wandler, Abb. 150, hat ein $i_{Mo} = 4{,}1$ und mit $i_{Dopt} = 0{,}465$ eine Gütezahl von 1,9. Der Einbau nach Abb. 151 verschaffte ihm den Namen „*V-Drive*". Ein Betrieb als Strömungskupplung ist bei diesen Wandlern nicht vorgesehen.

Wegen der hohen Momentenwandlung beim Anfahren kommt der *V*-Trieb mit dem Strömungswandler und einem direkten Gang aus. Bei 35 km/h wird selbsttätig über einen elektrisch gesteuerten Schaltkolben die Doppelscheibenkupplung durch Druckluft in die rechte Stellung gebracht. Dadurch sind An- und Abtrieb unmittelbar verbunden und das Antriebsrad (Pumpenrad) des Wandlers vom Getriebeantrieb abgeschaltet. Da auch das Laufrad (Turbinenrad) durch den Freilauf vom Abtrieb getrennt wird, steht der Wandler still. Die Rückschaltung in den Wandlerbetrieb geschieht selbsttätig bei etwa 10 km/h oder willkürlich durch Überdrücken des Gashebels über die Vollgasstellung. Für den Rückwärtsgang wird ein Schieberad eingerückt. Der Wählhebel für das Getriebe hat nur die Stellungen Vorwärts, Rückwärts und Leerlauf; in der Leerlaufstellung steht die Doppelscheibenkupplung in der Mitte, trennt also den Motor vom Getriebe.

6.262 Durch Einbau von drei Turbinenstufen und zwei Leitradstufen erreicht der TWIN-DISC-Wandler (Abb. 152) eine Momentenwandlung $i_{Mo} = 5$ und eine Gütezahl $i_{Mo} \cdot i_{Dopt} = 2{,}5$. Ein zweiter TWIN-DISC-Wandler entspricht in seinem Aufbau mit zwei Turbinenrädern etwa dem Wandler Abb. 138 des Ultra-

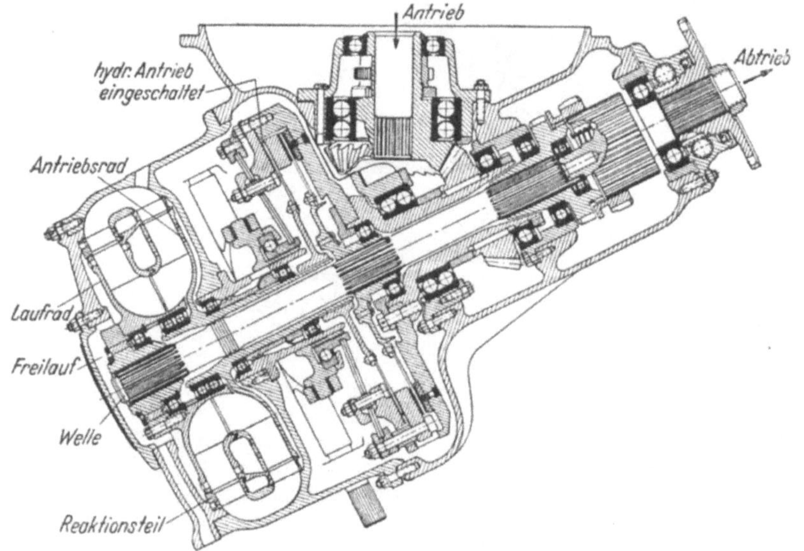

Abb. 151. GMC-V-Getriebe. LYSHOLM-SMITH-Radial-Drehmomentenwandler 4 : 1 mit Doppelscheibenkupplung und Freilauf. Heckeinbau.

matic-Getriebes, er hat jedoch ein Leitrad mit rein radialem Durchfluß, stellt also eine Kreuzung zwischen den beiden Gruppen von Strömungswandlern dar. Seine Drehmomentenwandlung mit $i_{Mo} = 3{,}9$ entspricht mit geringer Abweichung unsrer theoretischen Kurve a in Abb. 149 im Verlauf und in der Gütezahl von 1,9. Sein Wirkungsgradmaximum liegt bei 0,86. Vergleiche den dreiteiligen Wandler (Abb. 133) mit $i_{Mo} = 3{,}2$, aber $\eta_{w\max} = 0{,}91$ und $i_{Mo} \cdot i_{Dopt} = 2{,}13$!

6.263 Für Schienenfahrzeuge entwickelte KRUPP den Radialwandler Abb. 153 Der Aufbau ist der gleiche wie in Abb. 152, jedoch sind die Pumpenschaufeln im Betrieb verstellbar. Die Wandlereingangswelle A ist hohl. Sie trägt innen eine Hülse B, die außen in Keilnuten mit Drall geführt ist und innen mit Längsnuten die Welle C drehfest hält. An dieser ist der Teil D der Pumpenschale befestigt, der sich durch Längsverschieben von B gegen den Teil E dreht und dadurch die Pumpenschaufeln F über Zahnsegmente um die Bolzen G schwenkt. Die Einleitung der Längsverschiebung in den umlaufenden Teil erfolgt über die Längslager H.

Wenn man von einem bestimmten Fahrwiderstand und einer bestimmten Fahrgeschwindigkeit ausgeht, so sind bei einer gegebenen Nachschaltübersetzung

Moment M_t und Drehzahl n_t auf der Turbinenseite festgelegt. Bei einem Strömungswandler mit feststehenden Schaufeln sind damit — ebenso wie bei der

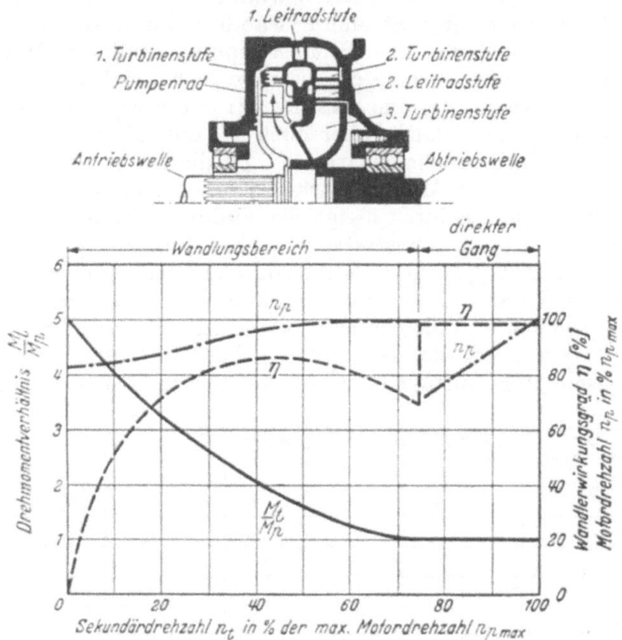

Abb. 152. Schematischer Aufbau und Vollastkennlinien des TWIN-DISC-Wandlers mit 3 Turbinenstufen.

FÖTTINGER-Kupplung — auch M_p und n_p auf der Pumpenseite bestimmt. Das gilt nicht nur für den Vollast-, sondern auch für den Teillastbetrieb. Dadurch wird die

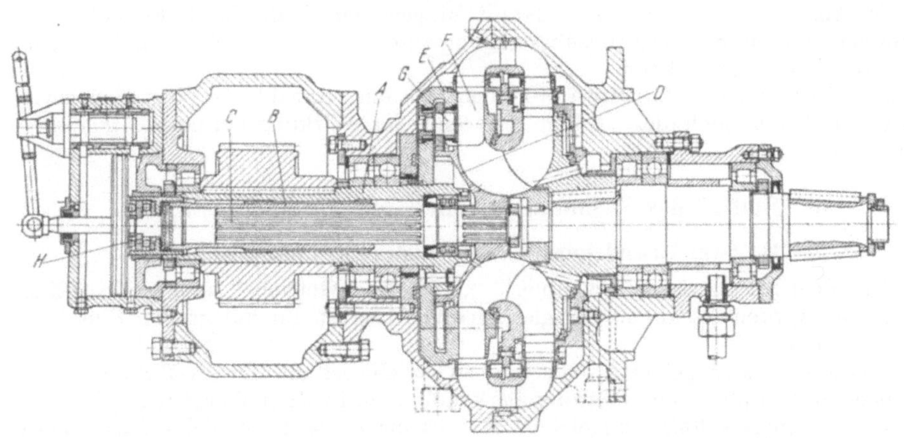

Abb. 153. Krupp-Strömungsgetriebe mit Vorschaltstufe (Werkszeichnung).

Regelung vereinfacht; sie beschränkt sich auf die unmittelbare Verstellung der Drosselklappe bzw. der Brennstoffpumpenfüllung oder die mittelbare über den

Drehzahlregler. Nachteilig ist jedoch, daß sich in der Regel weder im Wandler noch im Motor diejenige Zuordnung von Momenten und Drehzahlen ergibt, die die gerade verlangte Leistung am günstigsten bewältigt (s. Abschn. 6.34 und Abb. 1€2). Diesen Nachteil vermeidet der Strömungswandler mit verstellbaren Schaufeln mit einer einfachen Regelung, die Brennstoffpumpenfüllung, Motorendrehzahl und Pumpenschaufelöffnung in eine gegenseitige Abhängigkeit bringt. Diese Abhängigkeit kann so gewählt werden, daß der Strömungswandler mit dem jeweils bestmöglichen Wirkungsgrad läuft, aber auch so, daß die Gesamtanlage (Motor und Getriebe) am wirtschaftlichsten arbeitet. Zu diesem Zweck wird bei kleinen Leistungen die Drehzahl des Motors stärker gedrückt, als es der Charakteristik des Wandlers entspricht. Dadurch steigt die Füllung; der Motor kommt in das Gebiet besseren spezifischen Brennstoffverbrauches. Bei der KRUPPschen Regelung bestimmt der Fahrer mit der Motorendrehzahl gleichzeitig die zugehörige Brennstoffpumpenfüllung. Es kann daher nicht vorkommen, daß er den Motor unbeabsichtigt mit Überlast laufen läßt. Dieser Zustand kann bei der üblichen einfachen Regelung der Strömungswandler mit festen Schaufeln eintreten, wenn etwa ein Zylinder des Dieselmotors ausfällt oder eine verringerte Leistung abgibt.

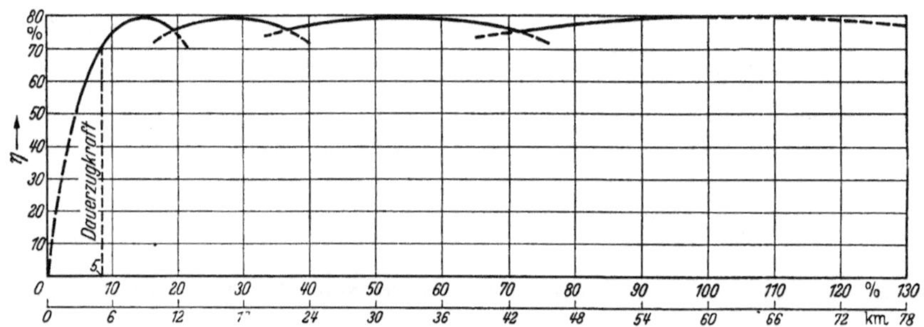

Abb. 154. Wirkungsgrad eines Krupp-Strömungsgetriebes für 600 PS mit vierstufigem Nachschaltgetriebe (Werkszeichnung).

In Abschnitt 4.1413 wurde darauf hingewiesen, daß durch Schließen der Pumpenschaufeln die Leistungsübertragung zum Schalten des Nachschaltgetriebes unterbrochen werden kann.

Dem zusätzlichen Bauaufwand stehen also eine Anzahl von Vorteilen gegenüber, zu denen auch der „füllige" Verlauf der Wirkungsgradkurve gehört — Abb. 154.

6.3 Einfluß des Strömungswandlers auf die Fahrleistungen.

6.31 Zwei Grundcharakteristiken des Strömungswandlers.

Die Begriffe „Strömungswandler", „stufenlose Getriebe" und „selbsttätiges Getriebe" werden bei uns häufig gleichgesetzt. Das ist nur mit großen Einschränkungen richtig.

Das am meisten gebaute selbsttätige Getriebe ist das Hydra-Matic-Getriebe. Es bedient sich aber keines Strömungswandlers und ist ein Vierganggetriebe.

Ein stufenloses Fahrzeuggetriebe gibt es bis heute noch nicht. Das Salernigetriebe, das mit einem besonders ausgebildeten Einkreisläufer auskommt, hat eine Wandler- und eine Kupplungsstufe. Daß der Übergang von einem zum anderen Bereich selbsttätig erfolgt, ändert nichts daran, daß es sich um ein zusammengebautes Wandler-Kupplung-Strömungsgetriebe handelt, das in der Wirkungsweise dem Voith-Getriebe mit getrenntem Wandler- und Kupplungsteil gleichkommt. — Das einzige bisher serienmäßig in Deutschland eingebaute Strömungsgetriebe für Personenkraftwagen ist das Borgward-Getriebe, das einen Strömungswandler und einen selbsttätig formschlüssig geschalteten unmittelbaren Gang verwendet. Alle anderen Personenkraftwagengetriebe und die meisten übrigen Fahrzeuggetriebe haben hinter dem Strömungsgetriebe ein nachgeschaltetes Zahnrad-Wechselgetriebe[1].

Es ist nicht einfach zu sagen, was eigentlich ein selbsttätiges Getriebe ist; die Grenzen zwischen dem Getriebe mit Synchronisation, mit Schalthilfe, dem Vorwählgetriebe, dem halbautomatischen und dem vollselbsttätigen Getriebe sind schwer abzustecken. Der Versuch einer genauen Definition scheint mir auch in diesem Zusammenhang müßig. Für wichtig halte ich jedoch den Hinweis, daß auch die vollselbsttätigen Getriebe — hierunter muß man heute wohl die Getriebe verstehen, zu deren Bedienung innerhalb des ganzen oder des normalen Fahrbereichs nur der Gashebel gebraucht wird — die Willkür des Fahrers keineswegs ausschalten. Alle modernen Entwicklungen haben eine Steuerung, die von der Fahrgeschwindigkeit *und* von dem Motorenmoment abhängig ist. Die momentabhängige Steuerung wird mittelbar oder unmittelbar von der Gashebelstellung und damit vom Willen des Fahrers beeinflußt. Die Gestalter dieser selbsttätigen Getriebe haben es sich zwar zum Ziel gesetzt, den Mißbrauch des Getriebes auszuschalten. Die Willkür des Fahrers wird daher insoweit eingeschränkt, als er den Motor weder „abwürgen“ noch „überdrehen“ kann. Die Wahl des Ganges oder der Stufe innerhalb des brauchbaren Bereichs ist aber dem Fahrer weitgehend anheimgegeben.

Bei den amerikanischen Personenkraftwagengetrieben wird dieser Grundsatz jedoch in einem Punkt verlassen: Bei niedrigen Wagengeschwindigkeiten läßt die Schaltstellung „Normalgang“ ein Ausfahren des Motors bis zur Höchstleistung nicht zu. Bei den beiden Parallelentwicklungen von General Motors beispielsweise, dem Hydra-Matic-Getriebe als mechanischem vollselbsttätig geschalteten Vierganggetriebe einerseits und dem Dynaflow- und Powerglide-Getriebe andrerseits, die für den Normalgang mit dem fünfteiligen Einkreisläufer auskommen, sahen wir, wie die Leistungsbegrenzung durchgeführt wird. Bei dem Vierganggetriebe schaltet die Automatik auch bei Vollgas in dem nächsthöheren Gang, bevor die Höchstleistung erreicht ist. Bei dem Strömungswandler wird durch die Schlupfabhängigkeit die Motorendrehzahl gesenkt.

Bei dem Hydra-Matic-Getriebe sind die Verhältnisse übersichtlich: Zugunsten größerer Laufruhe nimmt man eine Leistungseinbuße in Kauf. Daß auch beim Strömungswandler, der uns in diesem Abschnitt beschäftigt, eine Erhöhung des Fahrkomforts, der Fahreigenschaften, mit einem Verlust an Fahrleistung erkauft wird, ist einer näheren Betrachtung wert. In Abb. 155 und 156 sind die Kennlinien der beiden einfachsten unter den besprochenen Einkreisläufern in etwas idealisierter Form dargestellt. Bei der Charakteristik des von der Borg-Warner-Corporation entwickelten Long-Drehmomentenwandlers ist die geringe Drehzahländerung des Motors vernachlässigt. Es ist also angenommen, daß das aufgenommene Moment vom Schlupf unabhängig ist. Bei dem Studebaker-Wandler ist der gleiche Wirkungsgradverlauf zugrunde gelegt, jedoch mit verkürzten Abszissenabständen wegen der Schlupfabhängigkeit des Primärmomentes, die eine starke Drehzahldrückung bewirkt. Die Momentenwandlungen entsprechen bei beiden Wandlern den tatsächlichen.

---

[1] In der neueren Ausführung ist auch im Borgward-Strömungsgetriebe ein Berggang zusätzlich eingebaut.

Der Vorteil der Drehzahldrückung ist offenbar: Steilerer Anstieg der Wirkungsgradkurve, früheres Umschalten in den vergleichsweise verlustarmen Kupplungsbetrieb, geringerer Motorenlärm, meistens kleinerer Brennstoffverbrauch und Ausnutzung des größten Motorenmomentes.

Legt man, um den letztgenannten Punkt zahlenmäßig zu erfassen, den Momentenverlauf unseres Zweitaktmotors bei dem Primärmoment M_p zugrunde, ergibt sich aus der Momentenwandlung M_t/M_p das Sekundärmoment M_t, das der Zugkraft proportional ist. Der Vergleich der beiden M_t-Linien zeigt den Nachteil der Drehzahldrückung. Bei gleicher Sekundärdrehzahl, also gleicher Fahrgeschwindigkeit bei sonst gleicher Auslegung, sinkt die Zugkraft.

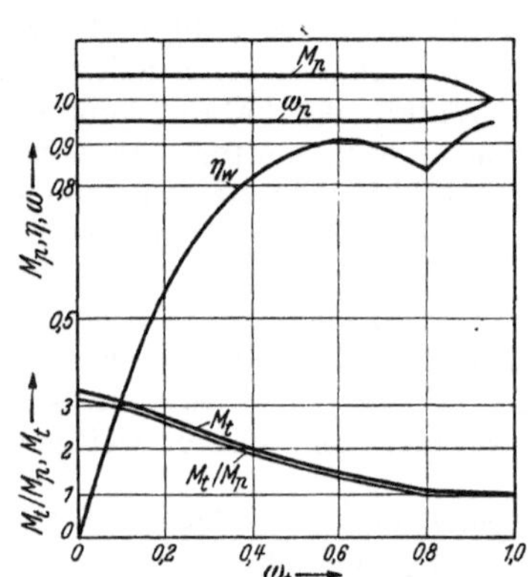

Abb. 155. Wandler mit schlupfunabhängigem Eingangsmoment M_p (ähnlich. Abb. 133).

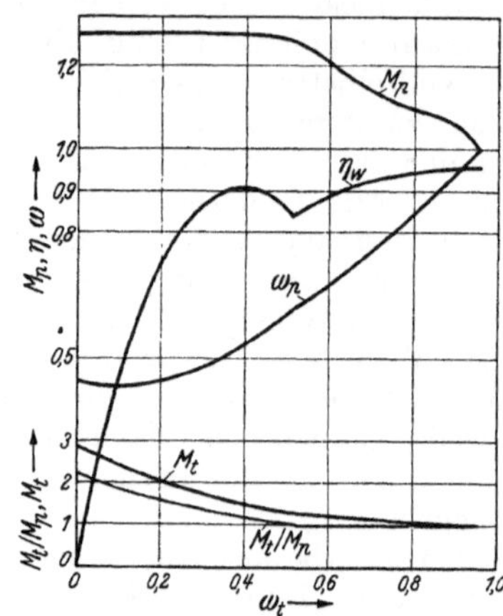

Abb. 156. Wandler mit schlupfabhängigem Eingangsmoment M_p (ähnlich Abb. 134).

Nun kann man zwar mit dem Long-Wandler die Zugkraftlinie des Studebaker-Wandlers nachfahren (nicht jedoch umgekehrt), indem man mit Teillast und verminderter Motorendrehzahl fährt. Da aber das Moment mit dem Quadrat der Drehzahl sinkt, ist die auf diese Weise erreichte Drehzahldrückung gering.

Der Gestalter hat also zu wählen, ob er die Fahreigenschaften oder die Fahrleistungen betonen will. Hat er einen Wagen mit hohem Leistungsgewicht, wie es in Deutschland der Fall zu sein pflegt, muß er entweder auf die Drehzahldrückung verzichten oder die Drehzahl nur so weit senken, daß die Minderung der Motorenleistung und damit der Zugkraft in bescheidenen Grenzen bleibt, oder die ungünstige Wirkung der Drehzahlsenkung auf das Steig- und Beschleunigungsvermögen durch zusätzliche Gänge auszugleichen suchen.

6.32 Vergleich der Beschleunigungs- und Steigfähigkeit.

Für eine vergleichende Betrachtung von Föttingerwandler, Föttingerkupplung und reinem Zahnradgetriebe mit Reibungsanfahrkupplung sei der Zweitaktmotor-Sportwagen gewählt, dessen Motor- und Fahrwiderstandscharakteristik Abb. 17 zeigt. Dieser wird mit einem Strömungswandler nach Abb. 155 ohne Nachschaltübersetzung ausgerüstet. Für den Wandlerbereich ergibt sich ein *Beschleunigungsvermögen* nach Abb. 157 Kurve *a*. Bei $v = 0{,}8$ ist der Wandlerbereich durchfahren, das Getriebe schaltet in den direkten Gang um. Diese Lösung entspricht der des erwähnten Borgward-Getriebes; jedoch wird ein Wandler andrer Charakteristik benutzt, und der Umschaltpunkt liegt bei wesentlich höherer Fahrgeschwindigkeit.

Die Ausnutzung des schmalen Kupplungsbereiches ($v = 0{,}8$ bis 0,95 nach Abb. 155) würde keinen Vorteil bringen. Zum Vergleich ist das Beschleunigungsvermögen b_{I}, b_{II} und b_d bei Verwendung eines Dreiganggetriebes aus Abb. 19 übernommen.

Die Kurve a der Beschleunigung über der Geschwindigkeit wird nach dem in Abschnitt 3.5323 erläuterten und in den Abb. 20 und 21 dargestellten Verfahren in die ausgezogene Kurve Abb. 158 umgezeichnet, die den Weg l in Abhängigkeit von der Zeit t zeigt. Die Beziehungen zwischen der Kennziffer l und dem Weg L in m sowie zwischen t und der Zeit T in sek waren auf S. 22 errechnet, so daß neben die Kennziffern die Maßstäbe in absoluten Werten gesetzt werden können.

In die gleiche Abb. 158 ist das Anfahrdiagramm mit Föttingerkupplung und einer Nachschaltübersetzung von 1,67 und das mit einem reinen Zahnradgetriebe mit $i_{\mathrm{I}} = 3{,}33$ und $i_{\mathrm{II}} = 1{,}67$ eingezeichnet, also die beiden Kurven Abb. 124.

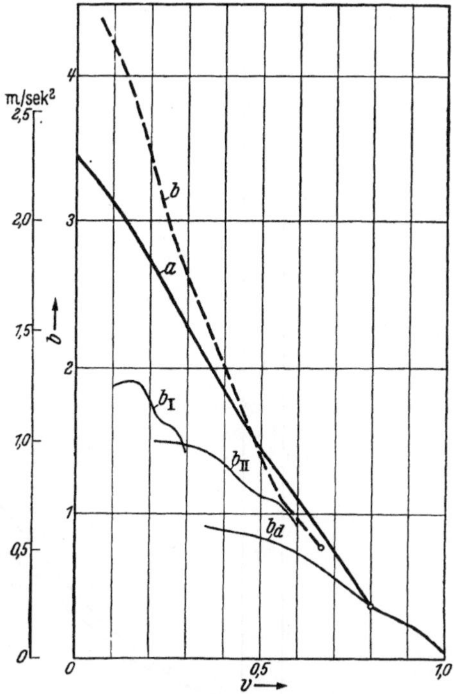

Abb. 157. Wagen nach Abb. 17. Beschleunigungsvermögen mit Strömungsgetriebe nach Abb. 155 ohne (a) und mit (b) nachgeschalteter Übersetzung. Zum Vergleich: Beschleunigungsvermögen mit Dreiganggetriebe Abb. 19.

Der Umstand, daß die Motorenmassen bei diesem Strömungswandler nicht beschleunigt werden, wirkt sich bei den geringen Wagenmassen besonders stark aus. Die „200 m mit stehendem Start" erreicht der Wagen mit Strömungswandler mit einem Vorsprung von 32 m gegen den mit Strömungskupplung und von 51 m gegenüber dem mechanischen Getriebe.

Der Strömungswandler verleiht diesem Wagen — wohlverstanden *diesem* Wagen bei Einbau *dieses* Föttingerwandlers — eine Anfahrbeschleunigung, die mit einem reinen Zahnradgetriebe nicht zu erzielen ist, selbst wenn es ohne Zugkraftunterbrechung geschaltet wird. Die Drehmomentenwandlung des Strömungswandlers ist geringer als die des Zahnradgetriebes; zur Drehzahlerhöhung des Motors, Schwungrades usw. bis zum Pumpenrad braucht jedoch während des Anfahrens keine Leistung aufgewandt zu werden. Es steht stets eine konstante hohe Leistung, die ungefähr der Dauerleistung entspricht, zur Verfügung, und zwar ausschließlich zum Beschleunigen des Wagens und der mit Turbinendrehzahl umlaufenden Massen. Drückt man dagegen durch die Charakteristik des gewählten Wandlers beim Anfahren die Motorendrehzahl (Abb. 156), vermindert man einmal die Leistung des Motors und verbraucht zum andern einen Teil der Leistung zur Drehzahlerhöhung beim Motor und den mit ihm fest gekuppelten Massen.

Das *Steigfähigkeits*bild 159 läßt jedoch erkennen, daß der Strömungswandler allein auch für bescheidene Ansprüche nicht ausreicht, sondern einer vor- oder nachgeschalteten Übersetzung bedarf. In der Auslegung b arbeitet der Long-Wandler mit einer Zahnradübersetzung von 1,43 (1 : 0,7) zusammen. Hier erscheint die Ausbildung als Einkreisläufer zweckmäßig. Einmal bringt die Strömungskupplung einen Gewinn an Steig- und Beschleunigungsvermögen gegenüber dem direkten mechanischen Gang, zum andern ermöglicht der Einkreisläufer die einfache Getriebeanordnung III, Abb. 109. Das Beschleunigungsvermögen ist in dem Geschwindigkeitsbereich von 0,48 bis 0,79 geringer als bei der Auslegung *a*, insgesamt wird der Wagen durch die Zahnradübersetzung schneller, wie aus Abb. 157 zu ersehen ist, auch ohne daß man die Weg-Zeit-Bilder vergleicht. Die Übersetzung von 1,43 ist übrigens hier nicht als Bestwert für das Beschleunigungsvermögen gefunden, sondern zunächst etwas willkürlich nach dem Steigfähigkeitsschaubild gewählt.

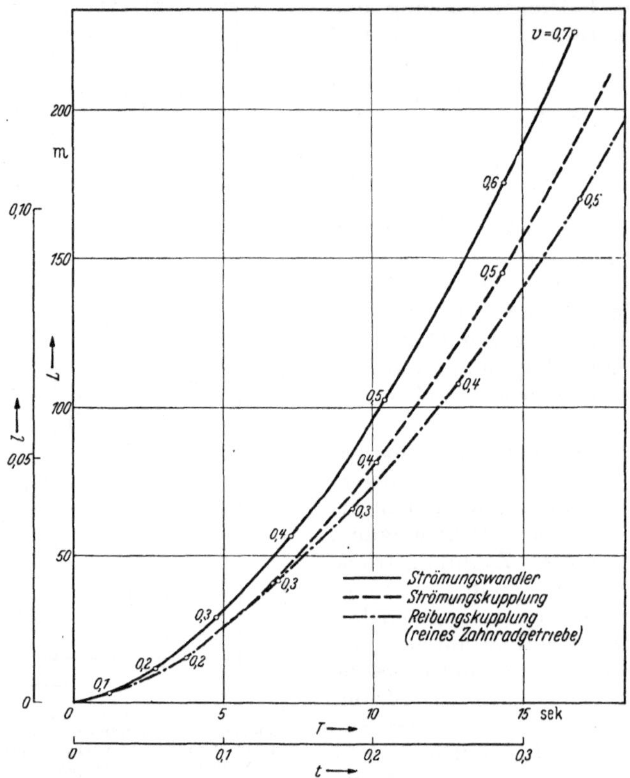

Abb. 158. Anfahrdiagramm des Wagens Abb. 17 mit 3 verschiedenen Getrieben.

6.33 Brennstoffverbrauch bei Vollast.

Mit der Untersuchung, welche Wirkung auf die Fahrleistungen die Wahl der Getriebeart und die Auslegung des Getriebes hat, wird man sich oft nicht begnügen können, sondern darüber hinaus prüfen, mit welchem Aufwand an Brennstoff die Fahrleistungen erreicht werden. Welches Gewicht dieser Prüfung beizumessen ist, richtet sich nach der Art des Fahrzeuges und der voraussichtlichen Beanspruchungsart. Zahlentafel 19 zeigte uns, daß bei einem Personenkraftwagen eine Änderung des Brennstoffverbrauches in den kleinen Gängen auf den mittleren Verbrauch nur einen geringen Einfluß hat. Wird ein solcher Wagen nun noch vorwiegend für Fernfahrten eingesetzt, kann man den Brennstoffverbrauch in den übersetzten Gängen gänzlich vernachlässigen. Das Gegenteil gilt beispielsweise bei einem Stadtomnibus oder einer Rangierlokomotive.

Da es uns hier nur auf den Rechnungsgang ankommt, wollen wir wieder als Beispiel den Zweitaktmotor-Sportwagen benutzen, dessen Anfahrdiagramm mit drei verschiedenen Getrieben Abb. 158 darstellt. Gegeben ist uns vom Prüfstandsingenieur das Vollgasmoment und der Vollgas-Brennstoffverbrauch in Abhängigkeit von der Motorendrehzahl. Wir benutzen den Brennstoffverbrauch in kg/h oder l/h, indem wir die Prüfstandswerte unmittelbar übernehmen oder aus dem spezifischen Brennstoffverbrauch (in kg/Psh) zurückrechnen. Die Motorendrehzahl in Abhängigkeit von der Getriebeabtriebsdrehzahl und damit der Fahrgeschwindigkeit hatten wir ermittelt. Bei dem schlupflosen mechanischen Getriebe ist sie proportional der Fahrgeschwindigkeit; der konstante Faktor ergibt sich aus der Gangübersetzung. Bei der Strömungskupplung fanden wir die der Fahrgeschwindigkeit proportionale Turbinendrehzahl in Abhängigkeit von der Pumpendrehzahl, die der Motorendrehzahl proportional ist, nach dem zeichnerischen Verfahren Abb. 107 und 110 oder Abb. 121. Bei dem Strömungswandler mit schlupfunabhängigem Eingangsmoment läuft der Motor bei Vollgas mit gleichbleibender Drehzahl.

Mithin haben wir alle Unterlagen, um aus Abb. 158, die auch die Fahrgeschwindigkeiten über der Zeit angibt, den Brennstoffverbrauch in kg/h in Abhängigkeit von der Zeit während des Anfahrens mit Vollgas in der Ebene aufzuzeichnen. In Abb. 160 ist das für die ersten 200 m gezeigt. Die Integration der drei Kurven ergibt den Brennstoffverbrauch in kg auf 200 m, und zwar:

für das schlupflose Getriebe mit Reibungskupplung . . . . 28,8 g
für das Getriebe mit Strömungskupplung 29,6 g
für den Strömungswandler . . . . . . 29,4 g

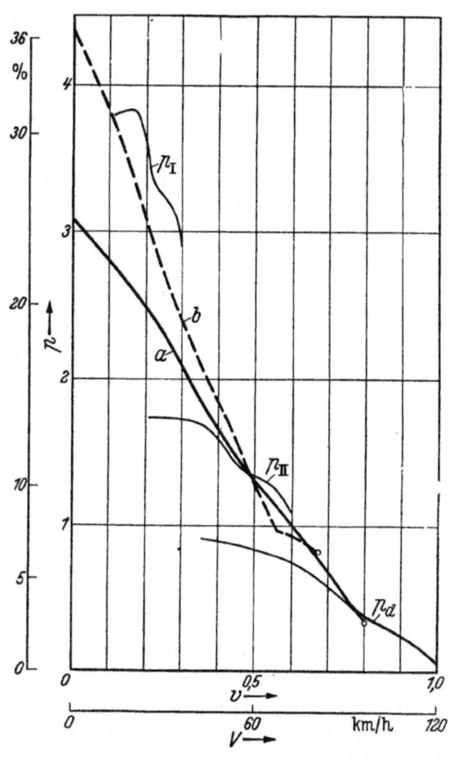

Abb. 159. Wagen nach Abb. 17. Steigfähigkeit mit Strömungsgetriebe nach Abb. 155 ohne (*a*) und mit (*b*) nachgeschalteter Übersetzung. Zum Vergleich: Steigfähigkeit mit Dreiganggetriebe Abb. 18.

In die geläufigere, wenn auch hier sinnlose, Dimension übersetzt, bedeutet das 14,4 und 14,9 und 14,7 kg je 100 km. Das mechanische Getriebe ist in zwei Punkten zu gut weggekommen. Erstens ist beim Anfahren mit schleifender Reibungskupplung der wirkliche Brennstoffverbrauch höher. Zweitens ist jedes Schließen und Öffnen der Drosselklappe mit einem zusätzlichen Verlust verbunden, der in Abb. 160 nicht erfaßt ist [24]. Korrigieren wir danach die Zahlen, erhalten wir als Ergebnis des Vergleichs: Je geringer der mittlere Wirkungsgrad, desto höher das Beschleunigungsvermögen und desto niedriger der Brennstoffverbrauch.

Ich habe das Beispiel nicht gewählt, um den Leser zu verblüffen, sondern als Mahnung für den Getriebegestalter, sich nicht mit verallgemeinernden Feststellungen über den Zusammenhang zwischen Getriebewirkungsgrad, Fahrleistungen und Brennstoffverbrauch zufriedenzugeben, sondern zu rechnen, soweit nur immer unsre Kenntnis reicht.

6.34 Brennstoffverbrauch bei Teillast.

Wichtiger ist in den meisten Fällen der Brennstoffverbrauch bei Teillast als der bei Vollgas. Unter den Teillast-Betriebszuständen greifen wir wieder den besonderen heraus: Fahrt auf ebener Betonstraße ohne Beschleunigung.

Den Rechnungsgang wollen wir für den allgemeinen Fall eines Strömungswandlers mit schlupfabhängigem Eingangsmoment im Zusammenhang betrachten. Aus dem Vollgasmoment des Motors über der Motorendrehzahl und dem Eingangs- (Pumpen-, Primär-) Moment des Wandlers über dem Schlupf oder der Drehzahlenwandlung hatten wir die Pumpendrehzahl über der Turbinendrehzahl aufgezeichnet, wobei gegebenenfalls die Übersetzung und der Wirkungsgrad eines dem Wandler vorgeschalteten Zahnradgetriebes zu berücksichtigen war. Aus der weiter gegebenen Abhängigkeit der Momentenwandlung vom Schlupf oder der Drehzahlenwandlung erhielten wir das Turbinen- (Sekundär-) Moment über der -drehzahl. Verluste

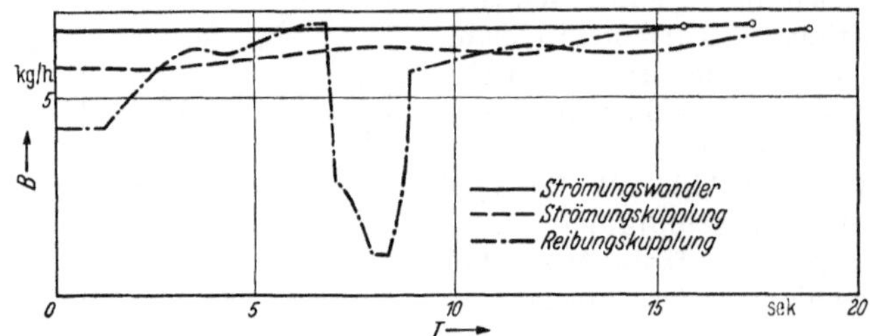

Abb. 160. Brennstoffverbrauch auf 200 m Anfahrstrecke mit 3 Getrieben gemäß Abb. 158.

und Übersetzung des Nachschaltgetriebes ergaben Drehzahlen und Momente am Getriebeausgang. Nach Abzug der Verluste bis zum Treibradumfang bekamen wir die Zugleistung bei Vollgas L_R, die sich bei Kenntnis der Hinterachsübersetzung i_F und des wirksamen Treibradhalbmessers r nach Gl. (1) und (2) in die Zugkraft P_R und die Fahrzeuggeschwindigkeit v zerlegen läßt.

Wir konnten daher über der Fahrzeuggeschwindigkeit v die Daten für Vollgasbetrieb auftragen, und zwar die Zugkraft P_R, die Motorendrehzahl n_V und das Motorenmoment M_V. In dieses Schaubild zeichneten wir die für „Normalfahrt“ erforderliche Zugkraft P_E nach Gl. (3) ein.

In das Zugkraftschaubild legen wir nun eine Anzahl quadratischer Parabeln von der Form $P = Cv^2$, die die P_R- und die P_E-Linie in den Punkten mit den Koordinaten P_E, v_E und P_R, v_R schneiden. Auf jeder Parabel ist der Schlupf und die Drehzahlen- und Momentenübersetzung des Strömungswandlers konstant. Sieht man auch den Wirkungsgrad der übrigen an der Leistungsübertragung beteiligten Glieder als gleichbleibend an, erhält man das gesuchte Teillast-Motorenmoment M_T und die zugehörige Drehzahl n_T aus der Beziehung

$$M_V/M_T = P_R/P_E \quad \text{und} \quad n_V/n_T = v_R/v_E .$$

Durch M_T und n_T ist der Brennstoffverbrauch festgelegt.

Trotz des Fehlers, den man durch Konstantsetzen der mechanischen Wirkungsgerade macht — tatsächlich fällt der Wirkungsgrad meistens bei Teillast —, dürfte die Genauigkeit für unseren Zweck ausreichen, da wir ja nur die Frage prüfen, welchen Einfluß Getriebeart und -auslegung auf den Brennstoffverbrauch haben. Wir vergleichen also Zahlen, die mit etwa dem gleichen Fehler behaftet sind.

In Abb. 161 ist ein andrer Zweitaktmotor eines kleinen Personenkraftwagens in seiner Charakteristik dargestellt und der Fahrwiderstand bei Normalfahrt im direkten Gang. Als Ordinate ist der mittlere Effektivdruck p_e aufgetragen. Die

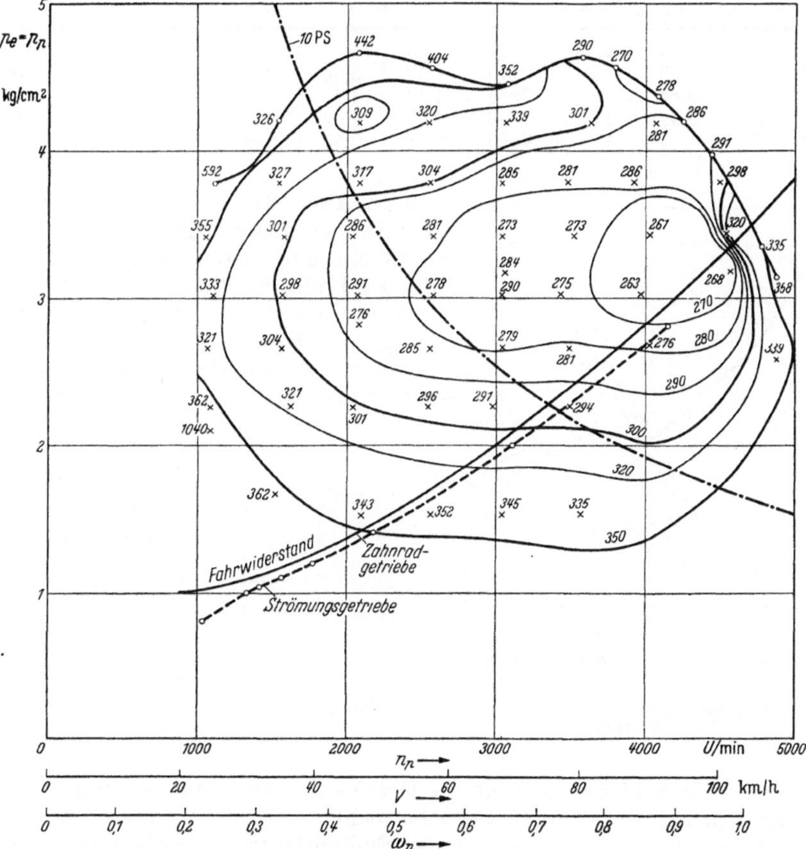

Abb. 161. Zweitakt-Ottomotor. Brennstoffverbrauch in g/PSh in Abhängigkeit vom mittleren Effektivdruck und der Drehzahl (Werkszeichnung GUTBROD).

Leistung in PS ergibt sich für den 593-cm³-Zweitaktmotor aus $N = V_h \, p_e \, n/450000 = 0{,}00132 \cdot p_e n$. Da sich p_e, Drehmoment und Zugkraft nur im Maßstab unterscheiden, wollen wir es bei dem gegebenen p_e belassen und in diesem Maßstab P_R und P_E in Abb. 162 auftragen. Als Strömungsgetriebe ist diesmal der Einkreisläufer Abb. 156 eingesetzt. Aus diesem lesen wir für einige Werte von $v_R = \omega_t$ die Spalten a bis c der folgenden Aufstellung ab. Als Einheit entnehmen wir für $P_R \approx 1{,}03 \, P_E$ aus Abb. 161 : $V = 104$ km/h, $n = 4660$ U/min, so daß wir nach Belieben in Kennziffern oder Dimensionen weiterrechnen können. Spalte d aus $n_V = 4660 \cdot \omega_p$; hierfür ist aus Abb. 161 die Spalte e des Vollgas-Effektivdruckes abgelesen. Verdächtig ist, daß wir uns beim Anfahren mit Vollgas meistens im Gebiet der höchsten spezifischen Brennstoffverbrauchszahlen bewegen. Auch für diesen Motor wäre ein Einkreisläufer nach Abb. 155 für die Anfahrt günstiger. Doch das nur nebenbei, wir wollten ja den Teillastverbrauch für die Fahrt in der Ebene ohne Beschleunigung ermitteln. Spalte *c* mal Spalte *e* ergibt Spalte *f*, die

	a	*b*	*c*	*d*	*e*	*f*	*g*	*h*	*j*	*k*
Punkt	$v_R = \omega_t$	ω_p	M_t/M_p	n_V	p_{eV}	P_R	P_E	v_E	p_{eT}	n_t
1	0	0,44	2,25	2050	4,65	10,45	—	—	—	—
2	0,4	0,53	1,21	2470	4,58	5,54	0,98	0,167	0,81	1030
3	0,8	0,84	1	3910	4,48	4,48	1,40	0,445	1,40	2180
4	0,9	0,94	1	4380	4,02	4,02	2,00	0,640	2,00	3120
5	0,96	1	1	4660	3,58	3,58	2,80	0,855	2,80	4150

wir in Abb. 162 einzeichnen, ebenso P_E aus Abb. 161. Nun tragen wir quadratische Parabeln ein, deren Schnittpunkte mit der P_E-Linie die Werte der Spalte *g* und *h* geben. Aus der oben gefundenen Beziehung $p_{eT} = P_E/P_R \cdot p_{eV}$ und $n_T = v_E/v_R \cdot n_V$ rechnen wir von der Sekundärseite auf die Primärseite um, Spalte *j* und *k*, und

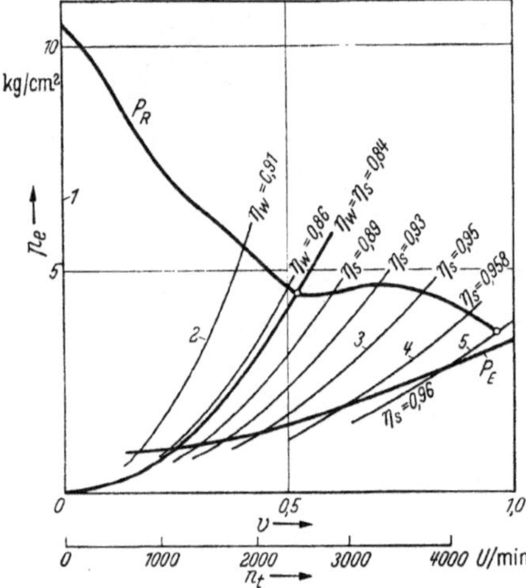

Abb. 162. Ermittlung des Teillastverbrauches bei Strömungsgetrieben.

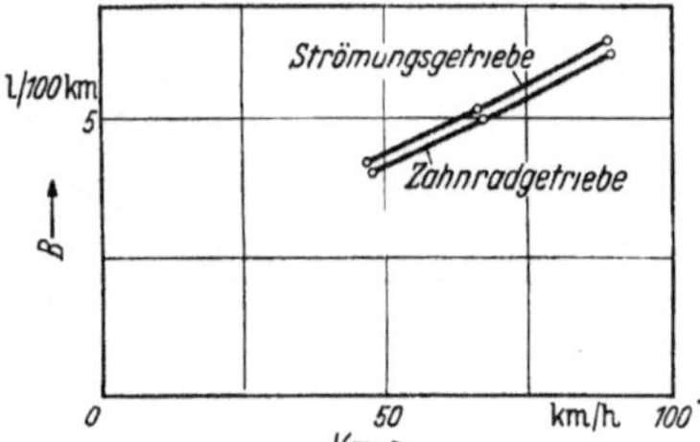

Abb. 163. Brennstoffverbrauch bei Normalfahrt.

zeichnen diese Werte in Abb. 161 ein. — Der Abszissenmaßstab km/h gilt für das mit Schlupf arbeitende Strömungsgetriebe nicht. — In den gemessenen Bereich fallen nur die Punkte *3* bis *5*, in denen der Einkreisläufer als Strömungskupplung arbeitet. Um für den Vergleich mit dem direkten Gang des Zahnradgetriebes Meß- und Auswertungsfehler möglichst auszumerzen, wählen wir für das Zahnradgetriebe drei Punkte auf der Fahrwiderstandslinie mit gleichem spezifischem Brennstoffverbrauch und finden für den

direkten Gang des reinen Zahnradgetriebes

	b	*n*	p_e	*N*	B_t	*V*	B_l
Punkt	g/PSh	U/min	kg/cm²	PS	kg/h	km/h	kg/100 km
3	350	2110	1,43	3,97	1,39	47,1	2,95
4	308	3000	2,01	7,94	2,45	67	3,66
5	271	4000	2,81	14,82	4,01	89,3	4,49

und für den Einkreisläufer im Kupplungsbetrieb

Punkt	b	n	p_e	N	B_h	V	B_s
3	350	2180	1,41	4,05	1,42	46,3	3,07
4	308	3100	2,00	8,16	2,51	66,6	3,77
5	271	4150	2,80	15,32	4,15	88,9	4,67

Die Angaben der letzten Spalte sind mit $\gamma = 0{,}73$ kg/l in Abb. 163 verwertet.

Zu Abb. 162 und 163 noch einige Anmerkungen, die wenigstens qualitativ eine gewisse Allgemeingültigkeit haben. Bei Vollgas geht der Einkreisläufer bei der halben Endgeschwindigkeit in den Kupplungsbetrieb über, bei der Normalfahrt ohne Beschleunigung liegt der Umschaltpunkt bei $^1/_4$, so daß $^3/_4$ der möglichen Geschwindigkeiten im Bereich der Strömungskupplung liegen. — Bei einem Verlust in der Strömungskupplung von 4% verliert man etwa 2% an Höchstgeschwindigkeit. — Der Mehrverbrauch an Brennstoff entspricht etwa dem Verlust in der Strömungskupplung. Bei Viertakt-Ottomotoren liegt der Mehrverbrauch noch etwas höher, da nicht nur der Verlust im Strömungsgetriebe abgedeckt werden muß, sondern der Motor auch mit höherer Drehzahl und schlechterem spezifischen Verbrauch läuft, sofern man die Hinterachsübersetzung nicht ändert.

Dieser Feststellung scheint die Behauptung einiger amerikanischer Automobilfirmen zu widersprechen, daß durch Einbau eines Strömungsgetriebes anstatt des handgeschalteten Standardgetriebes der Kraftstoffverbrauch sinke. Hier wird durchweg der Kunstgriff verwandt, daß die Hinterachsübersetzung hinter dem Strömungsgetriebe verkleinert wird. Durch die Drehzahlsenkung kann man, wie Abb. 4 in Punkt B und B' zeigt, eine höhere Leistung mit kleinerem Brennstoffverbrauch erreichen. Daß die Drehzahlsenkung aber auch Nachteile hat, wurde bei Behandlung des echten Sparganges erklärt. Diese Zusammenhänge scheinen mir für den deutschen Getriebekonstrukteur hinreichend wichtig, um sie an Hand der [24] entnommenen Abb. 164 noch einmal aufzuzeigen.

Das Zugkraftschaubild 164 stellt den gleichen Sachverhalt dar wie das Leistungsschaubild 3. Die Begrenzung durch die dauernd und kurzzeitig zulässigen Höchstdrehzahlen ist fortgelassen. Es sind verschiedene „Schnelläufigkeiten" für den direkten Gang mit $i = 1$ eingezeichnet durch Variation des Wertes i_F/r — s. Gl. (2) —. Die Schnelläufigkeit

$$Sch = \frac{100 \cdot i\, i_F}{2 \cdot r\pi}$$

wird in der deutschen Literatur oft verwandt, sie gibt die Motorenumdrehungen auf einem Weg von 100 m an. Im ausländischen Schrifttum findet man vielfach den Kehrwert, nämlich den Weg für 1000 Kurbelwellenumdrehungen. Dadurch, daß eine große Zahl von Schnelläufigkeiten eingetragen sind, ergibt sich klarer als aus Abb. 3, wo der Bestwert von i_F/r liegt. Die Werte $Sch = 190$ bis 230 bringen praktisch die gleiche Endgeschwindigkeit. Bei $Sch = 190$ ist Drehzahl, Brennstoffverbrauch und Motorengeräusch am kleinsten, aber auch die Geschmeidigkeit; die Steigfähigkeit sinkt nämlich von 3,0% bei dem wirklich ausgeführten $Sch = 210$ auf 2,5%. Welchen Wert zwischen 190 und 230 man wählt, kann man nur bei Kenntnis der zulässigen Drehzahlen entscheiden. Ist eine Erhöhung über 230 möglich, steigt die Geschmeidigkeit weiter zu Lasten der Höchstgeschwindigkeit. Bei Schnelläufigkeiten unter 190 sinken sowohl Geschmeidigkeit als auch Höchstgeschwindigkeit, jetzt handelt es sich also um einen echten Spargang.

Zeichnet man das Schaubild für den direkten Gang mit Strömungskupplung um, muß man die Verschiebung der P_{Rd}-Linien nach Abb. 122 berücksichtigen.

Für die Frage, die wir hier entscheiden wollen, ist es genügend genau, wenn wir, statt die Abszissen der *Sch*-Linien zu verkürzen, die der P_E-Linie und den Abszissenmaßstab dehnen. Dehnen wir entsprechend einem Wirkungsgrad der Strömungskupplung von 96% den Abszissenmaßstab um 4%, liegt die Höchstgeschwindigkeit beim Schnittpunkt der P_E-Kurve mit der Schnelläufigkeitskurve 190. Senkt man demgemäß die Hinterachsübersetzung bei Einbau einer Strömungskupplung im Verhältnis 190/210, ergibt sich bei diesem Beispiel, daß eine um 4% höhere Leistung mit einer um 10% geringeren Motorendrehzahl aufzubringen ist. Dadurch fällt der

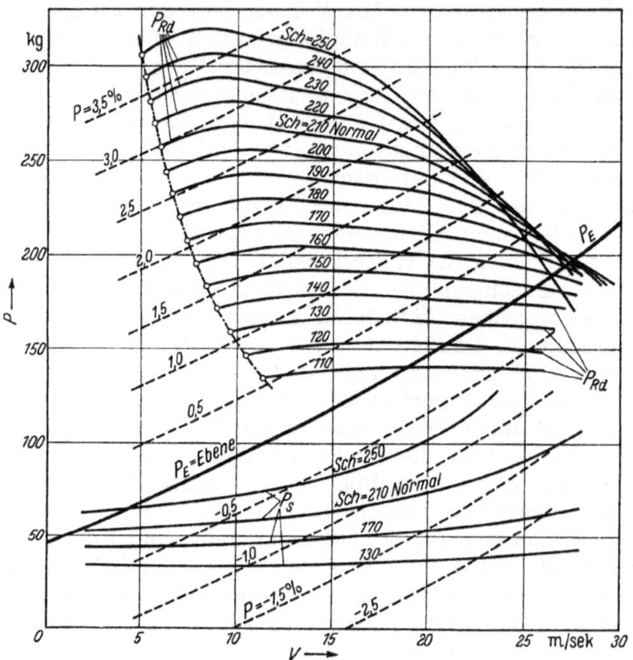

Abb. 164. Fahrwiderstände für verschiedene Steigungen und Zugkräfte für verschiedene Schnelläufigkeiten. 3-t-Lastkraftwagen mit 3,6-l-Ottomotor.

Brennstoffverbrauch auf der Normalfahrt bei einem Kennlinienverlauf nach Abb. 4; man kann sich durch Einzeichnen einiger Punkte leicht davon überzeugen. Unsre frühere Feststellung, die auch in Abb. 163 zum Ausdruck kommt, braucht also nicht zuzutreffen, wenn man die Hinterachsübersetzung den durch Einbau der Strömungskupplung veränderten Verhältnissen anpaßt. Der Konstrukteur muß sich jedoch vor Augen halten, daß der Vergleich hinkt. Begnügt man sich bei dem schlupflosen Getriebe mit der gleichen Höchstgeschwindigkeit und Steigfähigkeit, wirkt sich der bessere Wirkungsgrad stets in einem geringeren Brennstoffverbrauch aus. Bei dem Vergleich des Beschleunigungsvermögens muß der Unterschied im Drehzahlverlauf nach Abb. 122 und die Massenverhältnisse in Rechnung gestellt werden.

7. Zusammenfassung.

Während dieser Band geschrieben wurde, sind eine Anzahl neuer Fahrzeuggetriebe auf dem Markt erschienen. Teils hat der deutsche Getriebebau Entwicklungen des amerikanischen übernommen; Föttingerkupplungen und -wandler mit und ohne Leistungsteilung werden jetzt auch im Geburtsland dieser Erfindung in steigendem Umfange verwendet. Teils wurden echte stufenlose Getriebe entwickelt, entweder als hydrostatische Getriebe (Klatte- und Hydrotitangetriebe) oder als rein mechanische, zumeist Reibgetriebe (Beier- und Dago-Getriebe). Sie noch zu beschreiben, verbot außer dem verfügbaren Raum die eingangs getroffene Abrede, nur solche Getriebe zu behandeln, die ihre Marktgängigkeit im Serienbau erwiesen haben.

Ob der Gestalter erprobte Lösungen übernimmt, ob er aus bekannten Bauelementen ein neues Getriebe schafft, oder ob er einen ganz eigenen Weg geht, stets braucht er die gleichen Unterlagen, um seine Wahl zu überprüfen:

1. den Verlauf des Motorenmomentes über der Drehzahl bei Vollgas,

2. die Brennstoffverbräuche im gesamten Voll- und Teillastbereich,

3. die polaren Trägheitsmomente aller in Kraftflußrichtung vor dem Getriebe liegenden Massen,

4. die polaren Trägheitsmomente aller hinter dem Getriebe liegenden Massen und die in Richtung der Fahrbahn bewegte Masse des Fahrzeuges mit Belastung,

5. den Fahrwiderstand auf ebener Betonstraße bzw. Schiene.

Auf Grund dieser Daten hat der Konstrukteur in der Regel folgende Fragen zu prüfen:

1. Inwieweit verändern die Massen im Getriebe die zuvor unter 3. und 4. aufgeführten Massen?

2. Reicht die größte Drehmomentenwandlung unter Berücksichtigung des Wirkungsgrades aus, um ausreichende Steigfähigkeit beim Straßenfahrzeug zu erreichen oder um die Haftreibung beim Schienen- und Geländefahrzeug voll auszunutzen?

3. Wird die höchstmögliche Kurz- oder Dauergeschwindigkeit auf ebener Betonstraße oder Schiene erzielt? Oder besteht Veranlassung, von dem Bestwert abzuweichen, und zwar entweder die Bestwertübersetzung zu vergrößern, um Steig- und Beschleunigungsvermögen (die Geschmeidigkeit) im meistgebrauchten Fahrgang zu verstärken und einen Zwischengang zu sparen, oder die Bestwertübersetzung zu verkleinern, um dem meistgebrauchten Fahrgang den Charakter eines echten Schnellgangs zu geben (Motorschonung, weniger Geräusch und besserer Brennstoffverbrauch).

4. Wieviel Zwischengänge sind zu wählen, und welche Übersetzungen müssen sie haben, oder — bei stufenlosen Wandlern — welchen Verlauf soll die Wandlercharakteristik zwischen der größten und kleinsten Momentenwandlung bekommen? Reicht das daraus resultierende Beschleunigungsvermögen aus? Kann es bei gleichem Aufwand noch verbessert werden?

5. Welcher Brennstoffverbrauch ist bei den zumeist vorkommenden Fahrwiderständen zu erwarten? Wie groß wird der Kraftstoff-Normverbrauch?

6. Wie verhält sich das Getriebe bei schiebendem Wagen und bremsendem Motor ?

Die Frage 4 wurde am ausführlichsten behandelt, weil die Kenntnis dieser Zusammenhänge wenig verbreitet zu sein scheint, so daß bei der Bemessung der Zwischenübersetzungen die meisten Fehler gemacht werden. In den Fachzeitschriften findet der Konstrukteur nach wie vor die Angabe, daß der „getestete" Wagen beim Durchschalten der Gänge — vorausgesetzt wird, daß ein geschickter Fahrer den Motor voll ausnutzt und in der kürzestmöglichen Zeit schaltet — das Geschwindigkeitsintervall von 0 bis 40 km/h in 3,5 sek, von 0 bis 50 km/h in 5,3 sek, von 0 bis 60 km/h in 6,4 sek usw. bewältigt. Diese Angabe verführt den Konstrukteur zu dem Schluß, daß sein Wagen die gleiche Anfahrbeschleunigung im Bereich von 0 bis 60 km/h hat und in diesem Bereich gleich schnell ist, wenn er nur Sorge trägt, daß das Fahrzeug die Spanne von 0 bis 60 km/h ebenfalls in 6,4 sek durchfährt.

In einem einfachen Beispiel wurde gezeigt, daß dieser Schluß irrig ist; unbewußt werden Beziehungen der gleichförmig beschleunigten Bewegung übertragen auf die ungleichförmig beschleunigte Bewegung, wie sie im Fahrzeugbetrieb sowohl beim stufigen wie beim stufenlosen Wandler vorliegt. Das Beschleunigungsvermögen, das für den Verkaufswert eines Fahrzeuges sehr wesentlich ist, wird nicht bestimmt durch die Angabe, welche Zeit bis zur Geschwindigkeit von 40 und 50 und 60 km/h bei stehendem Start gebraucht wird, sondern durch die Angabe, welche Strecke der Wagen aus dem Stillstand (oder einer anderen definierten Geschwindigkeit) nach 1 und 2 und 3 usw. sek zurückgelegt hat. In dem Beispiel wurde unter anderem durch Rechnung und Zeichnung dargestellt, daß zwei Wagen, die mit einer Getriebeumschaltung die gleiche Geschwindigkeitsspanne in der gleichen Zeit bewältigen, in dieser Zeit Wege durchfahren, die sich um mehr als 20% unterscheiden, nur weil der Getriebegestalter den Umschaltpunkt verschieden gewählt hat.

Die Schrifttumsdaten über das Beschleunigungsvermögen in der Geschwindigkeit-Zeit-Darstellung lassen sich durch Integration leicht in die anschaulichere und aufschlußreichere Weg-Zeit-Darstellung übersetzen, also in das Bild des Beschleunigungsvermögens, wie es der Beschauer im Fahrzeug und der am Straßenrand sieht. Bei einem neuen oder geänderten Getriebe ergibt die Auswertung der unter 1., 3., 4. und 5. genannten Unterlagen jedoch die Beschleunigung in Abhängigkeit von der Geschwindigkeit. Es mußte daher dem Gestalter ein Verfahren angegeben werden, wie er das Beschleunigung-Geschwindigkeit-Bild in das Weg-Zeit-Bild umwandelt, so daß er voraussagen kann, ob der Wagen schneller wird, wenn er andere Übersetzungen des Stufengetriebes verwendet oder das Mehrganggetriebe durch ein stufenloses ersetzt. Die Vorausbestimmung des Beschleunigungsvermögens in der Weg-Zeit-Darstellung erschien dem Verfasser so wichtig, daß er hierfür sowohl eine rein rechnerische als auch eine zeichnerische Lösung aufzeigte.

Bei der Vielfalt der Fahrzeuggetriebe liegt es nahe, daß der Getriebegestalter scheinbar allgemein gültige Überlegungen als Wegweiser zu Hilfe nimmt. Hierzu gehört die Beweisführung: Der Föttingerwandler hat einen sehr viel schlechteren Wirkungsgrad als das reine Zahnradgetriebe; also wird durch Einbau des Föttingerwandlers das Beschleunigungsvermögen geringer und der Kraftstoffverbrauch höher. Daß diese Folgerung im Einzelfall keineswegs richtig sein muß, wurde in einem Beispiel durchgerechnet.

Nun ist die Auswahl oder die Gestaltung eines Fahrzeuggetriebes, das dem Motor und dem Fahrzeug vorzüglich angepaßt ist, nicht allein ein Ergebnis der

Rechnung, sondern zumeist außerdem ein Abwägen von vielerlei Für und Wider, ein Übertreffen der vergleichbaren Konstruktionen, ein Einschätzen des Käufergeschmackes. Trotzdem war es ein wesentliches Anliegen dieser Schrift, den Getriebegestalter zu überzeugen, daß ein gutes Fahrzeuggetriebe nicht so sehr aus der Intuition und dem konstruktiven Blick entsteht, sondern aus sorgfältiger und meist mühevoller Rechnung. Das gilt für das Fahrzeuggetriebe in seiner Gesamtheit wie für die Einzelteile, in Sonderheit die Zahnräder, die gleichfalls ausführlich behandelt wurden, mit der Abstimmung von Werkstoff und Bearbeitungsart, Modul und Zähnezahl, Zahnschrägung und Zahnbreite, Profilverschiebung und Flankeneintrittsspiel.

Schrifttum.

Die meisten der aufgeführten Arbeiten enthalten weitere Hinweise.

Aufbau und Wirkung.

[1] ADAC: Neuzeitliche Automobil-Wertung. Berlin 1929.

[2] Kraftwagengetriebe. Nach Vortrag v. Soden. Z. VDI Bd. 76 (1932) S. 325/26.

[3] Graf von Soden, A.: Zahnradschaltgetriebe. ATZ Jahrg. 36 (1933) S. 436/38.

[4] Kamm, W.: Das Kraftfahrzeug. Berlin 1935.

[5] Wolf, O.: Konstruktive Entwicklung der Getriebetechnik. Z. VDI Bd. 80 (1936) S. 1093/98.

[6] Schulz, E., u. F. Philipp: 50000-km-Dauerfahrt im Großstadtverkehr mit einem 1-l-Kraftwagen. Z. VDI Bd. 81 (1937) S. 181/86.

[7] Kamm, W., u. C. Schmid: Das Versuchs- und Meßwesen auf dem Gebiet des Kraftfahrzeugs. Berlin 1938.

[8] Judtmann, O.: Motorzugförderung auf Schienen. Wien 1938.

[9] Spannhake, W., H. Kluge u. H. Unruh: Kritische Untersuchung der Leistungsübertragung durch Zahnradwechselgetriebe und hydrodynamische Getriebe auf Straßenfahrzeugen mit Antrieb durch Brennkraftmaschinen. Autom.-techn. Berichte 1937 und 1939, Sammelband II u. III.

[10] Kaiser, A.: Neuere Entwicklung im Bau von Zahnradgetrieben. Techn. Mitt. Krupp 3 (1940) Heft 3.

[11] Maier, A.: Konstruktion und Entwicklung der Kraftfahrzeug-Stufengetriebe. ATZ Jahrg. 44 (1941) S. 417/28.

[12] Eckert, B.: Das Kraftfahrzeug-Wechselgetriebe. ATZ Jahrg. 44 (1941) S. 225/39.

[13] Reichenbächer, H.: Verzweigungsgetriebe und Leistungsregelung bei motorgetriebenen Fahrzeugen. Z. VDI Bd. 87 (1943) S. 705/14.

[14] Deutsche Kraftfahrtforschung, in den Jahren 1938—1944 im Auftrage des Reichsverkehrsministeriums herausgegebene Fortsetzung der Schriftenreihe „Kraftfahrtechnische Forschungsarbeiten“, Heft 10, 36, 38, 59.

[15] Stoeckicht, W. G.: Some advantages of Planetary Gears. J. Amer. Soc. nav. Engrs. Bd. 60 (1948) S. 169/78.

[16] Koessler, P.: Stand der Kraftfahrzeugtechnik. Kennungswandler für Triebwerke mit Verbrennungsmotoren. Z. VDI Bd. 91 (1949) S. 285/92.

[17] Goldbeck, G.: Die Fahrtmechanik des Kraftfahrzeuges. Stuttgart 1949.

[18] Förster, H. J.: Schaltzeit bei synchronisierten Wechselgetrieben in Fahrzeugen. ATZ 1949 S. 133ff.

[19] Flössel, W.: Bergsteigefähigkeit und Literleistung. Stuttgart 1950.

[20] Cornelius, E. A.: Technische und wissenschaftliche Grundlagen des Kleinwagens. ATZ Jahrg. 52 (1950) S. 175/81.

[21] Strauch, H.: Die Umlaufrädergetriebe. München 1950.

[22] Poppinga, R.: Berechnung und Gestaltung von Zahnrad-Planetengetrieben. Konstruktion Bd. 2 (1950) S. 33/41.

[23] Ritter, R. G.: Zahnradgetriebe. Zürich: Leemann 1950.

[24] v. Eberhorst, R. E.: Der Brennstoffverbrauch des Kraftfahrzeuges bei Wechselfahrt. Einfluß der Fahrweise und der Getriebebauart. ATZ Jahrg. 53 (1951) S. 225/35.

[25] Bussien, R.: Automobiltechnisches Handbuch, 17. Aufl., Bd. 1 u. 2. Berlin: Herbert Cram 1953.

Bestimmte Getriebeausführungen.

[26] Maybach-Kraftwagengetriebe. Z. VDI Bd. 76 (1932) S. 686.

[27] Stamm, O.: 150-PS-Diesellokomotive für Marokko. Z. VDI Bd. 76 (1932) S. 137/38.

[28] Henze, K.: Zahnrad-Wechselgetriebe für Triebwagen. Z. VDI Bd. 87 (1938) S. 1350/55.

[29] RICKER, C.: How Buick builds the Dynaflow. Machinist, 26. Febr. 1949, S. 1417/21.
[30] GESCHELIN, J.: Automatic transmissions, Part. II. Packard-Ultramatic. Automot. Ind. 1. Mai 1949, S. 28/34.
[31] HELDT, P. M.: Automatic transmissions, Part. III. Chrysler newest M 6-hydraulically operated. Automot. Ind., 15. Juni 1949, S. 38/42.
[32] HELDT, P. M.: Automatic transmissions, Part. IV. Hydra-Matic transmission. Automot. Ind., 15. Sept. 1949, S. 29/31, 67, 80.
[33] SCHJOLIN, H. O.: GMC's hydraulic „V" Drive. S.A.E.J., Sept. 1949, S. 52/55.
[34] WESTRATE, L.: Features of the Ford Mercury automatic transmission. Automot. Ind., 1. Nov. 1949, S. 41/62.
[35] GESCHELIN, J.: Automatic transmissions, Part. VI. The new Chevrolet Powerglide torque converter type automatic transmission. Automot. Ind., 1. Jan. 1950, S. 40/45, 76, 78.
[36] Der WARNER-Schnellgang. Autom.-Revue, Bern, 15. Febr. 1950.
[37] CHURCHILL, H. E.: Studebaker's automatic transmission. S.A.E.J., März 1950, S. 20/26.
[38] Kreis-Blockgetriebe für Front- und Heckantrieb. ATZ Jahrg. 52, 1950, S. 111/14.
[39] KOLLMANN, K., u. H. J. FÖRSTER: Amerikanische Fahrzeuggetriebe mit automatischer Gangschaltung oder stufenloser Drehmomentwandlung. ATZ Jahrg. 52 (1950) S. 89/111 und 129/51.
[40] TOBOLDT, K. W., C. R. STROUSE u. W. J. WILLIAMS: Automatic transmissions. Scranton 1951.

Einzelteile.

[41] WISSMANN: Berechnung und Konstruktion von Zahnrädern für Krane und ähnliche Maschinen. Dissertation 1930. Leipzig: Univ.-Verl. Robert Noske.
[42] NIEMANN, G.: Zahnräder. Hütte Bd. II. Berlin 1949.
[43] BOUCHÉ, C., u. H. DUBBEL: Zahnräder. „Dubbel" Bd. I. Berlin/Göttingen/Heidelberg 1953.
[44] LENTZ, A.: Zahnräder- und Getriebeberechnung. Lanz-Forschungsdienst Heft 2. Mannheim 1951.
[45] DIETRICH, G.: Berechnung von Stirnrädern. Düsseldorf: Deutscher Ingenieur-Verlag 1952.
[46] NIEMANN, G.: Zahnräder, in Taschenbuch KLINGELNBERG. Berlin/Göttingen/Heidelberg: Springer 1953.
[47] HOFER, H.: Vorläufige und verbesserte Zahnradberechnungsarten. ATZ Bd. 48 (1940) S. 4/6, 24/25.
[48] HIERSIG, H. M.: Leistungssteigerung an hochbelasteten Zahnrädern. Stahl u. Eisen Bd. 69 (1949) S. 695/701.
[49] SCHULER, P.: Beiträge zur Zahnradberechnung. ATZ Jahrg. 52 (1950) S. 151/53.
[50] NIEMANN, G.: Stand der Zahnradforschung. Vortrag Fachtagung Zahnradforschung 1950. Antriebstechnik Heft 1. Braunschweig 1952.
[51] WEBER, C.: Mathematische Probleme der Zahnradforschung. Vortrag (wie vor.).
[52] BERGSTRÄSSER, M.: V-Verzahnung mit großen Profilverschiebungen. Z. VDI Bd. 92 (1950) S. 952/56.
[53] BENSINGER, W. D.: Konstruktion und Berechnung von hochbelasteten Zahnrädern. ATZ 1952 S. 256ff.
[54] KARAS, F.: Dauerfestigkeit von Laufflächen gegenüber Grübchenbildung. Z. VDI Bd. 85 (1941) S. 341/44.
[55] GLAUBITZ, H.: Zahnradversuchsergebnisse zum Schlupfeinfluß auf die Walzenfestigkeit von Zahnflanken. Forsch. Ing.-Wes. Bd. 14 (1943) S. 24/29.
[56] NIEMANN, G., u. H. GLAUBITZ: Zahnfußfestigkeit geradverzahnter Stirnräder aus Stahl. Z. VDI Bd. 92 (1950) S. 923/32. S. auch Diskussionsbericht Z. VDI Bd. 93 (1951) S. 1050/53.
[57] NIEMANN, G., u. H. GLAUBITZ: Zahnflankenfestigkeit geradverzahnter Stirnräder aus Stahl. Z. VDI Bd. 93 (1951) S. 191/26.
[58] NIEMANN, G., u. H. GLAUBITZ: Schrägverzahnte schmale Stirnräder. Einfluß des Schrägungswinkels auf Erwärmung, Verschleiß, Wälzfestigkeit, Zahnfußfestigkeit und Geräusch. Z. VDI Bd. 93 (1951) S. 215/22.
[59] HEIDEBROEK, E., u. W. Peppler: Untersuchungen über die Quetschölverdrängung und ihre Auswirkung bei Zahnradgetrieben. Kraftfahrtechn. Forsch.-Arb. Heft 2 S. 1/5. Berlin 1936.
[60] MELDAHL, A.: Beitrag zur Theorie der Getriebeschmierung und der Beanspruchung geschmierter Zahnflanken. Brown Boveri Mitt. Bd. 28 (1941) S. 374/82.
[61] ALMEN, J. O.: Dimensional value of lubricants in gear design. S.A.E.J. (Trans.) Bd. 50 (1942) S. 373/80.
[62] BLOK, H.: Getriebeschmierstoff. Ein Getriebebaustoff. Vortrag Zahnradforschung 1950.

[63] Heidebroek, E.: Zahnradforschung und Schmierstoff. Z. VDI Bd. 93 (1951) S. 1012/14.
[64] Ulrich, M., u. H. Glaubitz: Stand der Induktionshärtung an Zahnrädern. Z. VDI Bd. 91 (1949) S. 577/83.
[65] Ulrich, M., u. H. Glaubitz: Festigkeits- und Verschleißeigenschaften brenngehärteter Zahnräder. Z. VDI Bd. 91 (1949) S. 584/87.
[66] Glaubitz, H.: Werkstoffe und Wärmebehandlung gehärteter Zahnräder. Anforderungen des Verwenders. Vortrag Zahnradforschung 1950.
[67] Meingast, H. M.: Wie vor., Möglichkeiten des Herstellers.
[68] Ross, K.: Verfahren zur spanlosen Verformung von Verzahnungen (Kaltwalzen). Vortrag Zahnradforschung 1950.
[69] Harz, H.: Zahnradgeräusche. Dtsch. Kraftf.-Forsch. Heft 69 (1942). Berlin 1942.
[70] Glaubitz, H.: Stand der Zahnradgeräuschforschung. Dtsch. Kraftf.-Forsch. Heft 83 (1944). Berlin 1944.
[71] Kugel, F.: Anwendungsgebiete der Strömungsgetriebe und Strömungskupplungen. Glückauf 81/84 (1948) S. 639/46.
[72] Kugel, F.: Strömungskupplungen zum Antrieb von Kraftfahrzeugen. ATZ Jahrg. 53 (1951) Heft 3.
[73] Niemann, G.: Maschinenelemente, Bd. 1. Berlin/Göttingen/Heidelberg 1950.
[74] Hänchen, R.: Berechnung und Gestaltung der Maschinenteile auf Dauerhaltbarkeit. Berlin, Hannover, Frankfurt a. M. 1950.
[75] Schmidt, F.: Berechnung und Gestaltung von Wellen. Konstruktionsbücher 10. Berlin/Göttingen/Heidelberg 1951.
[76] Neugebauer, G. H.: Kräfte in den Triebwerken schnellaufender Kolbenkraftmaschinen. Konstruktionsbücher 2. Berlin/Göttingen/Heidelberg: Springer 1952.

Sachverzeichnis.

Additional material from *Gestaltung von Fahrzeuggetrieben*
978-3-642-99851-5, is available at http://extras.springer.com